本书编委会

总 统 筹：彭国华

总 策 划：杨 轲

主编团队：何民捷 韩冰曦 马冰莹

编写组成员（排名不分先后）：

李玮琦 董惠敏 张 贝 魏 飞 程静静

李思琪 桂 琰 包 钰 肖晗题 冯一帆

人民论坛书系
PEOPLE'S TRIBUNE BOOK SERIES

人工智能与新质生产力

RENGONG ZHINENG YU XINZHI SHENGCHANLI

人民日报社人民论坛杂志社

人民出版社

序

　　"新质生产力"自 2023 年习近平总书记首次提出以来备受关注，此后，这个原创性概念在多个重要场合被多次提及、深入阐释。习近平总书记在参加十四届全国人大二次会议江苏代表团审议时强调，"要牢牢把握高质量发展这个首要任务，因地制宜发展新质生产力"；2024 年《政府工作报告》将"大力推进现代化产业体系建设，加快发展新质生产力"纳入政府十大工作任务；党的二十届三中全会审议通过的《中共中央关于进一步全面深化改革、推进中国式现代化的决定》中指出，要健全因地制宜发展新质生产力休制机制。发展新质生产力的研究和实践，已然成为我国当前全力落实的大事、要事、新事。

　　新质生产力落脚于"生产力"这一推动社会进步的最活跃、最革命的要素。步入新时代，高质量发展是硬道理，需要新的生产力理论来指导，而新质生产力作为一种创新起主导作用，高科技、高效能、高质量的先进生产力质态，已经在实际应用中展示出生产效率更高、发展质量更好、可持续性更强的显著特征。基于一系列突出优势，发展新质生产力，是我国社会主义现代化进入新发展阶段的必然要求，是摆脱传统发展方式与传统生产力发展路径、实现高质量发展的必由之路，也是我国建设社会主义现代化强国、实现中华民族伟大复兴的重要任务。

人工智能是新质生产力的典型代表，是推动科技跨越发展、产业优化升级、生产力整体跃升的驱动力量。习近平总书记高度重视我国新一代人工智能发展，指出"加快发展新一代人工智能是我们赢得全球科技竞争主动权的重要战略抓手"。当前，人工智能技术正成为推动经济高质量发展的重要力量。一方面，经济转型升级的内在要求为人工智能服务实体经济提供了广阔空间，一大批人工智能技术成果加速落地、人工智能相关企业迅速成长；另一方面，国内很多应用场景为科技企业提供了宝贵的"练兵"机会，亿万网民产生的海量数据为机器学习提供了丰富"原料"，这大大加速了技术的迭代与创新。

在新一轮科技革命和产业变革持续深化，我国着力打造经济发展新引擎、构建国家竞争新优势的大背景下，加快发展新一代人工智能对于抓住数字经济时代机遇、赋能各行各业形成新质生产力具有重要意义。新一代人工智能已经实现了与自然语言的融合，随着技术迭代创新，人工智能将在更深层次上广泛赋能政务、新闻、金融、制造等垂直行业领域，在融入千行百业中不断培育新质生产力。同时，人工智能通过塑造新型劳动者形成新质生产力。目前，在无人实验室和无人工厂中，具有一定自主性的智能机器人已成为实验或生产中人类的得力助手，而培养适应数字经济时代需要的技术型复合型人才也将推动社会生产力的创新。

加快形成新质生产力，需要牢牢抓住人工智能这个"牛鼻子"，以实现经济社会各领域各环节智能化转型升级。但我们也要看到，技术不稳定性使得人工智能在与社会深度融合的过程中面临多维度风险，而培育新质生产力也需要防范"忽视、放弃传统产业""一哄而上、泡沫化"等认识误区和实践偏差。正如习近平总书记所强调的，发展新质生产力"需要我们从理论上进行总结、概括，用以指导新的发展实践"。为此，本书集结了众多权威专家学者的重磅文章、重要研究成果，从战略、政策、理论、实践等层面对人工智能技术和产业的演进历程、发展前景，新质生产力的战略意义、发展逻辑、培育路径，以及两者与马克思主义理论、中国式现代化的关系进行系统分析和探讨，观点鲜明，解读深邃，分析精辟，论断犀利，对策具有极强的针对性和可操作性，相信能够帮助广大读者启迪思维、激发思考，助力我国在建设世界科技强国的中国特色自主创新道路上行稳致远。

——人民论坛编纂组

目录

人工智能发展及治理：进一步探讨

新质生产力：推动高质量发展的内在要求和重要着力点

发展新质生产力是推动高质量发展的内在要求和重要着力点，必须继续做好创新这篇大文章，推动新质生产力加快发展。

　　——2024 年 1 月 31 日，习近平在中共中央政治局第十一次集体学习时强调

新质生产力的特点在于"新", 关键在于"质"

高培勇[*]

以培育发展新质生产力推动高质量发展、为加快中国式现代化建设持续注入强大动力,必须准确理解和把握习近平总书记关于新质生产力的重要论述。在这一过程中,一个行之有效、可以依循的方法和路径,就是将新质生产力同作为其对称的传统生产力联系起来,做比较分析。在比较分析中划清两者之间的界限,明晰两者之间存在的系统性差异,进而提炼、概括新质生产力的核心要义,将培育发展新质生产力落到实处。

第一,有别于传统生产力,新质生产力的特点在于"新",关键在于"质",落脚于生产力,是对传统生产方式的颠覆性变革。它代表着未来生产力的发展方向,意味着生产力水平的跃迁,是包容了全新质态的生产力。

习近平总书记强调:"新质生产力是创新起主导作用,摆脱传统

---

* 高培勇,中国社会科学院学部委员。

经济增长方式、生产力发展路径，具有高科技、高效能、高质量特征，符合新发展理念的先进生产力质态。它由技术革命性突破、生产要素创新性配置、产业深度转型升级而催生，以劳动者、劳动资料、劳动对象及其优化组合的跃升为基本内涵，以全要素生产率大幅提升为核心标志，特点是创新，关键在质优，本质是先进生产力。"

只有充分考虑我国发展面临的新的历史特点，突出一个"新"字，着力于提出新的思路、新的战略、新的举措，才能以"创新"发展为引领，从根本上解决好发展的动力问题。

第二，有别于传统生产力，新质生产力的"新"源自科技创新。不仅涉及领域新，而且技术含量高，体现了数字经济时代的新要求。

习近平总书记指出："科技创新能够催生新产业、新模式、新动能，是发展新质生产力的核心要素。必须加强科技创新特别是原创性、颠覆性科技创新，加快实现高水平科技自立自强，打好关键核心技术攻坚战，使原创性、颠覆性科技创新成果竞相涌现，培育发展新质生产力的新动能。"要"积极培育新能源、新材料、先进制造、电子信息等战略性新兴产业，积极培育未来产业，加快形成新质生产力，增强发展新动能"。

只有通过整合科技创新资源，引领发展战略性新兴产业和未来产业，加快形成科技创新起主导作用、数字时代更具融合性且更体现新内涵的新质生产力，才能为中国经济高质量发展构建新竞争力和持久动力。

第三，有别于传统生产力，新质生产力以"绿色"为其深层底色。其"质优"在很大程度上体现在绿色发展上。

习近平总书记指出："绿色发展是高质量发展的底色，新质生产力本身就是绿色生产力。必须加快发展方式绿色转型，助力碳达峰碳中和。牢固树立和践行绿水青山就是金山银山的理念，坚定不移走生态优先、绿色发展之路。"

只有以发展方式创新推进全面绿色转型，注重环境气候成本、做好环境气候成本效益分析，坚决遏制高耗能、高排放、低水平项目盲目发展，才能真正解决人与自然和谐共生问题，实现经济社会发展和生态环境保护协同共进。

第四，有别于传统生产力，新质生产力是契合新发展理念要求、以创新驱动高质量发展的标识性概念，反映了我国经济由"量"的积累转向"质"的突破的新时代生产力现状。

习近平总书记指出："发展新质生产力是推动高质量发展的内在要求和重要着力点""要牢牢把握高质量发展这个首要任务，因地制宜发展新质生产力""高质量发展需要新的生产力理论来指导，而新质生产力已经在实践中形成并展示出对高质量发展的强劲推动力、支撑力"。

只有将培育发展新质生产力同完整、准确、全面贯彻新发展理念联系起来，以培育发展新质生产力作为推动高质量发展的战略引擎，才能切实巩固和增强经济回升向好态势，持续推动经济实现质的有效提升和量的合理增长。

第五，有别于传统生产力所对应的传统生产关系，新质生产力所对应的是新型生产关系。新质生产力的培育发展，离不开与之相适应的新型生产关系的建构。

习近平总书记强调:"生产关系必须与生产力发展要求相适应。发展新质生产力,必须进一步全面深化改革,形成与之相适应的新型生产关系。要深化经济体制、科技体制等改革,着力打通束缚新质生产力发展的堵点卡点,建立高标准市场体系,创新生产要素配置方式,让各类先进优质生产要素向发展新质生产力顺畅流动。"

只有以进一步全面深化改革为契机,着力破解妨碍新质生产力培育发展的体制机制障碍,才能推动生产关系和生产力、上层建筑和经济基础、国家治理和社会发展更好相适应,为中国式现代化提供强大动力和制度保障。

发展新质生产力的战略意义与着力点

龚六堂[*]

习近平总书记在中共中央政治局第十一次集体学习时强调:"发展新质生产力是推动高质量发展的内在要求和重要着力点,必须继续做好创新这篇大文章,推动新质生产力加快发展。"为什么要发展新质生产力?如何发展新质生产力?从经济学角度,新质生产力代表一种生产力的跃迁。基于国际形势的变化和我国经济发展阶段的变化,当前急需新的经济增长动力和新的增长理论,新质生产力的提出适应了这一需求。新质生产力是促进经济高质量增长的内在要求,是实现中国式现代化的重要途径,具有重要战略意义。

---

[*] 龚六堂,北京大学管理科学中心主任、北京大学数量经济与数理金融教育部重点实验室主任。

高质量发展对经济增长提出更高要求，需要新的增长动力

保持 GDP 的合理增长速度是实现新发展阶段任务的根本保证

党的二十大报告明确了到 2035 年基本实现社会主义现代化，从 2035 年到本世纪中叶把我国建成富强民主文明和谐美丽的社会主义现代化强国的两步走战略。2035 年基本实现社会主义现代化的目标之一就是人均国内生产总值迈上新的大台阶、达到中等发达国家水平，这一目标对我国的经济增长提出更高要求。

2019 年我国人均 GDP 达到 1 万美元，2023 年我国人均 GDP 为 1.27 万美元，与高收入国家门槛的距离进一步缩小，但这也对我国经济增长提出了新的要求。2023 年我国人均 GDP 达到美国的 15.6% 左右（美国 8.16 万美元），如果按照比较低水平的现代化，2035 年我国人均 GDP 将达到美国的 23.6% 左右，这样我国总量 GDP 将在 2035 年左右与美国总量 GDP 大致相当，这要求我国人均 GDP 的经济增长率比美国快 3.5 个百分点左右。如果按照 2050 年达到美国人均 GDP 的 47% 的水平，我国 GDP 的增长率平均每年要比美国快 4.3 个百分点，按照这个经济增长速度，我国 GDP 的总量将在 2030 年达到美国水平（这里没有考虑汇率因素）。

因此，保持 GDP 增长的合理水平对我国社会主义现代化国家建设任务有着重要意义。

避免"增长陷阱"需要我国保持经济增长合理速度

从世界各国经验来看，人口规模比较大的国家，人均 GDP 超过

1万美元后，各国经济增长速度出现比较大的分化，出现了所谓的"增长陷阱"问题。避免"增长陷阱"同样需要我国保持经济增长合理速度。

比较世界主要国家在人均GDP超过1万美元后的经济增长特点，可以看出国家的经济增长可以分为四种类型：第一类是以美国为代表的国家，人均GDP一直保持较高速度增长，在2021年接近7万美元，2022年超过7万美元，2023年超过8万美元（达到8.16万美元）。第二类是以德国、英国、法国、日本为代表的国家，人均GDP保持一定的增长速度，在4万美元到5万美元之间徘徊。第三类是以意大利、西班牙为代表的国家，人均GDP增长速度中低速，最终在3万美元左右徘徊。第四类是以巴西、阿根廷为代表的国家，在人均GDP达到1万美元后，经济增长率非常低，人均GDP在1万美元徘徊。

造成上面的差异的根本原因是这些国家在人均GDP达到1万美元后经济增长出现差异。图1显示了这些国家在人均GDP的各个阶段经济增长的差异。从图1可以看到：美国人均GDP达到1万美元后，平均经济增长率为4.76%。德国人均GDP达到1万美元后，经济增速达到4.35%，但是超过2万美元后，经济增速就降到3.50%，超过3万美元后进一步下降到2.46%，超过4万美元后经济增长的速度下降到2.10%；英国、法国和日本也有类似的特征。西班牙人均GDP超过1万美元后，经济的增速是3.78%，但是超过2万美元后降到3.10%，超过3万美元后为负增长（-0.03%）；意大利人均GDP在超过3万美元后经济增长速度下降到1.41%。

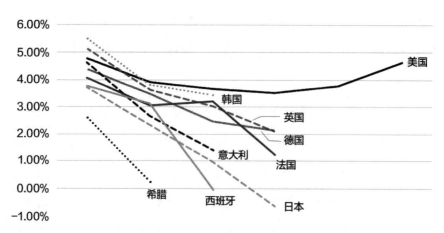

	超过 1 万美元	超过 2 万美元	超过 3 万美元	超过 4 万美元	超过 5 万美元	超过 6 万美元
——— 美国	4.76%	3.91%	3.65%	3.49%	3.78%	4.63%
········· 德国	4.35%	3.50%	2.46%	2.10%		
− − − 英国	5.13%	3.64%	3.02%	2.10%		
——— 法国	4.05%	3.07%	3.20%	1.25%		
——— 西班牙	3.78%	3.10%	−0.03%			
− − − 意大利	4.61%	2.68%	1.41%			
·········· 希腊	2.58%	0.22%				
− − − 日本	3.70%	2.40%	0.93%	−0.63%		
·········· 韩国	5.50%	3.85%	3.44%			

数据来源：国际货币基金组织（IMF）

图 1 世界主要国家人均 GDP 不同水平时的经济增长速度

国际形势的变化和我国经济增长阶段的变化意味着经济增长动力发生变化，需要新的发展理论

进入新的发展阶段，我国经济面临的外部环境复杂性、严峻性、不确定性上升

世界经济增长出现分化、经济增长预期下降，世界贸易水平下

降。一是从总体来看，世界经济增长放缓，而且出现分化趋势。各国货币政策调整对世界经济产生不利影响，世界经济预期下降，世界各国经济增长放缓。世界各国经济呈现分化，2023年美国经济保持较高的速度增长，四季度增速为3.1%，而欧洲国家的经济增长出现问题，欧元区四季度GDP增长速度为0.1%，特别是德国四季度GDP增速为-0.2%。2024年经济预期进一步放缓，从各种预期来看，2024年的世界经济将放缓至2.6—2.7个百分点，远低于3.8%的历史（2000—2019年）平均水平。二是世界经济放缓的预期影响需求，各国需求呈现放缓趋势，世界贸易会下降。从已经公布的数据来看，欧元区的零售销售连续几个月负增长，联合国贸发会议报告显示，2023年国际货物贸易收缩1%，远低于疫情前的世界贸易数据。特别是亚洲出口导向型的经济体面临市场需求的萎靡。

世界呈现高利率、高风险的态势。一是世界通货膨胀水平呈现复杂态势。发达国家的通货膨胀有所缓解，但还处于比较高的水平。2024年，美国3月的CPI同比上涨3.5%，核心通胀水平3.8%；东亚国家的通货膨胀还处于比较高的水平。虽然世界通货膨胀有所缓解，但是不同国家出现不同的态势，东亚国家，特别是日本、韩国等国家通货膨胀水平较高。二是发达国家的利率水平处于高位，世界经济风险、金融风险加剧。高利率使得国际债务风险加大，国家主权债务的成本急剧上升，违约风险加剧。

世界经济增长的分化和通货膨胀水平的复杂使得各国货币政策调整不确定性增加。一是以美国、欧元区为代表的发达国家2024年货币政策会转向。美国等国家货币政策的调整对世界经济有积极作用，但是也会对通货膨胀产生影响。二是日本、韩国等东亚国家的货币政策调整具有极大不确定性，日本在 2024 年 3 月就改变了 20 年以来一直实施的负利率政策。

表 1 2021—2023 年世界主要国家及地区经济增长速度

（单位：%）

	南非	印度	巴西	日本	韩国	欧元区	美国	英国	德国	法国
2021 年 1 季度	(2.4)	3.4	1.7	−0.6	1.9	−0.2	1.6	−6.7	−1.5	1.5
2021 年 2 季度	19.2	21.6	12.4	8	6	14.9	12	25.7	10.8	17.9
2021 年 3 季度	2.7	9.1	4.2	2.1	4	4.7	4.7	9.5	2.4	3.3
2021 年 4 季度	1.4	5.2	1.5	1.3	4.2	5.2	5.4	9.7	1.6	4.5
2022 年 1 季度	2.5	4	1.5	0.3	3	5.4	3.6	11.4	4	4.3
2022 年 2 季度	0.2	13.1	3.5	1.5	2.9	4.1	1.9	3.9	1.5	3.8
2022 年 3 季度	4.1	6.2	4.3	1.5	3.1	2.4	1.7	2.1	1.3	1.3
2022 年 4 季度	0.8	4.5	2.7	0.5	1.3	1.8	0.7	0.6	0.8	0.8
2023 年 1 季度	0.2	6.1	4.2	2.6	0.9	1.3	1.7	03	0	0.9
2023 年 2 季度	1.5	8.2	3.5	2.3	0.9	0.6	2.4	0.2	0.1	1.2
2023 年 3 季度	(0.7)	8.1	2	1.6	1.4	0.1	2.9	0.2	−0.3	0.6
2023 年 4 季度	1.2	8.4	2.1	1.2	2.2	0.1	3.1	−0.2	−0.2	0.7

数据来源：https://zh.tradingeconomics.com

我国进入新的发展阶段经济增长速度放缓、经济增长的动力发生改变

进入新的发展阶段，我国经济增长速度放缓。从改革开放以来我国的经济增长速度比较可以看出，从 1978 年到 2008 年，我国经济实际增长速度为 10% 左右，名义增长速度为 16.3%；从 2008 年到 2023 年，我国的实际增长速度下降到 7.1%，名义增长速度下降到 10.2%；从 2013 年到 2023 年，我国的经济实际增长速度下降到 6.1%，名义增长速度下降到 8%；从 2018 年到 2023 年，我国经济实际增长速度下降到 5.2%，名义增长速度下降到 7.3%。

表 2　我国不同阶段的经济增长速度

（单位：%）

	名义 GDP 增长	实际 GDP 增长
1978—2023 年	14.1	9
1978—2008 年	16.3	10
2008—2023 年	10.2	7.1
2013—2023 年	8	6.1
2018—2023 年	7.3	5.2

数据来源：国家统计局

　　要深刻认识到我国经济增长放缓是经济发展的基本规律，也是我国经济发展动力改变的结果。经过 40 多年的发展，我国已经成为世界第二大经济体，GDP 总量达到 126.1 万亿元，成为制造业第一大国，占世界制造业比重约 30%；同时我国的货物贸易第一大国、服务贸易第二大国、外汇储备第一大国等的地位进一步巩固提升。我国的经济增长动力开始发生改变，从传统的要素驱动（资本和劳动力驱动）转变到开始以创新为驱动力的转变，为此，我国经济发展要进行相应的战略调整。

　　进入新发展阶段，我国提出新发展理念，加快构建新发展格局。基于世界百年未有之大变局和我国经济发展的新阶段，我国的比较优势开始改变，从以出口为导向转为利用国内市场规模优势，为此，我国提出了加快构建以国内大循环为主体、国内国际双循环相互促进的新发展格局。党的二十大报告进一步强调了要完整、准确、全面贯彻新发展理念，加快构建以国内大循环为主体、国内国际双循环相互促进的新发展格局。同时强调要把实施扩大内需战略同深化供给侧结构性改革有机结合起来，增强国内大循环内生动力和可靠性。

新阶段的发展动力改变，需要新的理论指导，新质生产力的提出适应了这一理论需求，对促进我国高质量发展具有重要的战略意义

新质生产力理论是对传统经济增长理论的丰富和拓展。我国经过改革开放40多年的经济增长实践到新阶段的高质量发展，需要从理论上进行总结、概括，指导新的发展实践。传统经济增长理论强调要素投入（包括资本、劳动、土地等）和全要素生产率对经济增长的重要性，经济增长理论的发展过程是人们对全要素生产率认识深化的过程。狭义的全要素生产率主要是指技术创新，广义的全要素生产率是指除资本、劳动和土地以外，对生产有影响的全部因素，包括技术创新、制度环境、人力资本水平等。基于中国经济实践构建新质生产力理论可以从微观、中观和宏观三个层面加深对全要素生产率的认识，也是对经济增长理论的丰富和拓展。

新质生产力理论是在实践中形成的，对高质量发展具有强劲推动力、支撑力和指导意义。面对世界百年未有之大变局，新一轮科技革命和产业变革加速演进，加快发展新质生产力，我国具有的社会主义市场经济的体制优势、超大规模市场的需求优势、产业体系配套完整的供给优势、大量高素质劳动者和企业家的人才优势将会进一步凸显，新质生产力理论的形成有利于将综合优势加速转化为新的比较优势。

发展新质生产力是促进经济高质量发展的着力点

发展新质生产力关键在于全要素生产率的提升

新质生产力本质上摆脱传统经济增长方式、生产力发展路径，具有高科技、高效能、高质量特征，关键在于全要素生产率的提升。根据经济增长理论，一个国家的经济增长 Y 由投入生产要素和技术来衡量：

Y=F（"生产要素，技术"）

因此，经济增长可以分解为：

GDP 的增长 $=a_1$ 生产要素 1+…+a_n 生产要素 n +TFP

（其中 TFP 是全要素生产率）

按照上述方程的分解，要保持经济增长需要保持要素的增长、全要素生产率的提升。过去的经济增长靠传统的要素如资本、劳动和土地等，但是传统生产要素的增长是有限的。根据统计，从改革开放初期到 1994 年，我国资本存量增长率快速增长，从 1994 年到 2012 年，我国资本存量的增长速度下降，但在 2003 年至 2021 年间保持在一个比较高的增长水平，党的十八大以来，我国资本存量的增长率下降，特别是近几年下降得比较快。从图 2 可以看出，因为人口的增长率下

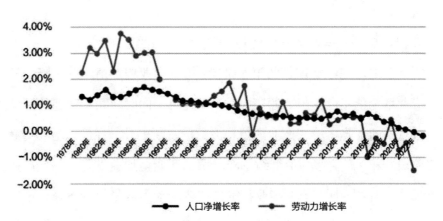

数据来源：《中国统计年鉴 2023》

图 2　我国人口和劳动力变化趋势

降，特别是进入新的发展阶段人口增长率的下降，导致劳动力的增长率呈负增长。

因此，一个经济体保持可持续的经济增长需要：一是不断提升全要素生产率，二是引入新的生产要素，三是传统要素的改造升级。发展新质生产力最重要的是不断提升全要素生产率，根据分析，发达国家在人均 GDP 超过 1 万美元以后增长出现差异的根本原因在于这些国家的全要素生产率的差异。同时需要在经济中引入新的生产要素（如数据），新的生产要素的引入为经济增长和经济发展提供新的动力。另外，还需要传统要素的升级改造。无论是新的要素的引入、传统要素的升级，还是全要素生产率的提升都是需要科技创新投入的不断增长和科技创新投入结构的不断改善。

发展新质生产力需要加快构建现代产业体系

根据经济增长理论，一个国家的经济增长也可以按照产业来分解：

GDP 的增长 $=a_1$ 第一产业 $+a_2$ 第二产业 $+a_3$ 第三产业

一般地，在经济增长的第一阶段：第一产业增加值不断下降，第二产业增加值不断上升，第三产业开始起步；同时，第一产业的劳动力数量不断下降，第三产业的劳动力数量不断上升。在经济增长的第二阶段：第一产业增加值继续下降，第二产业增加值下降，第三产业增加值上升；同时，第一产业、第二产业劳动力数量不断下降，第三产业劳动力数量不断上升。在经济增长的第三阶段：一二三产业增加值份额保持稳定；一二三产业劳动力人口保持稳定。

从一二三产业的增长率比较来看，一般地，第一产业增长率和第三产业增长率会比第二产业增长率来得低。从改革开放初期到党的十八大以前，我国经济发展已经完成第一阶段。党的十八大以来我国经济正在经历第二阶段，要保持经济增长就需要：保持第一产业、第二产业、第三产业劳动生产率比较高；通过创新促进第二产业升级，保持第二产业增长率处于合适的规模和保持比较高的增长率；发展现代服务业，保持第三产业增长率比较高。

发展新质生产力需要加快构建全国统一大市场，加快推进区域发展战略

根据经济增长理论，我们也可以将经济增长按照区域层面和城乡层面分解：

GDP 的增长 $=a_1$ 区域 $1+\cdots+a_n$ 区域 n

$=a_1$ 东部地区 $+a_2$ 中部地区 $+a_3$ 西部地区 $+a_4$ 东北部地区

$=a_1$ 发达地区 $+a_2$ 欠发达地区

$=a_1$ 农村 $+a_2$ 城镇

经济增长需要各个区域的经济增长来支撑。过去让一部分地区先发展起来，但是经济发展到一定程度以后，这些先发展起来的地区经济增长速度会放缓。这样，经济增长就需要欠发达地区、后发展地区、农村地区的经济增长来推动。如何推动欠发达地区、后发展地区、农村地区的经济增长？需要从制度层面也就是生产关系着手，加快全国统一大市场的建设就可以解决这个问题。畅通要素的流动，构建统一大市场，提高要素的效率，可以促进经济增长，加快发展新质生产力。

发展新质生产力需要加快推进更高水平的对外开放，加快形成新的比较优势

根据经济增长理论，从需求端，经济增长可以分解为：

GDP 的增长 $=a_1$ 消费 $+a_2$ 投资 $+a_3$ 进出口

因此，经济增长需要内需（国内消费和投资）和外需（进出口）的共同作用。前面讲的要素、创新、区域一般就是内需，我国加快推进扩大内需的战略，推进以国内大循环为主体的新发展格局，就是基于这方面考量。但是我们也需要关注外需，关注进出口对我国经济增长的影响。从图 3 可以看出，我国进出口对经济增长的贡献率在下降。因此，在关注内需扩大的同时也需要关注外需对我国经济的作用。也就是说，发展新质生产力需要促进我国更高水平的对外开放。

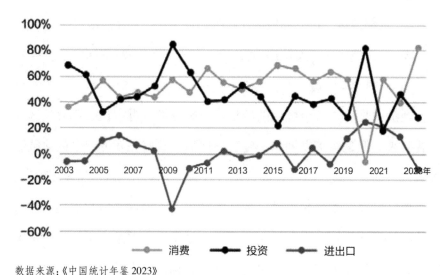

数据来源：《中国统计年鉴 2023》

图 3　消费、投资和进出口对我国经济的贡献率

促进新质生产力发展的对策建议

不断提升我国科技创新水平，促进全要素生产率持续增长，保持我国 GDP 中高速增长

发展新质生产力的关键是提高全要素生产率，提高全要素生产率的根本在于科技创新水平的不断提升。

持续提升我国 R&D（研究与实验发展）投入水平，不断提升我国科技创新水平。一是拓展 R&D 投入来源，一方面增加政府投入水平，另一方面鼓励社会各界增加 R&D 经费投入，确保 R&D 经费来源的多元化。二是改善我国政府 R&D 投入结构，加大中央政府的 R&D 投入水平。目前 R&D 经费投入中，中央政府投入占比小，这样导致我国 R&D 地区差异较大，地区发展不平衡。三是加大对农村技术创新的支持。我国整体的 R&D 投入强度已经达到 2.64%，但存在较大的行业差距，2022 年我国农副食品加工业的 R&D 投入强度只有 0.58%，食品制造业的强度只有 0.72%，酒、饮料和精制茶制造业的强度只有 0.40%。这与发达国家相比是很低的，不利于我国农业劳动生产率的提升。

改善我国 R&D 投入的结构，加大 R&D 经费中的基础研究投入。我国基础研究投入占 R&D 的比例一直不高，近年虽然有所提高，但是 2023 年还是只有 6.65% 的水平，与其他国家存在比较大的差距。因此，一要发挥新型举国体制优势，持续增加基础研究支出力度。二要鼓励企业加大对基础研究的投入。我国基础研究投入中 98% 以上来源于政府支出，企业对基础研究的支出很少，需合理运用财政补贴、税收优惠、信贷支持等多维政策工具鼓励企业增加基础研究支出。

改善我国 R&D 经费的执行结构，加大科技创新的溢出效应，加快形成创新产业链。我国基础研究以高等教育学校、研究与开发机构为主，其在 R&D 基础研究中的占比分别是 44% 与 49%，企业只有 7%，远低于美国（32%）、日本（47%）、韩国（58%）和意大利（23%）。应进一步加强企业基础研究力度，丰富基础研究机构类型，拓展创新产业链。

发展数字经济，充分发挥数据要素对经济增长的推动作用

以国家数据局成立为契机，进一步完善职责定位，加快数据要素市场的基础性制度建设。统筹数字化基础设施建设布局，推动数字政府建设，对数据交易与流通进行有效监管，构建起上下联动、左右贯通的多维数据治理生态。推动"三权分置"数据产权制度的有效落实，加快完善数据资产评估、数据流通交易、数据安全、跨境传输等基础市场制度，实现数据要素市场的高质量发展。

完善我国数字基础设施建设，打造具有国际竞争力的数字产业集群，夯实我国数字核心技术的优势。2022 年我国数字经济规模达 50.2 万亿元，占 GDP 比重提升至 41.5%，有力地支撑了我国经济增长。要加快推进数字基础设施建设，优化算力基础设施布局，促进东西部算力高效互补和协同联动，引导通用数据中心、超算中心、智能计算中心、边缘数据中心等合理梯次布局。完善数据循环基础设施建设，鼓励各类企业主体积极参与。

大力发展新模式新业态。一是对数字经济的新模式、新业态坚持"鼓励创新、包容审慎"的原则，鼓励大数据、人工智能、算法开发等新型产业发展，培育壮大基于平台经济、共享经济的新型就业模式。二是通过大范围实施"数据要素×"行动，推动数据与劳动和资本等传统要素协同，发挥数据规模报酬递增、低成本复制等特点，改善传统产品和服务，催生和培育数据型新产品、新服务，以数据流引领技术流、资金流、人才流，从而全面提升全要素生产率。

加快构建现代产业体系，提高劳动生产率

完善数字经济结构，促进三次产业数字化发展，提高劳动生产效率。在我国产业数字化中，第三产业的数字化水平最高，第二产业和农业数字化水平还不高，这极大地影响了我国经济的高质量增长。一是不断提升我国农业产业化水平。2022年我国农业的数字化程度只有10.5%，与发达国家还存在一定差距（德国23.1%、英国27.5%），还有较大的提升空间。应利用数字经济的优势，发展农业现代化，提升农业劳动生产率。二是不断提升我国第二产业的数字化水平，加快产业转型升级。2022年我国第二产业的数字化程度刚到世界平均水平（24%），远低于美国（37.8%）、德国（45.3%）。制造业的数字化升级对我国经济有重要意义。三是建设良好的数字生态，促进我国中小企业数字化转型。由相关部门牵头，联合平台、行业协会、专家智库等组成产业数字化促进中心，引导企业数字化转型。

加强现代服务业的建设，提升我国服务业的劳动生产率。一是大力发展生产性服务业，推进生产性服务业与先进制造业、现代农业深度融合。二是推进生产性服务业结构优化。我国生产性服务业在第三产业中的占比并不算低，但从其结构来看，不同于美国的专业和商业服务业占比较高，中国金融业的占比偏高，商务服务、科学研究和技术服务业的占比偏低。三是加快我国服务业的开放，通过开放促进我国服务业产业升级。总体来看，我国服务贸易发展还不够，服务业生产率还有较大的提升空间。

加快推进全国统一大市场建设，促进区域发展平衡

进一步降低地区之间的贸易成本，特别是降低地区之间的物流成本。一是降低物流成本。我国物流成本占 GDP 的比重一直很高，是国外的 2 倍左右。近几年虽然有所降低，但 2023 年我国物流总费用 18.2 万亿元，占 GDP 比重的 14.4%，远高于其他国家（2018 年美国 8% 左右、日本 5% 左右）。二是利用数字经济来打破贸易保护，畅通地区之间的贸易。数字经济的发展为我国货物和服务在地区之间的流动提供了便利，可以降低库存成本从而降低货物贸易的成本。

切实降低地区、行业之间的劳动流动成本，为劳动力的流动提供便利条件。一是进一步深入户籍制度改革。东部发达地区的户籍制度需要进一步调整，为劳动力的流入提供便利条件，中西部、东北三省需要为劳动力的流出提供便利条件。二是为人口流动提供保障机制。要加强基本社会保障和医疗保障制度一体化建设，为人口在地区之间的流动提供保障。三是为跨地区、行业灵活就业的新业态人员提供社会保障服务。

深化区域发展，促进区域协调发展。深入实施区域协调发展战略、区域重大战略、主体功能区战略、新型城镇化战略，优化重大生产力布局，构建优势互补、高质量发展的区域经济布局。

加快推进乡村全面振兴，促进城乡融合发展

推进乡村全面振兴，提高农业劳动生产率，降低城乡差距。一是落实城乡融合发展，畅通城乡要素流动。二是推动乡村产业、人才、文化、生态、组织振兴。三是深化农村土地制度改革，促进土地有序流动。保障进城落户农民合法土地权益，鼓励依法自愿有偿转让。

降低城乡要素流动、产品流动的成本。近几年，我国城乡之间劳动力流动的成本降低，但还是处于比较高的水平，还有进一步降低的空间。另外，我国城乡资本的流动成本很高，需要加大力度促进城乡之间资本流动，引导社会资本进入农村，提高农村投资水平。

促进我国农村、农业投资水平提升。一是加强农村的基础设施建设，目前我国城镇化率为66.16%，还有33.84%的人口生活在农村，加大农村的基础设施建设对改善农村的消费和投资环境有重要意义。二是加大农村的新基础设施建设，我国新基础设施建设具有一定的优势，但是存在比较大的城乡差距，如城乡的互联网普及率、新能源基础设施建设等存在差距。通过农村新基建可以拉动农村投资和新消费的增长。

扩大高水平对外开放，形成新的比较优势

发挥我国超大规模市场的吸引力，稳定我国进出口水平。根据国家统计局数据，2023年进出口对我国经济增长的拉动作用是-11.4%，而 2018 年以来进出口对我国经济增长的平均贡献率是 9.2%，进出口的拉动作用放缓。因此，一是坚持在扩大内需战略的同时，实现高水平的外需扩大战略；二是进一步降低关税水平；三是进一步实现多元化的对外进出口战略。

充分认识到外商投资对我国经济增长的促进作用，把吸引外商投资放在更加重要的位置，落实外资企业优惠措施。改革开放 40 多年来，外商投资对我国经济拉动作用非常明显，带来了我国企业竞争力的提升，带来了我国技术的进步。在构建新发展格局中要进一步强调外资企业对我国经济的拉动作用。稳步推进制度型开放，主动对标国际高标准经贸规则，深化国内相关领域改革。

大力发展跨境电商，完善跨境电商结构，推广跨境电商的人民币支付。海关数据显示，2023 年我国跨境电商进出口 2.38 万亿元，增长 15.6%，远高于进出口总值的增长，也高于我国网上零售额的增长（11%）。一是优化我国跨境电商结构。2022 年我国跨境电商 B2B 的规模达到 75.6%，而 B2C 的规模只占比 24.4%，未来应大力发展跨境电商中的 B2C。二是加大我国跨境电商中进口的规模。我国跨境电商中的进口规模不大，2023 年跨境电商进口 5483 亿元，增长 3.9%，而跨境电商出口 1.83 万亿元，增长 19.6%。三是在跨境电商中推广人民币的使用，利用跨境电商推进人民币国际化，规避汇率风险。

加强国际合作，形成高水平的开放合作创新产业链。一是加强知识产权的保护与合作，提高我国知识产权的进出口服务贸易。根据国家外汇管理局数据，2023 年，我国在知识产权服务贸易方面占整体服务贸易的比只有 6.1%，特别是知识产权的出口占比仅为 3.4%，需要进一步加强知识产权保护，发挥知识产权支撑我国创新发展的作用。二是加强数字经济国际合作共赢。利用《数字经济伙伴关系协定》，实现跨国电子商务便利化、数据转移自由化、个人信息安全化，加强人工智能、金融科技等领域的国际合作。三是加快我国金融市场的开放。更高水平的开放需要更高水平的金融服务，国际化的金融服务是我国构建新发展格局的基本要求之一。

加快推进金融强国建设，解决我国企业融资难、融资贵的问题

加快金融市场改革，构建多层次金融体系，切实提高直接融资规模。不同层次的金融机构对应不同类型、不同大小的企业，如中小金融机构服务中小企业的融资。一是拓宽企业融资途径，解决融资难的问题；二是完善我国股票市场改革，解决上市公司融资问题。

推进利率市场化改革，持续释放贷款市场报价利率（LPR）改革效能。一是加强存款利率监管，充分发挥存款利率市场化调整机制重要作用，推动提升利率市场化程度。二是减少对存款和贷款基准利率波动幅度的管制，健全利率走廊体系，促进金融市场稳定健康发展。

规范资本市场，保障居民通过资本市场得到合适回报。美国居民的财产性收入中 80% 来自股东分红、债券存款利息收入。近年来，我国居民的理财市场回报率明显下降，从 2018 年的 5% 左右下降到 2022 年的 2.09%，接近于一年期存款的平均利率（2.059%），低于二年、三年的存款平均利率（分别为 2.561%、3.118%）。2023 年有所回升，达到 2.94%，也只是三年期存款的平均利率水平。①

应用大数据和系统科学，加快风险预警和评估，实现对资本市场全面的健康监控与预警。目前，缺乏对整个资本市场进行有效、全面的评估预警理论与技术，亟须融合大数据技术，研发错综复杂市场内的关联机构、异常市场行为检测、风险评估以及健康状态评估等关键理论模型，实现对资本市场系统性风险和健康发展状态全面的监控与预警。

强化居民可支配收入增长目标，不断提高居民可支配收入占GDP 比重

强化居民收入增长目标，严格落实居民收入增长与 GDP 增长基本同步。最近几年我国农村居民收入保持较高的增长，但城镇居民收入的增长一直比 GDP 的增长速度慢，需要特别关注。

完善要素市场分配机制，在初次分配中提高劳动者报酬占 GDP比重。继续保持劳动者报酬与 GDP 增长同步，保证居民工资性收入增长与经济增长同步。

改善居民收入结构，提高居民尤其是农村居民财产性收入占比。要完善资本市场基本制度，保证居民能够通过资本市场增加财产性收入。鼓励财富管理行业的发展，合理引导居民配置财富资产。进一步加快农村农用地、宅基地改革，让农民通过农用地、宅基地以及各类农产品的流动获得收入。

---

① 数据来源：《中国银行业理财市场年度报告（2023 年）》。

深入实施人才强国战略，构建与新质生产力发展相适应的人才队伍

打造新型的劳动者队伍，包括能够创造新质生产力的战略人才和能够熟练掌握新质生产资料的应用型人才。一是在基础教育领域引入人工智能、机器人等新技术相关课程，在高等教育研究领域加强人工智能、数字技术等关键技术的研发，鼓励跨学科人才培养，实现关键技术与人才培养的自给。二是完善学科体系，出台培养人工智能、数字技术方面的各类学位项目。三是加大应用型人才的培养，鼓励地方高校根据地方产业发展需求，培养适合地方产业发展需求的人才。四是加大在职培训，推进制造业相关领域人才的在职培养。五是加大农民工培训，助力提升我国农业产业的数字化程度。

推进教育均等化建设，提升我国整体的人力资本水平。一是通过教育水平的不断提升来提高我国整体人力资本水平，促进传统产业的升级。根据经济合作与发展组织（OECD）报告，投资高等教育在大多数国家都能带来较高的内部回报率。二是推进我国教育均等化建设，优化全国人才资源的配置，通过高效的劳动力市场信息系统，加强人才在全国范围内合理流动和配置，同时对边远地区和欠发达区域提供人才支持和激励措施。

■ **参考文献**

习近平：《高举中国特色社会主义伟大旗帜　为全面建设社会主义现代化国家而团结奋斗——在中国共产党第二十次全国代表大会上的报告》，人民出版社 2022 年版。

龚六堂、严成樑：《我国经济增长从投资驱动向创新驱动转型的政策选择》，《中国高校社会科学》2014 年第 2 期。

龚六堂：《提升全要素生产率与促进经济高质量增长》，《国家现代化建设研究》2024 年第 1 期。

龚六堂：《数字经济就业的特征、影响及应对策略》，《国家治理》2021 年第 23 期。

龚六堂、吴立元：《技术距离、研发投入结构与中国经济增长》，《改革》2023 年第 11 期。

国家统计局：《中国统计年鉴 2023》。

国家外汇管理局：《中国国际收支货物与服务贸易数据》。

中国信息通信研究院：《中国数字经济发展研究报告（2023 年）》。

国际货币基金组织（International Monetary Fund, IMF），www.imf.org/en/Data。

银行业理财登记托管中心：《中国银行业理财市场年度报告（2023 年）》。

Trading Economics，https://zh.tradingeconomics.com.

Lucas R. E., On the mechanics of economic development, *Journal of Monetary Economics*, 22（1988）.

以全面深化改革打通束缚
新质生产力发展的堵点卡点

杨丹辉 *

> 发展新质生产力，必须进一步全面深化改革，形成与之相适应的新型生产关系。要深化经济体制、科技体制等改革，着力打通束缚新质生产力发展的堵点卡点，建立高标准市场体系，创新生产要素配置方式，让各类先进优质生产要素向发展新质生产力顺畅流动。同时，要扩大高水平对外开放，为发展新质生产力营造良好国际环境。
>
> ——2024 年 1 月 31 日，习近平在中共中央政治局
> 第十一次集体学习时强调

习近平总书记强调："发展新质生产力，必须进一步全面深化改革，形成与之相适应的新型生产关系。"我国经济社会发展的巨大成就充分验证了改革开放对解放和发展社会生产力的历史性作用，深刻

---

* 杨丹辉，中国社会科学院工业经济研究所二级研究员，中国社会科学院大学应用经济学院博导。

揭示出生产力与生产关系的矛盾运动规律是我国改革的基本逻辑。随着一些领域的改革进入"深水区"，系统性制度变革面临着攻坚克难的压力和挑战，迫切需要深化科技体制、教育体制、人才体制等改革，打通束缚新质生产力发展的堵点卡点。

束缚新质生产力发展的瓶颈和障碍

进入新发展阶段，深入贯彻落实新发展理念，我国科技实力显著提高，战略性新兴产业快速发展，未来产业新赛道不断涌现，以"新三样"出口为代表的国际竞争新优势加快塑造，发展新动能持续释放，民生保障能力显著增强，全球治理能力逐步提升，为培育发展新质生产力提供了日益完善的创新体系、高质量的产业载体、多样化的市场主体、超大规模的国内市场和更高水平的开放发展环境。但同时，随着外部环境变化，一些影响高质量发展的结构性问题和制约生产力水平提升的深层次矛盾进一步凸显，进一步全面深化改革仍面临一些挑战。

从国内情况来看，传统产业转型处在"登梯爬坡"的艰难阶段，数字化绿色化"双线作战"导致一些企业特别是中小企业投入较多、难度较大、要素适配性较低，国内统一大市场建设尚有堵点，国内国际双循环相互促进的新发展格局有待完善。其中一些问题和矛盾已经持续了一段时间，加之新冠疫情后有效需求不足、社会预期偏弱，推动经济持续回升向好仍面临一些困难和挑战。值得注意的是，上述问题是多种因素造成的，既在很大程度上是国内经济社会发展情况变化的结果，也是世界百年未有之大变局下我国经济对诸多外部风险和不确定性集中承压的反应。特别是在金融、医疗、教育等领域，与要素配置效率提升、收入分配体系完善、民生福祉增进等方面的发展需要不够契合，与相关领域的改革目标尚有偏差。这些问题和矛盾持续时间越长，其传导效应可能会更加复杂难料，必须通过进一步全面深化改革，释放高强度、大力度、更具创新性协同性的政策信号，加紧推出有利于增强经营主体安全感、提高人民群众获得感的有效举措，形成有利于新质生产力发展的新型生产关系。

从外部环境来看，国际金融危机爆发后，世界经济处在深度调整过程中，国际竞争格局的复杂性、严峻性、不确定性明显上升。一方面，数字化绿色化转型加快，颠覆性创新催生未来产业新赛道，为新质生产力发展提供了新机遇。另一方面，由于新产业新赛道价值实现和创造效应存在"时滞期"，在较长时间内世界范围发展新动能缺位。新一轮科技革命和产业变革在一定程度上加剧了大国科技和产业竞争，生产本土化倾向凸显和产业韧性偏好增强拉大了不同经济体之间的发展级差，叠加新冠疫情的"疤痕效应"、日益严峻的气候危机以及不断恶化的地缘政治形势，全球经济或将迎来30年来最糟糕的五年期增速。同时，安全问题泛化导致经济全球化进程受挫，贸易保护主义和单边主义强化了全球价值链短链化、区域化、碎片化趋势，近岸外包和友岸外包对全球产业链重构的影响加深显化，"低端分流与高端回流并行"的全球制造业布局空间特征对我国企业形成了"双向挤压"，一些西方国家在高科技领域和重点产业链的"小院高墙"式的打压封堵，放大了我国在核心技术、关键零部件、基础算法、先进材料、软件系统、标准体系、规则制定等环节被"卡脖子"的短板，对我国产业链供应链安全造成了冲击。由此，深化科技体制、教育体制、人才体制等改革，充分发挥新型举国体制优势，强化国家战略科技力量，具有重大意义和现实紧迫性。

总体来看，我国现阶段生产力发展的瓶颈障碍以及生产力与生产关系不适应的矛盾点是世界百年未有之大变局下各种风险因素集中显现的结果，同时也意味着进一步全面深化改革仍面临一些挑战。回顾改革开放 40 余年的历程，20 世纪 70 年代末以来，基于对时代潮流的深刻洞察和生产力发展规律的科学把握，我国改革开放探索出一条立足国情、符合生产力发展规律的独特道路，以增量带存量的渐进式改革模式在较短时间内释放了我国的比较优势，发挥了窗口示范作用，有效缓解了制度变革对生产关系的冲击以及由此引发的社会矛盾，改革的市场化导向与开放的市场化操作相互加持，产生了"以开放促改革、促发展"的正向制度效应，不仅有力证明了"改革开放是党和人民大踏步赶上时代的重要法宝"，更是我国对后发国家实现跨越式发展贡献的世界性、历史性理论创新和实践经验。然而，也要清醒地认识到，经过 40 多年数轮侧重点不同的改革开放，成本低、冲击小、相对比较容易凝聚共识的领域已经逐渐改革开放到位，而在经济社会体系的存量部分还面临不少深层次矛盾，改革随之进入"深水区"，更加复杂化、多样化。发展新质生产力，就是要突破生产关系对生产力发展的束缚，并在这一过程中，不断巩固提升改革的能力和开放的定力。

发展新质生产力需处理好的重要关系

发展新质生产力要在坚持创新引领的前提下，处理好发展与改革、新质生产力与新型工业化、人的现代化与新型生产关系等一系列理论命题和重要关系。

新质生产力是发展和改革协同推进的重大命题。生产力作为马克思主义政治经济学乃至马克思主义哲学、科学社会主义理论体系中的基础性概念，是经济增长最活跃的力量和社会变革的积极因素。随着新一轮科技革命和产业变革深入发展，新科技、新产业、新业态、新商业模式加快重塑生产方式和经济体系，生产力的内涵和外延正在发生深刻变化。新质生产力的核心内涵是创新，这也是新质生产力区别于传统生产力的基本属性。因此，要深刻认识到新质生产力既是发展的命题，也是改革的命题。

从历史和世界两个维度来考察，后发国家实施赶超战略的发力点往往更多地落在技术追赶上，即通过引进、消化、吸收外国先进技术，提高生产力发展水平，实现产业结构跃迁。这种赶超模式通常在初始阶段是有效率的，但长期过度依赖外部技术供给势必导致全要素生产率提升难以延续。实际上，由于后发国家先进技术来源不够丰富、技术进步路径较为单一，即便某些技术实现突破或在部分赛道取得领先，如果不具备技术自主迭代能力，也很可能在激烈的科技竞争中失速偏航。后发国家实施赶超战略的不确定性在于容易从后发优势陷入"后发诅咒"，即随着后发国家实施赶超战略的初始条件发生改变，生产力解放的制度性动力减弱。面对产业升级的瓶颈和障碍，如果制度变革节奏跟不上科技创新的步伐，政策工具和决策机制将难以满足生产力演进的需要，一旦叠加外部风险，难免出现要素流动不畅、有效需求不足、社会预期转弱、市场主体分化、收入分配不合理等问题。

近年来，我国各级政府密集出台了多项政策措施，为加快现代化产业体系建设提供了有力支撑，但现实中仍有个别地方政策措施实施效果并不理想，其中既有调研不够深入、情况掌握不够全面、问题抓取不够准确的原因，也存在时机不恰当、落实执行效率不高、政策协同性不足等的影响。尤其是在数字经济、未来产业等领域，由于对新兴领域发展规律认识不够全面、理解不够到位，加之新技术、新商业模式自我迭代较快，政府监管甚至市场规范难以适配，无法满足技术更新和场景拓展的要求。个别政策"超前"与"滞后"并存，一方面容易造成一些新型业务及其盈利模式游离于市场规范、商业法律和税收体系之外，反映出个别产业政策和监管体系的局限性。另一方面由于游戏、内容产业等行业发展以及数据安全、数字资产确权、安全隐私保护、数据要素定价等领域监管的内在逻辑尚未充分显现，一些政策与全球竞争形势、国家战略导向以及市场主体诉求的贴合度有待提高。

综上所述，面对日益复杂的国际环境，培育壮大新质生产力，塑造新型生产关系，创新发展是硬道理，改革开放是进行时，二者不可偏废，而是要协同推进、互为支撑，在优化劳动者、劳动对象、劳动资料及其组合的同时，通过不断调整变革生产关系，保持科技创新与制度变革同步同频，从而激发生产力发展的持久活力。

以新质生产力推进新型工业化。工业革命之所以称得上是"人类历史上最伟大的事件"之一，就在于历次工业革命都是以科学技术创新为引领，打破生产关系对生产力发展的约束和桎梏，实现生产力全面解放，创造前所未有的物质财富，从而为文明演进、社会进步和个体发展奠定了物质基础。从历史趋势和演进规律出发，人类社会进入工业化发展阶段以来，工业化成为现代化建设的前提和基础，二者互为条件和支撑。然而需要指出的是，迄今为止，世界范围真正实现经济现代化、进入高收入国家行列的国家和地区并不多。当后发优势的边际效应逐渐减弱，经济增速由快转慢，后发国家工业化发展往往因无法获得发展新动能而被锁定在低水平模仿的"技术—经济"范式，进而对低价资源和投资拉动型增长方式产生依赖。其中，一些结构严重失衡的国家和地区会自此陷入"中等收入陷阱"，生产力进步出现停滞，经济社会发展长期徘徊不前。这些国家的主要教训在于囿于要素禀赋和静态比较优势，过度依靠有形投入发展工业，既无法将产业升级引向通过技术创新不断提升全要素生产率的发展路径，也没有形成与生态文明高度兼容的现代工业文明和社会文化体系，问题的根源和实质则在于未能及时识别并有效解决生产力与生产关系之间的矛盾变化。

毋庸置疑，我国经济建设最为显著的成就之一是在较短时间内建立起完备的工业体系，发展成为世界第一工业大国，创造了 14 多亿人口大国工业化的壮举。近年来，经济增速放缓叠加多种风险因素对我国实体经济造成了复杂影响和负面冲击，但总体上看，工业部门仍表现出较强韧性。这种相对稳定性源自我国工业生产体系较为健全、工业生产率整体上相对较高、市场化改革较为到位、对外开放程度较高、市场主体较丰富、研发创新较活跃、上下游关系较紧密、国际竞争力较强等全方位的体系性优势。然而应该看到，我国工业化具有鲜明的后发式、赶超型特征，仍存在工业化基础不够扎实、工业整体技术水平不够高、工业布局不尽合理、工业劳动者素质有待提升等一系列问题，这表明传统工业化模式对生产力发展构成了阻力和障碍，很难适应新一轮科技革命和产业变革下生产力解放的内在要求，我国工业"由大转强、从全到优"必须摒弃传统工业化模式，坚定不移地走新型工业化发展道路。

针对我国工业转型升级面临的新形势、新变化，习近平总书记指出："新时代新征程，以中国式现代化全面推进强国建设、民族复兴伟业，实现新型工业化是关键任务"，并就推进新型工业化作出重要指示指出："积极主动适应和引领新一轮科技革命和产业变革，把高质量发展的要求贯穿新型工业化全过程，把建设制造强国同发展数字经济、产业信息化等有机结合，为中国式现代化构筑强大物质技术基础"。习近平总书记关于新型工业化的重要论述进一步指明了工业化是一个国家和民族走向繁荣富强的必由之路。高质量发展道路也必然是创新之路，对生产力发展水平和生产方式变革提出了更高要求，同时也意味着推进新型工业化必须以先进生产力为内在动力和基础支撑。

新质生产力的本质特征源自其"新"与"质"，主要表现为：要素构成新、产业载体新、发展动能新、推进机制新；生产效率高、劳动素质高、开放水平高、发展质量高；产业结构优、生态环境优、发展环境优、民生保障优。可见，新质生产力与新型工业化在发展逻辑和推进机制方面是相通互促的，二者既是新一轮科技革命和产业变革的必然产物，也是实现高质量发展的内在要求、根本动力和关键任务。因此，应立足新质生产力创新性、先进性、可持续的本质特征，从数智化转型方向、绿色低碳底色、人本原则的发展维度出发，以新质生产力推进新型工业化，加快实现中国式现代化。

人的现代化是塑造新型生产关系的关键。生产力与生产关系的矛盾运动规律是人类社会发展进步的根本动力。长期来看，劳动在生产方式变革中起决定性作用。在生产力三要素中，劳动者作为物质要素的创造者和使用者，是主导性要素。只有运用先进科学技术、知识和理念"武装"起来的劳动者才具备更强的能动性。劳动者自身充分发展是解放生产力的终极目标，而人的现代化则是建设现代化国家的先决条件，新质生产力的涌现归根结底要依靠人的进步。

人是发展的关键，更是改革的重点。改革开放初期，正是将激励机制和分配制度纠偏的发力点放在了调动劳动者积极性上，才能在较短时间内形成改革共识，扭转生产关系阻碍生产力发展的局面。进入重化工业化阶段，要素积累和收入分配向资本倾斜，虽然在很大程度上支撑了我国经济快速增长，有助于实现量的扩张，但也造成了一些治理短板。转入高质量发展阶段后，随着人的因素在生产力发展中的作用不断强化，与之相适应地，在要素结构和收入分配制度方面也要作出必要的调整和改革。面对发展新质生产力的时代使命，从个体层面来看，人的现代化表现为劳动者自然性、社会性、知识性高度统一；从国家层面来看，则是通过深化科技体制、教育体制、人才体制等改革，着力打通束缚新质生产力发展的堵点卡点。

随着我国步入老龄化社会，养老和大健康产业加入未来产业体系，是新质生产力的主要赛道之一，建立完善符合国情的高水平社会保障体系也成为新型生产关系的重要组成部分。这对于人的现代化既是机遇也是挑战，要求科技体制、教育体制、人才体制等改革要与社会保障体系完善共同发力。

以改革促发展的重点领域与政策建议

发展新质生产力需要完成对"旧"生产力的替代变革。从这一意义出发，培育发展新质生产力必然要通过两条路径实现：一是创新，二是改革。前者的目标是"育新"，后者的重点在于"破旧"。一方面，总体来看，新质生产力发展仍面临基础研发投入不够、科技成果转化机制不够健全、产业基础能力不够扎实、全球资源整合能力较弱等问题和障碍，需要优化配置创新资源；另一方面，我国的改革开放是一个渐进式、由点到面、梯度推进的加速和深化过程，在制度体系建设方面作出了积极有益的探索，积累了丰富的经验，形成了独特且富有成效的推进路径，其中不少经验做法对于推动新质生产力发展、形成与之相适应的新型生产关系仍然是适用的。因此，要在遵循生产力发展客观规律的基础上，对改革开放的重要经验及其指导作用作出全面、系统总结，提炼出科学理论内涵和实践价值，用于指导新时期进一步全面深化改革。

为此，要统筹生产力三要素的发展要求，科技创新与制度创新并重，深层次改革与高水平开放协同并举，着力打通束缚新质生产力发展的堵点卡点，从而推动高质量发展，担负起全面建成社会主义现代化强国、实现第二个百年奋斗目标的历史使命。

一要深化科技体制改革，强化国家战略科技力量。发挥新型举国体制优势，简化重大科研项目管理流程，为科研人员松绑解困，引导优秀科学家、企业家、工程技术人员聚焦前沿科技，开发原创性、颠覆性创新成果，着力攻克核心技术，提升产业基础高级化水平，拓展生产资料和劳动对象的边界，提升新质生产力的科技含量，实现高水平科技自强；发展壮大战略性新兴产业，主动谋划布局未来产业新赛道，塑造国际竞争新优势，抢占全球科技创新和产业竞争制高点；数字产业化与产业数字化共同赋能，运用数智技术加快推动传统产业转型升级，深入开展要素利用方式、生产流程、能源管理的低碳转型，将我国经济引向高端化、智能化、绿色化的高质量发展道路，不断夯实现代化建设的产业基础。

二要建立完善更有利于新质生产力涌现的体制机制。以推进经济体制深层次改革为关键步骤，有为政府与有效市场配合发力，增强经济政策与非经济政策一致性，先破后立，打破传统生产力的利益格局。扫清要素流动障碍，促进不同市场主体的竞争协作，破除国内统一大市场建设堵点，加快建设开放统一、竞争有序、活力充沛的市场体系；以金融保险、专业服务、医疗教育、健康养老、公共治理为重点领域，加快推动体制机制改革的目标方向由发展型转向治理型，加大财政支持力度，逐步增加高质量公共服务的有效供给，切实提高政策决策机制的效率和科学性，更好地服务要素流动、产业升级与社会转型。

三要坚持扩大高水平开放，促进高质量发展与高水平安全良性互动。拓展制度型开放新思路，积极倡导数字贸易、气候治理、能源转型、减贫防灾等国际合作新议题，维护前沿科技和关键领域的国际合作交流机制；立足我国完整产业体系和突出的产能优势，以重点产业链为突破口，主导区域产业链构建延展；深耕新兴市场，推动"一带一路"建设不断走深走实，在畅通国内国际大循环、维护产业链供应链安全的同时，实现我国发展成果与改革经验全球共享，为发展中国家推动工业化现代化贡献中国方案。

四要坚持因地制宜，分阶段、分步骤、有重点地推进新质生产力发展。培育发展新质生产力是一项长期任务，要贯穿于中国特色社会主义现代化建设全过程。为此，要深刻领会习近平总书记关于"因地制宜发展新质生产力"的重要指示，充分考虑我国经济要素之间、行业之间、地区之间发展不平衡的客观条件和现实基础，持续调动地方积极性，激发不同市场主体的主动性和创造力，发挥人民群众的首创精神，从资源禀赋、产业基础、科研条件的实际情况出发，分类指导，有序开展，探索实践更具创新性、多样性、开放性、包容性的发展路径，形成新产业活跃、新模式丰富、新动能强劲的新质生产力培育发展体系。

五要坚持人本导向，全面提升劳动者整体素质和社会保障水平。加强顶层设计和长远规划，政府、社会、企业、员工共同参与，推进新知识新技术普及培训，创造更多新的就业岗位，着力提高劳动收入，建立完善全要素参与的收入分配制度，以高素质、先进性、有保障的劳动者队伍推进新型生产关系塑造，有力支撑高质量发展和现代化建设。

■ 参考文献

金观平：《打通束缚新质生产力发展的堵点卡点》，《经济日报》2024 年 3 月 15 日。

胡钦太：《打通束缚新质生产力发展的三大堵点卡点》，《南方日报》2024 年 4 月 1 日。

冯颜利：《形成新型生产关系重在全面深化改革》，《经济日报》2024 年 4 月 23 日。

江小涓：《统筹推进发展型改革与治理型改革 为中国式现代化提供制度保障》，《中国经济问题》2024 年第 1 期。

新质生产力理论对马克思主义生产力理论的创新发展

常庆欣 *

> 高质量发展需要新的生产力理论来指导，而新质生产力已经在实践中形成并展示出对高质量发展的强劲推动力、支撑力，需要我们从理论上进行总结、概括，用以指导新的发展实践。
>
> ——2024 年 1 月 31 日，习近平在中共中央政治局第十一次集体学习时强调

我国经济已由高速增长阶段转向高质量发展阶段，迫切需要新的生产力理论来指导更高水平的发展。习近平总书记指出："高质量发展需要新的生产力理论来指导，而新质生产力已经在实践中形成并展示出对高质量发展的强劲推动力、支撑力，需要我们从理论上进行总

---

* 常庆欣，中国人民大学马克思主义学院教授，全国中国特色社会主义政治经济学研究中心研究员。

结、概括，用以指导新的发展实践。"①新质生产力理论回应了中国式现代化新征程上进一步解放和发展生产力的现实要求，为我们助推高质量发展、实现第二个百年奋斗目标提供了根本遵循，是马克思主义生产力理论中国化时代化的最新成果。新质生产力理论从"生产力发展理论""自然生产力理论""生产力与生产关系辩证统一理论"三方面创新发展了马克思主义生产力理论，展现出崭新理论潜质，书写了马克思主义生产力理论史新篇章。

创新发展了马克思主义关于生产力发展的理论

生产力发展理论包括发展动力、发展衡量、发展方式三个层面

生产力发展理论是马克思主义生产力理论的重要内容，也是人类社会演进的首要规律。马克思指出："社会发展、社会享用和社会活动的全面性，都取决于时间的节省。一切节约归根到底都归结为时间的节约。"②以最少劳动时间和社会劳动投入实现最大的物质财富产出，映射了生产力的发展和进步，这是普遍适用于所有社会形态的根本法则，其适用性并不因为社会制度的差异而消失，仅其实现形式会有所不同。也就是说，生产力的发展是人类社会演进的必然趋势。

人的需要是生产力发展的根本动力。马克思在《资本论》中列举了劳动过程的首个要素就是"有目的的活动或劳动本身"，在这里，

---

① 《习近平在中共中央政治局第十一次集体学习时强调　加快发展新质生产力　扎实推进高质量发展》，《人民日报》2024 年 2 月 2 日。
② 《马克思恩格斯文集》第 8 卷，人民出版社 2009 年版，第 67 页。

劳动过程的目的就是为了生产使用价值，人类生活需要的永恒的自然条件体现为衣食住行，表现为征服自然、对自然的占有。马克思继续指出，人们"对自然界的独立规律的理论认识本身"[1]的目的"是使自然界（不管是作为消费品，还是作为生产资料）服从于人的需要"[2]。因此，人的基本需求是生产实践的出发点和归宿，需求的形成和满足是推动生产力发展和社会进步的根本动力。

生产率提升和技术驱动下分工深化是生产力发展的衡量表征。生产力发展一方面体现在"量"的增加，即劳动生产率的提高和剩余产品的增多。"劳动生产力的提高，我们在这里一般是指劳动过程中的这样一种变化，这种变化能缩短生产某种商品的社会必需的劳动时间，从而使较小量的劳动获得生产较大量使用价值的能力。"[3]在劳动产品结构不变的前提下，生产力发展表现为单纯的数量扩张。另一方面体现为"质"的提升，即新技术运用下劳动分工的深化。"任何新的生产力，只要它不是迄今已知的生产力单纯的量的扩大（例如，开垦土地），都会引起分工的进一步发展。"[4]生产率提升和技术革新推动社会分工的持续深化，并最终在产品结构优质化、产业体系先进化、系统生产能力迭代加速化上充分体现出来，从根本上造就出新质生产力高科技、高效能、高质量的特征。

生产力要素的配置组合是生产力发展的基本方式。马克思在论述

---

[1] 《马克思恩格斯文集》第 8 卷，人民出版社 2009 年版，第 90 页。
[2] 《马克思恩格斯文集》第 8 卷，人民出版社 2009 年版，第 91 页。
[3] 《马克思恩格斯文集》第 5 卷，人民出版社 2009 年版，第 366 页。
[4] 《马克思恩格斯文集》第 1 卷，人民出版社 2009 年版，第 520 页。

劳动过程时提到了三个简单要素，即"有目的的活动或劳动本身""劳动对象""劳动资料"，并进一步指出："劳动生产力是由多种情况决定的，其中包括：工人的平均熟练程度，科学的发展水平和它在工艺上应用的程度，生产过程的社会结合，生产资料的规模和效能，以及自然条件。"①马克思将分工协作和管理、科学技术、自然禀赋、经济制度等因素都视为生产力发展的重要影响因素。其对促进生产力进步的重要性不言而喻，但从直接的生产活动的层面看，劳动过程中的三个基础要素及其配置组合的优化是生产效率提升的核心。以科学技术为例，它既体现在劳动者的素质技能上，又表现在机器工具、生产环境和劳动对象的自动化与便捷化程度上，更展现在生产组织方式的革新中。

新质生产力理论从发展动力、发展衡量、发展方式三方面创新发展了马克思主义关于生产力发展的理论

生产力发展和进步是人类社会发展的基本规律，但发展的动力、发展的表现或衡量、发展的方式在不同阶段呈现出不同的表现特征。新时代以来，我国经济已由高速增长阶段转向高质量发展阶段，在这一发展阶段，"新质生产力已经在实践中形成并展示出对高质量发展的强劲推动力、支撑力"②，在上述三个维度上呈现出崭新理论特质，进一步创新发展了马克思主义关于生产力发展的理论。

---

① 《马克思恩格斯文集》第 5 卷，人民出版社 2009 年版，第 53 页。
② 《习近平在中共中央政治局第十一次集体学习时强调　加快发展新质生产力　扎实推进高质量发展》，《人民日报》2024 年 2 月 2 日。

首先，就新质生产力发展的动力而言，其与我国社会主要矛盾的变化密切相关。我国社会主要矛盾已经转化为"人民日益增长的美好生活需要和不平衡不充分的发展之间的矛盾"[①]，人民需要是生产力发展的原动力，而"人民美好生活需要"绝不仅满足于实现温饱的基本物质需求，还要求在此基础上更高质量的物质产品以及与之相适应的绿色化、集约化的生产方式。习近平总书记指出，新质生产力是"符合新发展理念的先进生产力质态"[②]，而为人民谋幸福、为民族谋复兴就是"新发展理念的'根'和'魂'"[③]，高质量发展的落脚点就在于实现人民的根本利益。可以说，满足并实现人民美好生活需要就是新质生产力发展的根本动力。

其次，就新质生产力发展的表现或衡量而言，其反映出的新标识和新特征实现了对传统生产力"质"的超越。习近平总书记指出，"新质生产力是创新起主导作用，摆脱传统经济增长方式、生产力发展路径，具有高科技、高效能、高质量特征"，它"以全要素生产率大幅提升为核心标志，特点是创新，关键在质优，本质是先进生产力"[④]。其中，"高科技"意味着新质生产力表现为创新引领下的现代化产业形态，"高效能"体现为新质生产力驱动下单位时间内生产物质产品数量极大提升的同时降低能耗强度，"高质量"代表着产品结构更加

---

① 《习近平著作选读》第一卷，人民出版社 2023 年版，第 6 页。
② 《习近平在中共中央政治局第十一次集体学习时强调　加快发展新质生产力　扎实推进高质量发展》，《人民日报》2024 年 2 月 2 日。
③ 《习近平著作选读》第二卷，人民出版社 2023 年版，第 407 页。
④ 《习近平在中共中央政治局第十一次集体学习时强调　加快发展新质生产力　扎实推进高质量发展》，《人民日报》2024 年 2 月 2 日。

复杂化和高级化。全要素生产率作为新质生产力发展的核心标志，突出反映了技术进步对经济发展的驱动作用，体现了生产力"量"和"质"的统一。

最后，就新质生产力发展的方式而言，其摆脱了传统生产力发展路径，强调以高科技创新推动生产力要素的优化组合。传统生产力发展依赖于劳动力和资本的投入，尽管也存在科学技术进步下资本有机构成的不断提升，但其发展是一个缓慢且不断攀爬的过程，且传统工业模式极易造成生产力发展与环境禀赋的冲突悖论。相反，新质生产力的发展"由技术革命性突破、生产要素创新性配置、产业深度转型升级而催生，以劳动者、劳动资料、劳动对象及其优化组合的跃升为基本内涵"[1]，其并不是生产力要素的横向上的简单叠加重组，而是以革命性的技术突破为牵引，进行产业的深度转型，高效配置不同生产要素，实现生产力三要素的高阶跃升和更优化组合。

创新发展了马克思主义关于自然生产力的理论

自然生产力和社会生产力共同构成生产力的科学内涵

在马克思主义经典作家的生产力理论视野中，劳动的生产力划分为劳动的社会生产力和劳动的自然生产力。对社会生产力而言，就是人通过劳动实践改造自然的过程，"劳动首先是人和自然之间的过程，是人以自身的活动来中介、调整和控制人和自然之间的物质变换的过

---

[1] 《习近平在中共中央政治局第十一次集体学习时强调　加快发展新质生产力　扎实推进高质量发展》，《人民日报》2024 年 2 月 2 日。

程"①。人们在劳动过程中，改变自然的物质形态以满足自身有目的的需要，"他不仅使自然物发生形式变化，同时他还在自然物中实现自己的目的，这个目的是他所知道的，是作为规律决定着他的活动的方式和方法的，他必须使他的意志服从这个目的"②。因此，社会生产力可以理解为人们改造自然的一般过程。

就自然生产力而言，指的是自然界客观存在的生产能力，例如瀑布、土地、矿藏能源等自然资源。马克思在讨论级差地租时指出，诸如土地等自然资源是作为自然生产力参与劳动过程的，"作为要素加入生产但无须付代价的自然要素，不论在生产中起什么作用，都不是作为资本的组成部分加入生产，而是作为资本的无偿的自然力，也就是，作为劳动的无偿的自然生产力加入生产的"③。并且自然生产力在资本主义社会下会转化为剩余价值，表现为"资本的生产力"，"如果资本不把它所用劳动的生产力（自然的和社会的），当做它自有的生产力来占有，那么，劳动的这种已经提高的生产力，就根本不会转化为剩余价值"④，"但在资本主义生产方式的基础上，这种无偿的自然力，像一切生产力一样，表现为资本的生产力"⑤。

自然生产力和社会生产力相互联系、内在统一，共同构筑起生产力的科学内涵。自然生产力是社会生产力的基础，对社会生产力起着制约作用。马克思在分析地租时就强调，不同土地状况会导致不同的

---

① 《马克思恩格斯文集》第 5 卷，人民出版社 2009 年版，第 207—208 页。
② 《马克思恩格斯文集》第 5 卷，人民出版社 2009 年版，第 208 页。
③ 《马克思恩格斯文集》第 7 卷，人民出版社 2009 年版，第 843 页。
④ 《马克思恩格斯文集》第 7 卷，人民出版社 2009 年版，第 729 页。
⑤ 《马克思恩格斯文集》第 7 卷，人民出版社 2009 年版，第 843 页。

农产品产出，进而产生不同的级差地租。在社会生产力既定的条件下，自然禀赋直接决定着劳动资料和劳动对象的优劣，从而决定生产力水平高低，生产资料的量态规定性与质态规定性受自然再生产能力的制约。但是，只有通过社会生产力和自然生产力结合，才能转化为现实的生产力，脱离人的劳动过程并不能自行发挥作用，自然生产力的"发掘"程度取决于社会生产力水平，即取决于科学技术的应用水平和劳动的社会化水平。

自然和人类社会的关系一直是生产力发展的核心问题之一。马克思主义自然生产力理论表明，自然生产力是生产力的重要组成部分，人类社会与自然的关系不应被简化为单向的征服和掠夺。在传统生产力思想中，生产力增长往往被理解为人类对自然的绝对支配，忽视了生产力与自然之间相互依存、相互作用的复杂关系，这种片面的理解导致了生态环境被破坏的同时，反过来又限制了生产力可持续发展。马克思也多次强调要处理好生产力发展和资源环境之间的关系，要"社会地控制自然力，从而节约地利用自然力"[1]，"社会化的人，联合起来的生产者，将合理地调节他们和自然之间的物质变换，……靠消耗最小的力量，在最无愧于和最适合于他们的人类本性的条件下来进行这种物质变换"[2]。恩格斯也强调忽视自然环境破坏的恶果，"但是我们不要过分陶醉于我们人类对自然界的胜利。对于每一次这样的胜利，自然界都对我们进行报复"[3]。可以看出，马克思主义自然生产力

---

[1] 《马克思恩格斯文集》第 5 卷，人民出版社 2009 年版，第 587 页。
[2] 《马克思恩格斯文集》第 7 卷，人民出版社 2009 年版，第 928—929 页。
[3] 《马克思恩格斯选集》第 3 卷，人民出版社 2012 年版，第 998 页。

理论十分重视物质实践和自然环境之间的协同共生，将自然条件纳入生产力的内在构成中，强调生产力的可持续发展思想。

新质生产力理论在自然生产力方面展现出独有的理论特色

对于我国而言，我们党在推进经济社会发展实践的过程中逐渐深化对统筹生产力发展和环境保护的规律认知，传统的粗放型工业化模式不仅会造成经济增长动能下降，还会导致生态环境污染等弊端，经济发展方式必须要从规模速度型转向质量效率型，实现经济发展和生态保护相得益彰。新时代以来，"我国经济社会发展已进入加快绿色化、低碳化的高质量发展阶段"[①]，新质生产力理论的提出，在高质量发展的生态维度上展现出独有的理论特色。

新质生产力理论将绿色生产力纳入生产力理论体系，是自然生产力和社会生产力有机统一的当代发展。习近平总书记指出："绿色发展是高质量发展的底色，新质生产力本身就是绿色生产力。"[②]"绿水青山就是金山银山；保护环境就是保护生产力，改善环境就是发展生产力。"[③]传统的主要依靠资源和低成本劳动力等要素投入的生产力发展路径所带来的是外延式的、粗放的经济增长，忽视了环境对经济发展的外部性作用。新质生产力则强调将经济增长与环境保护融为一体，实现自然生产力和社会生产力、经济再生产和自然再生产之间的

---

① 《习近平在全国生态环境保护大会上强调　全面推进美丽中国建设　加快推进人与自然和谐共生的现代化》，《人民日报》2023 年 7 月 19 日。
② 《习近平在中共中央政治局第十一次集体学习时强调　加快发展新质生产力　扎实推进高质量发展》，《人民日报》2024 年 2 月 2 日。
③ 《习近平谈治国理政》第二卷，外文出版社 2017 年版，第 209 页。

可持续、高质量发展。新质生产力理论首次明确将绿色生产力纳入生产力理论体系，凸显了生产力发展的绿色属性，是马克思主义关于自然生产力和社会生产力内在统一思想的继承运用和当代创新。

新质生产力理论强调以绿色科技创新和先进绿色技术驱动引领生产力发展。新质生产力不仅局限于环境保护和治理层面，而是主张在整个现代产业体系的构建和运作中内化绿色发展理念，要求我们转变传统的技术创新路径，以绿色化技术革新引领生产力质的飞跃，"加快绿色科技创新和先进绿色技术推广应用"[①]，推进"以绿色、智能、泛在为特征的群体性重大技术变革"[②]，摆脱对资源高消耗、高排放及环境破坏的传统生产力发展路径，同时在这一过程中充分考虑生态环境的承载能力和未来代际的公平问题，实现经济增长和生态保护相互促进。

新质生产力理论强调要实现生产、交换、分配和消费的社会再生产过程的绿色化转型。习近平总书记指出："做强绿色制造业，发展绿色服务业，壮大绿色能源产业，发展绿色低碳产业和供应链，构建绿色低碳循环经济体系。"[③] 以新质生产力助推绿色高质量发展，是生产、交换、分配和消费的社会再生产过程全面革新的体现。生产过程的绿色化转型要求以绿色化生产方式减少对自然资源的消耗和环境的破坏，改变生产过程中资源使用的效率和方式；交换过程的绿色化转

---

① 《习近平在中共中央政治局第十一次集体学习时强调　加快发展新质生产力　扎实推进高质量发展》，《人民日报》2024 年 2 月 2 日。
② 《习近平著作选读》第一卷，人民出版社 2023 年版，第 491 页。
③ 《习近平在中共中央政治局第十一次集体学习时强调　加快发展新质生产力　扎实推进高质量发展》，《人民日报》2024 年 2 月 2 日。

型强调建立和完善绿色市场机制，通过市场和政策手段促进环保产品和服务的发展，包括发展绿色金融、绿色投资和绿色贸易等；分配过程和消费过程的绿色化转型要求健全要素参与收入分配机制，激发劳动、知识、技术、管理、资本和数据等生产要素在绿色发展中的活力，倡导和推广绿色消费模式，鼓励消费者选择低碳、环保的产品和服务，形成可持续的消费文化和生活方式。

创新发展了马克思主义关于生产力与
生产关系辩证统一的理论

社会的发展进步是生产力与生产关系辩证统一的结果

生产力与生产关系之间的矛盾运动，是社会发展变革的内在逻辑。生产力的发展是一个连续不断、时快时慢的过程，生产力每一次质的飞跃都会导致新的生产关系的形成，从而推动社会经济形态的转变。在《资本论》第一卷第二版跋中，马克思认同一位德国评论家对《资本论》的评论："生产力的发展水平不同，生产关系和支配生产关系的规律也就不同。……这种研究的科学价值在于阐明支配着一定社会有机体的产生、生存、发展和死亡以及为另一更高的有机体所代替的特殊规律。"[1]社会的发展进步本质上是生产力与生产关系辩证统一的结果，生产力是推动社会前进的根本决定因素，它要求生产关系和上层建筑不断进行革新，以适应生产力的发展要求。

———————————

[1] 《马克思恩格斯文集》第 5 卷，人民出版社 2009 年版，第 21 页。

　　尽管生产力是社会形态变迁的最终决定性因素，马克思同时认识到，生产关系的发展并非总是平稳顺畅的过渡，它能够经历跳跃性变化，而且生产关系对生产力具有明显的反作用。在某些情况下，社会制度和生产关系的变革能够显著地推动生产力的发展。恩格斯也十分反对将唯物史观简单理解为"经济决定论"，他指出："根据唯物史观，历史过程中的决定性因素归根到底是现实生活的生产和再生产。无论马克思或我都从来没有肯定过比这更多的东西。如果有人在这里加以歪曲，说经济因素是唯一决定性的因素，那么他就是把这个命题变成毫无内容的、抽象的、荒诞无稽的空话。"①实际上，生产力提供了生产关系变革的物质基础，但已经形成的生产关系也能对生产力的进一步发展起到促进或阻碍的作用，特别是当旧的生产关系成为生产力发展的桎梏时，生产关系和社会制度的革新就显得尤为迫切，能够为生产力的解放和发展开辟新的道路。可以说，生产关系的变革不仅是生产力发展到一定阶段的必然结果，同时也是推动生产力进一步发展的重要力量。生产力和生产关系这种双向动态的统一揭示了生产关系变革在促进生产力发展中的重要作用。

　　"新质生产力——新型生产关系论"是对生产力和生产关系辩证统一的生动运用和理论创新

　　生产力的发展从来不是在真空中进行的，必须形成与之相适应的生产关系。目前，对于我国而言，以新质生产力推动高质量发展，必

---

① 《马克思恩格斯文集》第 10 卷，人民出版社 2009 年版，第 591 页。

须形成与新质生产力相匹配的新的生产关系。习近平总书记强调:"生产关系必须与生产力发展要求相适应。发展新质生产力,必须进一步全面深化改革,形成与之相适应的新型生产关系。"①新质生产力是现阶段对高质量发展具有强劲推动力和支撑力的先进生产力质态,需要有能够适配且进一步助推新质生产力发展的新型生产关系,着力打通束缚新质生产力发展的堵点卡点,实现新质生产力和新型生产关系的良性互动和辩证统一。在这一意义上,"新质生产力——新型生产关系论"是新发展阶段对马克思主义关于生产力和生产关系辩证统一理论的生动运用和理论创新,体现出不同于以往的鲜明理论特征和独有内涵。

其一,高标准市场体系。市场体系是"创新生产要素配置方式,让各类先进优质生产要素向发展新质生产力顺畅流动"②的关键依托,是加快推动新质生产力发展的市场基础。习近平总书记指出,要"构建全国统一大市场,深化要素市场化改革,建设高标准市场体系。完善产权保护、市场准入、公平竞争、社会信用等市场经济基础制度,优化营商环境"③。健全的市场制度能够有效促进生产要素资源快速向科技创新领域的配置,在成熟的市场供需机制的作用下,大规模的市场需求刺激市场主体增加对生产要素如劳动力、资本和技术的持续供给,并提高这些资源的供给效率。同时,在市场经济条件下,企业面临的激烈竞争迫使其必须依靠技术创新来提升全要素生产率,以保持

---

① 《习近平在中共中央政治局第十一次集体学习时强调　加快发展新质生产力　扎实推进高质量发展》,《人民日报》2024年2月2日。
② 《习近平在中共中央政治局第十一次集体学习时强调　加快发展新质生产力　扎实推进高质量发展》,《人民日报》2024年2月2日。
③ 《习近平著作选读》第一卷,人民出版社2023年版,第24页。

竞争优势获取超额剩余价值。

其二，科技创新体系。新质生产力本质上就是创新起主导作用的生产力。我国进入高质量发展阶段以来，经济增长将更多依靠人力资本质量和技术进步，必须让创新成为驱动发展新引擎。习近平总书记指出，深化科技体制改革，就是要"破除一切制约科技创新的思想障碍和制度藩篱，处理好政府和市场的关系，推动科技和经济社会发展深度融合，打通从科技强到产业强、经济强、国家强的通道"[①]。我们要坚持创新在我国现代化建设全局中的核心地位，完善党中央对科技工作统一领导的体制，健全新型举国体制，"要注重突破制约产学研用有机结合的体制机制障碍，突出市场在创新资源配置中的决定性作用，突出企业创新主体地位，推动人财物各种创新要素向企业集聚，使创新成果更快转化为现实生产力"[②]，加快实现高水平科技自立自强。

其三，高水平开放型经济新体制。高水平对外开放是加快构建新发展格局、着力推动高质量发展的重要驱动因素，也是推动新质生产力发展的关键外部环境。习近平总书记强调："要扩大高水平对外开放，为发展新质生产力营造良好国际环境。"[③] 推进高水平对外开放，就是要"依托我国超大规模市场优势，以国内大循环吸引全球资源要素，增强国内国际两个市场两种资源联动效应"[④]，深度参与全球产业

---

① 习近平：《在中国科学院第十七次院士大会、中国工程院第十二次院士大会上的讲话》，人民出版社 2014 年版，第 15 页。

② 《习近平关于科技创新论述摘编》，中央文献出版社 2016 年版，第 70 页。

③ 《习近平在中共中央政治局第十一次集体学习时强调　加快发展新质生产力　扎实推进高质量发展》，《人民日报》2024 年 2 月 2 日。

④ 《习近平著作选读》第一卷，人民出版社 2023 年版，第 27 页。

分工与合作，培育发展新动能。为此，我们要稳步扩大制度型开放，营造市场化、法治化、国际化一流营商环境，优化区域开放布局，推动共建"一带一路"高质量发展。同时，在高水平对外开放中积极促进高质量国际科技交流与合作，还有助于用好国际国内两种科技资源，主动破除创新要素便捷流动的体制机制壁垒和藩篱，实现自主创新与开放创新的协同发展。

■ 参考文献

《习近平著作选读》第一卷，人民出版社 2023 年版。

《习近平著作选读》第二卷，人民出版社 2023 年版。

《习近平谈治国理政》第二卷，外文出版社 2017 年版。

习近平：《在中国科学院第十七次院士大会、中国工程院第十二次院士大会上的讲话》，人民出版社 2014 年版。

《习近平关于科技创新论述摘编》，中央文献出版社 2016 年版。

《马克思恩格斯文集》第 1 卷，人民出版社 2009 年版。

《马克思恩格斯文集》第 5 卷，人民出版社 2009 年版。

《马克思恩格斯文集》第 7 卷，人民出版社 2009 年版。

《马克思恩格斯文集》第 8 卷，人民出版社 2009 年版。

《马克思恩格斯文集》第 9 卷，人民出版社 2009 年版。

《马克思恩格斯文集》第 10 卷，人民出版社 2009 年版。

《马克思恩格斯选集》第 3 卷，人民出版社 2012 年版。

《习近平在中共中央政治局第十一次集体学习时强调　加快发展新质生产力　扎实推进高质量发展》，《人民日报》2024 年 2 月 2 日。

《习近平在全国生态环境保护大会上强调　全面推进美丽中国建设　加快推进人与自然和谐共生的现代化》，《人民日报》2023 年 7 月 19 日。

加快形成与新质生产力相适应的新型生产关系

蒲清平 *

> 新质生产力是创新起主导作用，摆脱传统经济增长方式、生产力发展路径，具有高科技、高效能、高质量特征，符合新发展理念的先进生产力质态。它由技术革命性突破、生产要素创新性配置、产业深度转型升级而催生，以劳动者、劳动资料、劳动对象及其优化组合的跃升为基本内涵，以全要素生产率大幅提升为核心标志，特点是创新，关键在质优，本质是先进生产力。
>
> ——2024 年 1 月 31 日，习近平在中共中央政治局第十一次集体学习时强调

立足新一轮科技革命和产业变革，习近平总书记提出"新质生产力"的重大概念，强调发展先进生产力的必要性与紧迫性。高质量发展需要科学理论的指导。2023 年 9 月，习近平总书记在黑龙江考察

---

* 蒲清平，重庆大学马克思主义学院教授。重庆大学马克思主义学院博士研究生向往对本文亦有贡献。

调研时指出，要"整合科技创新资源，引领发展战略性新兴产业和未来产业，加快形成新质生产力"①。2024 年 1 月，在二十届中共中央政治局第十一次集体学习中，习近平总书记将新质生产力界定为"创新起主导作用，摆脱传统经济增长方式、生产力发展路径，具有高科技、高效能、高质量特征，符合新发展理念的先进生产力质态"②。2024 年 3 月，习近平总书记在参加十四届全国人大二次会议江苏代表团审议时强调："要牢牢把握高质量发展这个首要任务，因地制宜发展新质生产力。"③对新质生产力的内涵要义、主要特征的诠释，在理论上构筑了马克思主义生产力理论中国化时代化的新里程碑，在实践上为我国塑造发展新动能、新模式、新优势指明了前行方向。如何发展新质生产力由此成为全社会关注的焦点。

生产力与生产关系是政治经济学的两大基本范畴，生产力决定生产关系，生产关系能动地反作用于生产力。新质生产力是"由'高素质'劳动者、'新质料'生产资料构成，以科技创新为内核、以高质量发展为旨归，适应新时代、新经济、新产业，为高品质生活服务的新型生产力"④。新质生产力作为区别于传统生产力的先进生产力质态，必然要求生产关系的转变与革新，只有加快形成与新质生产力相

① 《习近平在黑龙江考察时强调　牢牢把握在国家发展大局中的战略定位　奋力开创黑龙江高质量发展新局面》，《人民日报》2023 年 9 月 9 日。
② 《习近平在中共中央政治局第十一次集体学习时强调　加快发展新质生产力　扎实推进高质量发展》，《人民日报》2024 年 2 月 2 日。
③ 《习近平在参加江苏代表团审议时强调　因地制宜发展新质生产力》，《人民日报》2024 年 3 月 6 日。
④ 蒲清平、黄媛媛：《习近平总书记关于新质生产力重要论述的生成逻辑、理论创新与时代价值》，《西南大学学报（社会科学版）》2023 年第 6 期。

适应的新型生产关系，才能够真正有利于新质生产力的生成与发展。

加快形成新型生产关系的必然逻辑

加快形成与新质生产力相适应的新型生产关系，既是生产力与生产关系矛盾运动规律的客观要求，也是妥善处理生产力与生产关系二者关系的历史经验的科学启鉴，更是以生产关系变革推动形成新质生产力的现实诉求。

理论逻辑：对生产力与生产关系矛盾运动规律的根本遵循

马克思主义将目光集中于人类社会的变迁与演进历程，揭示出生产力与生产关系矛盾运动规律。马克思恩格斯认为："人们所达到的生产力的总和决定着社会状况"[①]，生产力从根本上决定着生产关系，与生产力的一定发展阶段相适应的生产关系的总和构成经济基础，而经济基础又决定着政治制度、法律体系、思想观念等上层建筑。当生产力发生变化时，"人们改变自己的生产方式，随着生产方式即谋生的方式的改变，人们也就会改变自己的一切社会关系"[②]，这种社会生产关系的变化将诱发经济基础的变化，使树立其上的上层建筑发生变革，从而导致社会形态的更迭。诚然，在总体趋势上，生产力主导着生产关系，并以此为中介对社会进行整体性形塑，但是，不能否认生产力和生产关系之间其实"有着十分复杂的关系，

---

① 《马克思恩格斯选集》第 1 卷，人民出版社 2012 年版，第 160 页。
② 《马克思恩格斯文集》第 1 卷，人民出版社 2009 年版，第 602 页。

有着作用和反作用的现实过程，并不是单线式的简单决定和被决定逻辑"①。

生产关系通常无法立即实现同生产力的"对齐"。随着生产力发展到一定阶段，它将与曾经同它相适应的现存的生产关系产生矛盾，这时，现存的生产关系将转变为生产力发展的阻碍和桎梏，只有改变现存的生产关系，代之以适合于生产力状况的新生产关系，使生产力和生产关系之间的关系在由"基本适合"走向"不适合"后，再度走向"基本适合"，实现螺旋式跃变，才能够确保生产力获得解放，为社会输送强大的前进动力。因此，发展新质生产力，必然需要调整现存的生产关系，加快形成与新质生产力相适应的新型生产关系，这是对生产力与生产关系矛盾运动规律的根本遵循。

历史逻辑：对妥善处理生产力与生产关系二者关系历史经验的吸收借鉴

生产力与生产关系的矛盾运动是社会发展的根本动因，妥善处理生产力与生产关系二者之间的关系一直是贯穿人类社会政治经济发展史的重要向度。纵览资本主义发展史，资产阶级在推翻封建社会的过程中发挥过革命性作用，封建的所有制关系的解体为生产力的解放提供了良好的条件，促使资产阶级利用不到一百年的时间创造出"比过去一切世代创造的全部生产力还要多"②的生产力，加速了人类社会

---

① 习近平：《坚持历史唯物主义不断开辟当代中国马克思主义发展新境界》，《求是》2020 年第 2 期。

② 《马克思恩格斯文集》第 2 卷，人民出版社 2009 年版，第 36 页。

由农耕文明向工业文明的过渡。随着生产力的发展，生产的社会化程度不断提高，客观上要求由全社会占有和支配生产资料，以促进国民经济有序运行。然而，由于资产阶级力图"使整个社会服从于它们发财致富的条件"①，以资本主义私有制为基础的资本主义生产关系长期对社会生产行使绝对主导权，导致社会生产经常陷入盲目扩张的无政府状态，从而引发周期性生产过剩危机，屡屡造成社会生产的被迫停滞和生产力的严重破坏。

社会主义作为必然会战胜和取代资本主义的社会制度，有效地破解了这一难题。新中国成立初期，随着国民经济的恢复和工业化的开启，以个体私有制为基础的农业、手工业和资本主义工商业日益同生产力的发展要求相抵触，为化解工业化和私有制之间的矛盾，我国从这三大领域入手进行生产资料所有制的社会主义改造。但是，"三大改造"仍然未能使生产关系满足生产力的发展要求。改革开放后，我国坚持以"是否有利于发展社会主义社会的生产力"为根本标准，通过优化所有制结构，建立健全社会主义市场经济体制，改革完善分配制度、企业制度和金融制度等手段，推动生产关系适应生产力的发展要求，进而使生产力在40多年间完成质的飞跃。历史证明，只有妥善处理生产力与生产关系之间的关系，使生产关系适应生产力，生产力的蓬勃发展才能够实现。因此，要培育和释放新质生产力，必须高度重视和着力推动生产关系的良性变革，加快形成与新质生产力相适应的新型生产关系。

---

① 《马克思恩格斯文集》第 2 卷，人民出版社 2009 年版，第 42 页。

现实逻辑：对我国当前的生产关系尚未充分适应新质生产力现实问题的正面回应

习近平总书记强调："发展新质生产力是推动高质量发展的内在要求和重要着力点。"[①]新质生产力作为拥有新内部结构、沿循新发展模式、需要新发展动力的高端生产力，呼唤与之相适应的新型生产关系。然而，我国当前的生产关系中还存在诸多同新质生产力发展要求不相适应的地方。

在资源配置方面，行政性干预有时"越位"，限制市场在资源配置中发挥决定性作用，可能影响向新质生产力发展领域进行资源配置的迅捷性和准确性。在劳动组织方面，劳动者教育体制创新性与科学性不足，阻碍劳动者有效认识和运用各类新兴劳动资料和劳动对象；劳动者的主体地位未得到充分重视，人与物以及人与人在劳动过程中的结合运作模式不尽合理，难以为新质生产力的发展提供坚实支撑。在财富分配方面，创新型人才激励机制不够健全，创新型人才的劳动报酬在初次分配中的比重有待提高，部分创新型人才的收入与贡献脱钩，无法获得同贡献相匹配的收入；针对创新型人才的社会福利保障面临总量不足、分布失衡、结构单调等窘境，制约了创新型人才以创新推动新质生产力发展的主动性。在社会消费方面，供给侧结构性改革不够彻底，绿色产品"量"与"质"的双重提升遭遇瓶颈，叠加绿色消费促进政策和配套措施尚未完善，束缚了社会成员以绿色消费刺激绿色生产从而驱动新质生产力发展的潜力。这些生产关系制约新质

---

① 《习近平在中共中央政治局第十一次集体学习时强调　加快发展新质生产力　扎实推进高质量发展》，《人民日报》2024年2月2日。

生产力的形成。必须尊重新质生产力的发展要求，对生产关系进行改造和革新，加快形成与新质生产力相适应的新型生产关系，为高质量发展注入新动能。

新型生产关系的应然样态

生产力决定生产关系，生产关系一定要与生产力状况相适应。为赋予新质生产力以充分的发展空间和动力，应当厘清是哪些方面的生产关系在影响新质生产力的发展，才能建立与新质生产力相适应的新型生产关系。

新型资源配置方式

资源配置方式作为按照一定的目的和计划，对劳动者、资金、技术以及实体型和非实体型劳动资料与劳动对象等人力资源、物质资源、知识资源和数字资源进行筛选、调度和投放的手段集合，在很大程度上影响着生产力发展的实际成效。新质生产力是资源向心集聚、协作配合与交融转化的结果，优化资源配置方式，确保资源合理高效配置，是加快形成新质生产力的重要前提。

一是灵活型资源配置方式。灵活型资源配置方式要求提升资源流动的顺畅性。新质生产力是生产力在大量颠覆性技术交叉联动、诸多高端化产业勃兴融合的条件下才能够达到的高级形态，需要以来源广泛、类型丰富的资源为支点与底座。使各种资源能够顺利地流向新质生产力，是新质生产力获得能量供应、实现拔节生长的基础性环节。

必须增强资源配置方式的灵活性，保障资源的有序顺畅流动，防止资源陷于僵化固化而无法同新质生产力链接并发挥作用。

二是精准型资源配置方式。新质生产力拥有众多细分领域，如果忽视它们的资源需求差异性，在资源配置时模糊化、随意化操作，导致供需的错位与脱节，那么资源将遭遇闲置与浪费，难以推动新质生产力的发展。因此，必须对标对表新质生产力的各个细分领域的需求，将与之耦合的人力、物质、知识和数字等科技创新和产业创新资源进行精准配置，从而以人才链、资金链、创新链和产业链的有效衔接推动形成新质生产力。

新型劳动组织方式

劳动组织方式是劳动者在参与劳动的过程中，同劳动资料和劳动对象相结合、同其他人相结合而形成的"人—物"关系形态与"人—人"关系形态的总和，它会对劳动者的劳动实践产生结构性影响。劳动者是生产力中最活跃的因素，发展新质生产力，归根结底要依靠劳动者的劳动实践。只有改进劳动组织方式，承认劳动者的中心地位，确保劳动者能够充分发挥主体性、积极性和创造性，才能够使劳动者为新质生产力的发展输送动力。

一是学习型劳动组织方式。人是人类历史的真正主体，新质生产力依赖于劳动者的主体性。随着科技创新对劳动场域的广泛渗透，大量新兴劳动资料和劳动对象加速涌现，发展新质生产力要求劳动者学会利用新兴劳动资料和劳动对象，否则，劳动者的主体性将遭到抑制。为此，必须搭建辅助劳动者投身于学习的"支架"，帮助劳动者不断提高对新兴劳动资料和劳动对象的认知力和掌控力，以更加完备的知识体系和技能体系驾驭先进的生产资料，盘活新质生产力。

二是平等型劳动组织方式。毛泽东同志认为："人与人的平等关系一旦建立起来，蕴藏在人民群众中的劳动热情、生产积极性就会解放出来，成为无穷无尽的力量。"[①]劳动者的积极性与人际生态高度相关，必须摒弃统治式、压迫式劳动等级关系，建立以相互尊重为基础的平等关系，承认和强调劳动者的主人翁地位，以主体性激发劳动积极性。

三是合作型劳动组织方式。发展新质生产力是一项具有创新性、艰巨性和复杂性的系统工程，需要劳动者发挥集体创造性，必须建立合作型组织，开展具有组织性的科研和创新活动，引导劳动者在信息共享、知识传递、观点交流、技能互补中协同合作，实现创造性的叠加、倍增与升维。

新型财富分配方式

财富分配方式是以一个或者数个劳动生产周期为计量节点，按照一定的原则、标准和比例，在个体以及群体之间进行财富分发的具体机制与方法。"人们为之奋斗的一切，都同他们的利益有关"[②]，财富分配方式作为利益分配的重要依托与枢纽，会在社会生产范围内影响各类劳动者的劳动观念与劳动行为，从而影响生产力的发展水平。新

---

① 中共中央文献研究室编：《毛泽东传》第四册，中央文献出版社 2011 年版，第 1753 页。

② 《马克思恩格斯全集》第 1 卷，人民出版社 1995 年版，第 187 页。

质生产力以创新为主导，需要由科技创新、管理创新、教育创新等构成的创新矩阵提供支撑，而创新型人才是创新的主力军。所以，在财富分配时，必须突出尊崇创新、激励创新型人才的导向，对取得重大成果和作出重要贡献的创新型人才予以财富分配倾斜，使创新型人才获得鼓舞，提升自我效能感，进一步增强创新的主动性和积极性，为发展新质生产力贡献不竭的智慧。

新型社会消费方式

社会消费方式是社会成员出于满足自身诸种需求的原因，在选择、购置和使用产品时表现出的思想倾向和行为倾向。虽然，是生产"创造出消费的材料"[①]，没有生产就没有消费，但是，消费也"创造出新的生产的需要"[②]，是左右生产的重要推手。在经济活动中，为制造具备市场竞争力的产品，生产主体往往会密切关注和及时跟进社会消费方式的变化趋势，据此部署和调整生产的内容、计划、工艺和流程，从而影响生产力的发展。社会消费方式对社会生产具有较强的介入能力，是影响新质生产力发展的重要变量。新质生产力"本身就是绿色生产力"[③]，如果社会成员能够形成绿色消费方式，那么将有助于倒逼生产主体投入绿色生产，沿着资源节约型和环境友好型的道路进行技术迭代、产品开发、产业改造，推动形成新质生产力。

---

① 《马克思恩格斯选集》第 2 卷，人民出版社 1995 年版，第 9 页。
② 《马克思恩格斯选集》第 2 卷，人民出版社 1995 年版，第 9 页。
③ 《习近平在中共中央政治局第十一次集体学习时强调　加快发展新质生产力　扎实推进高质量发展》，《人民日报》2024 年 2 月 2 日。

加快形成新型生产关系的实践进路

"世界不会满足人，人决心以自己的行动来改变世界。"① 新型资源配置方式、新型劳动组织方式、新型财富分配方式和新型社会消费方式是与新质生产力相适应的新型生产关系，必须坚持问题导向，遵循客观规律，在实践中加快形成与新质生产力相适应的新型生产关系。

坚持效能导向，优化资源配置方式

增强资源配置的灵活性与精准性，使资源的效能得到充分发挥，是支撑新质生产力形成的基础。一要处理好政府和市场的关系，大力构建高水平社会主义市场经济体制，发挥有效市场在资源配置中的决定性作用，利用具有高度敏感性的市场机制推动资源高效准确配给；同时发挥有为政府的宏观调控作用，依靠集中力量办大事的新型举国体制优势，向风险系数高、风控难度大、投资回报低但是却关乎国计民生的新质生产力发展领域调动各种必需资源。二要排查、更改和废除带有地方、行业与部门保护主义色彩的规则和制度，完善能源、交通、通信等类型的基础设施建设，打破妨碍资源跨地域、跨行业、跨部门顺畅流动的无形壁垒与有形障碍。三要在大数据、云计算、物联网、区块链、人工智能和数字孪生等先进技术的协助下，建立健全资源供需智慧化监测与反馈平台，实现对资源供给去向、资源需求缺口

---

① 《列宁全集》第 55 卷，人民出版社 2017 年版，第 183 页。

等信息的实时性分析与呈现，为政府和市场提供科学的资源配置决策依据。

坚持人本导向，改进劳动组织方式

尊重劳动者的主体地位和在生产力发展中扮演的中心角色，通过促进学习、保障平等和推动合作，改善对劳动者的劳动实践具有显著影响的"人—物"关系与"人—人"关系，使劳动者能够有效提升和释放自身的主体性、积极性和创造性，是发展新质生产力的重要抓手。一要时刻追踪国内外科学研究、技术创新和产业变革的最新进展，以及由此产生的新知识、新理论、新应用和新工具，根据劳动者的专业领域和岗位职责，提供定制化进修培训机会，帮助劳动者在学习中与时俱进地增强适应和运用新兴劳动资料和劳动对象的能力。二要明晰形成和巩固平等型劳动关系的目标，在法律层面观察和溯源劳资矛盾的新变化与新诱因，完善同劳动者权益保护相关的法律法规并加大执行力度，使保护劳动者免遭不平等对待的法治结构得到优化，在用人单位层面制定和实施反歧视、反霸凌政策，营造和谐包容、人人平等的职场文化氛围。三要创设崇尚集思广益、倡导群策群力的合作环境，搭建主体多元、沟通顺畅、保障充分、安全可靠的合作平台，形成聚焦需要设立项目、围绕项目建设团队、依托团队集智攻关的合作机制，使劳动者得以组织起来、开展协同创新。

坚持创新导向，完善财富分配方式

完善激励体系，以财富的合理分配激发创新型人才长期从事创新的热情，是向新质生产力传送强大动能的关键通道。一要实行有助于体现创新贡献率价值的初次分配机制，在企业、高校和科研院所进行薪酬体系改革，以创新型人才的创新贡献率为薪酬计算和发放的核心参考，将薪酬与贡献紧密挂钩，为实现边际薪酬的稳定增长提供可靠保证，使创新型人才的劳动付出得到应有的肯定与回报，防止"劳者不获""多劳少得"等怪象的发生。二要实行有助于促进创新意愿和创新活动生产与再生产的再分配机制，完善创新成果转化激励体系，利用加强知识产权保护、落实股权与分红奖励和提高税收减免力度等手段，确保创新型人才通过推动创新成果由理论建构、实验验证转向产业化开发和市场化应用，获得较为可观的经济收益；建立多元化福利保障体系，立足生活与工作等多重角度，综合考察创新型人才的实际需求，帮助创新型人才在住房安居、医疗康养、子女教育、终身学习和创新条件改善等方面获得充分支持，化解后顾之忧。

坚持绿色导向，变革社会消费方式

推动社会成员形成绿色消费的倾向，是催生新质生产力的必要环节。一要发挥生产对消费的规定性作用，在统筹经济发展要求和社会消费需求的基础上，持续推动供给侧绿色改革，促使节能型、环保型、低碳型绿色产品趋向规模扩大、品类增加、质量提升，实现对消费时空的占有与塑造，从而使社会成员不断嵌入绿色消费场景。二要出台鼓励绿色消费的引导政策和配套措施，通过提供价格补贴、税收优惠、配齐相关服务和软硬件设施，吸引社会成员进行绿色消费。三要以符合社会成员的认知特点和审美偏好的形式，对绿色消费理念的内容和要求作出创新性诠释与呈现，利用线上线下全媒体渠道加以宣传和推广，驱动绿色消费理念入脑、入心。

■ 参考文献

《马克思恩格斯全集》第 1 卷，人民出版社 1995 年版。

《马克思恩格斯文集》第 1 卷，人民出版社 2009 年版。

《马克思恩格斯文集》第 2 卷，人民出版社 2009 年版。

《马克思恩格斯选集》第 1 卷，人民出版社 2012 年版。

《马克思恩格斯选集》第 2 卷，人民出版社 1995 年版。

《列宁全集》第 55 卷，人民出版社 2017 年版。

中共中央文献研究室编：《毛泽东传》第四册，中央文献出版社 2011 年版。

习近平：《坚持历史唯物主义不断开辟当代中国马克思主义发展新境界》，《求是》2020 年第 2 期。

《习近平在参加江苏代表团审议时强调　因地制宜发展新质生产力》，《人民日报》2024 年 3 月 6 日。

《习近平在中共中央政治局第十一次集体学习时强调　加快发展新质生产力　扎实推进高质量发展》，《人民日报》2024 年 2 月 2 日。

《习近平在黑龙江考察时强调　牢牢把握在国家发展大局中的战略定位　奋力开创黑龙江高质量发展新局面》，《人民日报》2023 年 9 月 9 日。

蒲清平、黄媛媛：《习近平总书记关于新质生产力重要论述的生成逻辑、理论创新与时代价值》，《西南大学学报（社会科学版）》2023 年第 6 期。

发展新质生产力需要对生产关系进行调整

高　帆[*]

生产关系必须与生产力发展要求相适应。发展新质生产力，必须进一步全面深化改革，形成与之相适应的新型生产关系。要深化经济体制、科技体制等改革，着力打通束缚新质生产力发展的堵点卡点，建立高标准市场体系，创新生产要素配置方式，让各类先进优质生产要素向发展新质生产力顺畅流动。同时，要扩大高水平对外开放，为发展新质生产力营造良好国际环境。

——2024 年 1 月 31 日，习近平在中共中央政治局第十一次集体学习时强调

生产关系适时调整优化的重要意义

国家的现代化总是与生产力发展相伴相随，解放和发展社会生

力对我国的社会主义现代化建设具有基础性作用。中国特色社会主义进入新时代，我国经济从高速增长阶段转向高质量发展阶段，世界百年未有之大变局的特征日趋显著。立足于这些实践背景，发展新质生产力就成为我国全面建设社会主义现代化国家的客观要求。2024 年 1 月 31 日，习近平总书记在主持中共中央政治局第十一次集体学习时深刻指出："发展新质生产力，必须进一步全面深化改革，形成与之相适应的新型生产关系。"① 这是对马克思主义唯物史观、生产力与生产关系矛盾运动规律的具体应用，为在实践层面加快发展新质生产力提供了重要指引。

在马克思主义政治经济学理论体系中，生产力和生产关系是两个基本范畴，生产力、生产关系两者之间的相互作用是理解经济社会变迁的基本范式。其中，生产力是指人们利用和改造自然的能力，生产关系是指人们在各种经济活动开展中形成的相互关系。生产力对生产关系具有决定性作用，即在某个特定的时空背景下，生产关系不可能脱离给定的生产力水平而独立发生。生产关系对生产力具有反作用，即从动态的角度看，人们在经济活动中结成的相互关系会影响其经济行为选择，进而推动或阻滞生产力的发展。马克思主义政治经济学的这些理论为阐释新质生产力的内涵提供了基本的理论依据。② 特别是马克思主义政治经济学强调生产关系对生产力具有反作用，且广义生

---

① 《习近平在中共中央政治局第十一次集体学习时强调　加快发展新质生产力　扎实推进高质量发展》，《人民日报》2024 年 2 月 2 日。

② 参见高帆：《"新质生产力"的提出逻辑、多维内涵及时代意义》，《政治经济学评论》2023 年第 6 期。

产关系体现在生产、交换、分配、消费等活动中人们结成的经济关系，这对我国在实践层面探寻新质生产力发展的实现方案具有重要启示作用。

从历史的角度看，1949 年中华人民共和国成立以来，我国在中国共产党领导下推进社会主义现代化建设，即体现出通过生产关系调整推动生产力发展的重要特征。1956 年我国在对农业、手工业和资本主义工商业"三大改造"完成之后，即建立起生产资料公有制为主体的社会主义基本经济制度，这支撑了我国在资本高度短缺、对外开放受阻背景下建立独立的比较完整的工业体系，其客观结果是"中国是在一个'近乎完整的'工业体系的基础上开始改革开放的"①。1978 年改革开放之后，我国从计划经济体制转向社会主义市场经济体制，从封闭经济状态转向全面融入全球经济体系，即在坚持社会主义制度前提下对生产关系进行持续调整，特别是赋予企业、农民、市民等微观主体不断扩展的经济自主权，激励其依据市场价格信号进行资源配置和商品交换。这些经济制度变迁极大地解放和发展了我国的社会生产力，推动我国在人类发展史上创造了"增长的奇迹"，并在 2010 年跃升为世界第二大经济体。在中国共产党领导和社会主义制度下，通过生产关系调整实现生产力的解放和发展，是我国在长期发展实践中得出的一条重要经验。现阶段我国将发展新质生产力作为推进高质量发展的重要着力点，同样需要将生产关系调整、优化放在突出位置，紧紧围绕生产关系的各个组成部分——即人们在生产领域、交换领

---

① 路风：《中国经济为什么能够增长》，《中国社会科学》2022 年第 1 期。

域、分配领域、消费领域结成的经济关系进行优化变革，进而在新型生产关系的形成过程中，激发和推动新质生产力持续发展。

生产领域经济关系的调整优化方向

在生产领域，人们结成的经济关系主要体现为其对劳动资料、劳动对象的占有和使用关系。马克思主义政治经济学将生产资料所有制作为最重要的生产关系，甚至视为区分不同社会类型的主要依据。新中国成立之后，我国形成了以生产资料公有制为主体的社会主义基本经济制度。改革开放以来，我国在发展实践中不断深化对社会主义经济制度的认识，以公有制为主体、多种所有制经济共同发展成为我国社会主义基本经济制度的重要内容。现阶段我国经济体制改革向纵深方向推进，生产资料所有制的实现形式出现变化，生产资料、生产要素的范围也在扩展，这对生产领域中的经济关系调整提出了客观要求。我国新质生产力的发展就是在这样的背景下进行的，新质生产力以全要素生产率大幅提升为核心标志，这意味着在生产领域，以推动组织和科技创新为载体、以提高要素组合效率为导向来调整人们之间的经济关系，是我国加快发展新质生产力的客观要求和重要突破口。

现阶段我国通过调整生产领域的经济关系来推动新质生产力发展，主要包括三个方面的重点工作。

一是在宏观的国民经济层面。必须严格落实以公有制为主体、多种所有制经济共同发展的基本制度，扎实实施"两个毫不动摇"制度安排和政策举措。国有经济、民营经济是不同的所有制类型，它们都是我国生产力发展和中国式现代化事业的支撑力量。据此，我国需要进一步深化国资国企改革，提升国资国企的核心竞争力和抗风险能力；按照市场化、法治化、国际化基准优化营商环境，增强民营经济持续投资实体经济的能力和意愿，强化对民营企业和民营企业家的产权保护力度，更好发挥民营经济在推动增长、促进创新、创造就业等方面的积极作用；依靠混合所有制经济发展等促进国有经济和民营经济协同发展；以分工协同思维而不是彼此替代思维看待不同类型所有制经济的关系。这些对于我国发挥经济制度优势、激发各类经济主体的创新活力具有极为重要的推动作用。

二是在中观的产业结构层面。国民经济由不同产业"加总"形成，而特定产业则包含了研发、生产、营销等不同环节，呈现出各个环节相互组合的产业链创新链特征。新质生产力的特点是创新，关键是质优，本质是先进生产力，这意味着我国需要依靠经济关系优化来推进科技创新、组织创新，以此推动产业在转型升级、交叉融合中形成新结构、新业态。在这方面，我国需要充分利用新型举国体制，增强关键科技创新中的系统集成能力，依靠不同科研机构的联合攻关开展基础性、颠覆性、原始性创新，着力解决创新链条中的"0—1"难题。同时，企业是市场经济运行的"细胞"，我国需要进一步赋予各类企业更多经济自主权，综合采用产业、金融、财税等政策工具，激励各类企业开展科技和组织创新，特别是依据市场需求形成新产品、新服务、新模式、新业态，在大众创业、万众创新中解决创新链条中的"1—10、10—10亿"问题。

三是在微观的企业经营层面。企业是劳动者、劳动资料、劳动对象的组合载体，其生产需要使用土地、劳动、资本、知识、技术等要素，要素所有者在企业要素组合中形成经济关系，这使得企业具有不同要素所有者相互合作的"契约集合"性质。从经济史的角度看，企业经营在不同时段使用的要素、对要素的倚重程度以及采用的要素组合形式是不同的。现阶段我国经济社会发展面临着日益突出的数字化趋势，数据已成为新的生产要素，数字技术对生产生活方式的重塑作用在不断增强。在这一背景下，不同类型的企业需要立足新实践特征，在数字化转型中推进要素组合方式的动态调整。与此相对应，我国需要在规则层面界定数据要素的产权归属，健全数据要素以及相关产品的定价机制，规范数据交易和服务平台的运营秩序。同时，要进一步加强社会保障体系建设，加强对中低收入群体的社会保护力度，以减缓数字经济可能产生的就业岗位"挤出效应"和收入分配差距"扩展效应"。

交换领域经济关系的调整优化方向

在交换领域，人们结成的经济关系主要是围绕要素流动、产品交换而展开的，交换意味着要素和商品流通，流通环节的经济关系对生产力发展的作用不容小觑。"流通作为上联生产、下联消费的关键环节，成为维系社会总供给和总需求动态平衡的核心枢纽。"[1] 无论是从

---

[1] 谢莉娟、王晓东：《马克思的流通经济理论及其中国化启示》，《经济研究》2021年第5期。

逻辑推演的角度看，还是从实践经验的角度看，人们在交换环节形成的经济关系越是明确、规范、可信、可预期，则要素和商品的流通时间就越短，流通成本就越低，要素的流动性和再配置效率就越高，产品供给端和需求端的转化对接就越顺畅。新质生产力具有高科技、高效能、高质量的特征，这里的高效能包括了在交换环节，要素和商品能够实现更为快速、精准、高效的供求对接。由此可见，交换环节中人与人结成的经济关系，对我国培育壮大新质生产力同样具有不容忽视的重要作用。

在交换环节中优化经济关系，进而为发展新质生产力提供驱动力量，要从三个方向发力。

一是切实深化要素市场化改革。要素市场化改革的本质是要素供需双方能够依据供需、价格、竞争等市场机制配置资源，进而在这种配置中获得相应的经济回报。与改革开放初期相比，市场机制对我国要素配置的作用在增强，但现阶段要素在再配置方面仍面临一些约束因素。例如，我国农村劳动力的职业流动和身份转化不完全一致，农村劳动力在"退出"农村、"进入"城市之后面临着"融入"城市难题，农村人口非农化转化呈现出非农业化、非农村化、非农民化的明显落差[1]，第一产业劳动生产率显著落后于第二产业、第三产业劳动生产率等。由此出发，当前我国需要将深化要素市场化改革放在深化经济体制改革的关键位置，加大土地、劳动、资本、技术等要素的市场化改革力度，进一步扩大微观主体配置这些要素的选择权，降低要

---

[1] 参见高帆：《农村劳动力非农化的三重内涵及其政治经济学阐释》，《经济纵横》2020 年第 4 期。

素在城乡、地区、行业间流动时面临的制度约束。

二是加快推进全国统一大市场建设。我国是一个人口、地域、经济总量超大规模的国家，且正处在构建新发展格局的重要时期，这意味着全国统一大市场建设对生产力发展具有重大作用。新质生产力以全要素生产率大幅提升为核心标志，而全要素生产率的提升以各地各类市场顺畅对接为前提条件。在改革开放 40 多年后的今天，我国推进全国统一大市场建设仍面临一些实践挑战，不同地区之间仍存在市场分割、产业同构的现象，要素和商品的跨地区流动往往面临较高的交易成本，区域间基于市场分工的一体化高质量发展仍不充分等。据此我国需要进一步降低各级政府对市场资源配置的直接干预，完善对地方政府的绩效评价、考核和激励机制，加强基础设施建设并推进市场规则统一化，以此更充分地发挥我国超大规模市场优势。

三是着力推进高水平对外开放。改革开放以来，我国生产力水平的历史性跃升与主动融入全球经济密不可分。现阶段国际经济格局中逆全球化态势出现，贸易保护主义抬头，单边主义倾向加剧，这是我国发展新质生产力面临的外部环境。作为世界第二大经济体和全球经济增长的重要推动力量，我国在错综复杂的国际环境中推进现代化事业，就需要深刻把握全球化在波动中发展、在曲折中前行这个大趋势，坚持深化改革开放，通过扩大制度型开放来推动国内国际双循环，不能因外部环境不利而放慢对外开放的节奏。这包括进一步推进共建"一带一路"高质量发展、有序推进人民币国际化、深入推进自贸区建设、积极参与国际经贸规则制定等，以此更充分地在全球范围配置资源、流通商品，助推我国新发展格局构建和新质生产力发展。

分配领域经济关系的调整优化方向

在分配领域，人们结成的经济关系主要体现为对经济产出"蛋糕"的切分状况，这一状况既是生产领域中不同微观主体所做贡献的"反映"，也是消费领域中人们购买产品进而满足自身需求的"前提"。在马克思主义政治经济学中，生产资料所有制、分配制度均是生产关系的重要内容。从经济实践看，人们在分配领域形成的相互关系对经济社会发展意义重大。分配领域中的"绝对平均主义"忽视了不同微观主体参与经济的禀赋、能力、努力程度差异，由此导致的激励方式是"奖懒罚勤""奖劣罚优"，这会显著抑制生产力的解放和发展。分配领域中的"贫富悬殊、两极分化"则降低了社会秩序的稳定性，抑制了微观主体的消费能力，加剧了经济体中的供需对接矛盾，其同样会对生产力发展产生负面影响。

新质生产力是符合新发展理念的先进生产力质态，这意味着我国需要在分配关系调整中推动新质生产力的发展，分配关系优化能够更好体现高科技、高效能、高质量的特征，更好贯彻落实共享发展的理念，进而为新质生产力发展提供支持力量。在操作层面，优化分配关系主要从三个方面入手。

一是更好实现效率和公平相兼顾、相促进、相统一。"十四五"时期我国全体人民共同富裕要迈出坚实步伐，2035年全体人民共同富裕要取得更为明显的实质性进展，优化分配关系必须将其放在共同富裕的整体部署中进行思考。实现共同富裕是"做大蛋糕"（富裕）、

"分好蛋糕"（共享）这两者的有机统一①，这意味着我国优化分配关系必须以达成效率和公平的高水平组合为导向。损害效率以达成公平或牺牲公平以提高效率都是不可取的，其对我国生产力发展，特别是新质生产力发展都是不利的。据此，我国需要进一步处理好政府和市场的关系，充分发挥市场在资源配置中的决定性作用，充分释放微观主体的市场自发探索潜力，以此提高要素生产率和要素组合效率，为不断"做大蛋糕"提供制度条件。同时，我国需要更好发挥各级政府作用，综合运用财税、就业、收入、社会保障等政策来缩减收入分配差距，以此为"分好蛋糕"提供制度保证。换言之，我国需要在"有效市场、有为政府"的组合中实现经济质的有效提升和量的合理增长，实现经济发展性、分享性、持续性的统一。

二是稳步提高劳动者报酬在国民收入中的份额。"按劳分配为主体、多种分配方式并存"是我国的一项基本经济制度，提高劳动者报酬占比对扎实推进共同富裕、落实共享发展理念具有重要作用。现阶段我国劳动者报酬占比与法国、英国等发达国家依然存在一定差距②，劳动者报酬占比偏低对生产领域的技术创新和交换领域的供需对接均会产生负面影响。据此，我国需要完善劳动者报酬增长机制，使其保持在相对于 GDP 增长的更高水平，加强对各类劳动者——尤其是农民工和农村留守人口的人力资本投资力度，加快形成城乡统一的劳动力市场和社会保障体制。此外，与新质生产力的高科技特征相契合，

① 参见李实：《共同富裕的目标和实现路径选择》，《经济研究》2021 年第 11 期。
② 参见刘长庚、柏园杰：《中国劳动收入居于主体地位吗？——劳动收入份额再测算与国际比较》，《经济学动态》2022 年第 7 期。

我国在劳动者报酬增长中应凸显对知识型、创新型劳动者的激励，使这些劳动者按照贡献在国民收入分配中获得较高收益。

三是持续缩小城乡经济差距。现阶段城乡发展不平衡仍是我国面临的结构性难题，城乡居民收入、消费差距对整体经济差距的影响依然突出。我国劳动力的跨城乡流动往往也意味着跨地区流动，外出农民工的这种"双重流动"特征尤为显著，因此我国城乡经济差距与地区经济差距也存在直接关联。由此出发，我国在分配关系调整中需要高度关注城乡经济差距问题，当前需要进一步加快城乡户籍制度、土地制度、社会保障制度的联动改革①，进一步扩大农村人口对资源配置的经济选择权，畅通城乡要素双向流动、产业交叉融合的渠道，推动农村一二三产业融合和新型集体经济发展，着力解决农村人口进城之后的市民化问题、农民财产性收入稳步增长问题以及城乡基本公共服务均等化问题。在城乡融合发展中释放生产潜力，扩大城乡居民的市场购买能力，进而为新质生产力发展提供驱动力量。

消费领域经济关系的调整优化方向

在消费领域，人们之间形成的经济关系通常体现为对产品的消费能力与意愿、不同社会成员的消费差异与相互影响。从系统论的角度看，任何国家的国民经济都是由生产、交换、分配、消费等环节构成的完整体系，生产的最终指向是满足社会成员的消费需求并由此实现

---

① 参见郭冬梅、陈斌开、吴楠：《城乡融合的收入和福利效应研究》，《管理世界》2023 年第 11 期。

其经济价值。人们在消费领域结成的经济关系，对于社会再生产的顺利进行至关重要，"生产相对过剩""有效需求不足"从不同侧面表述了消费对经济连续运动的作用。新中国成立以来，特别是改革开放之后，我国城乡居民的消费水平有了显著提高，但从新质生产力发展的角度看，需要进一步调整消费领域的经济关系，推动消费规模扩大、消费层次升级、消费结构转变，依靠需求端发力来牵引供给端的产品、技术、产业创新，更好满足人民日益增长的美好生活需要。

从实践的角度看，我国需要进一步优化消费领域的经济关系，以此推动新质生产力发展壮大，这可以从以下三个维度努力。

一是协同推进新型消费和传统消费。我国是人口总数超过 14 亿的发展中大国，特定社会成员的消费种类具有多样性，不同社会成员的消费方式也存在差异性。与马斯洛需求层次理论相对应，我国居民对生存型、发展型、享受型资料均有需求，尽管不同居民对这三类资料的消费倚重程度各不相同。基于此，在消费关系调整中必须协同推进新型消费和传统消费，着力在激励产品创新中扩大居民的消费可选空间，在提高要素配置效率中提高居民的产品支付能力，不能用对立、替代、割裂思维看待两种类型的消费，而应将新型消费视为城乡居民在传统消费有效满足之后的自发选择。进一步地，生产力形态通常与消费的不同类型相对应，因此应从整体的、关联的视角来理解新质生产力和传统生产力的关系，不能因发展新质生产力而忽视或放弃传统生产力发展。

二是因势利导完善新型消费支持体系。改革开放以来，我国城乡居民恩格尔系数持续下降，当前我国正处在产业结构服务化、人口结构老龄化、社会交往方式数字化三者叠加的新阶段。这意味着我国城乡居民消费出现若干趋势性变化，例如，在传统消费需求之外，对绿色、健康、养老、文化、个性化体验等产品的需求在增长，城乡之间、地区之间消费方式的相互影响在增强，特别是超大特大城市居民的消费示范效应凸显。在消费关系调整中应坚持因势利导、顺势而为的原则，在完善地区激励机制和企业营商环境的基础上，促使各地因地制宜开展产品创新和市场创新，推动企业在研判和细分市场的基础上提供产品和服务，及时匹配和回应居民的新型消费需求。例如，城市和农村老年人口的康养需求在不断扩大，这内在地要求加快农村宅基地"三权分置"改革，在激活农村宅基地使用权的条件下提高农民财产性收入，形成与城乡融合发展相契合的新型老年群体康养模式。

三是完善城乡居民的社会保障体系。新质生产力与新技术、新产品、新产业紧密关联，但这些供给端的变化必须与需求端的拉力相链接，这样才能形成具有高效能特征的生产力。从国际比较角度看，当前我国居民消费率仍低于世界平均水平和主要发达经济体，扩大城乡居民需求对我国新质生产力发展具有重要作用。扩大居民需求需要重点解决居民收入水平如何提高、消费意愿如何增强两大问题，而社会保障水平是影响居民消费意愿的重要因素。这意味着优化消费领域经济关系需要将完善社会保障体系放在突出位置，当务之急是在"全覆盖"的基础上持续提高居民的社会保障水平，缩小城乡区域社会保障差距，加大财政资源对基本医疗、养老、住房、就业等民生项目的投入力度，完善城乡之间、地区之间的居民社会保障转移接续方式。这些举措有助于为城乡居民提供更高质量、更为有力的社会保护网络，有助于稳定城乡居民的收入和支出预期，进而有助于在扩大内需中释放新质生产力的发展潜能。

■ 参考文献

《习近平在中共中央政治局第十一次集体学习时强调　加快发展新质生产力　扎实推进高质量发展》，《人民日报》2024年2月2日。

高帆：《"新质生产力"的提出逻辑、多维内涵及时代意义》，《政治经济学评论》2023年第6期。

高帆：《农村劳动力非农化的三重内涵及其政治经济学阐释》，《经济纵横》2020年第4期。

路风：《中国经济为什么能够增长》，《中国社会科学》2022年第1期。

谢莉娟、王晓东：《马克思的流通经济理论及其中国化启示》，《经济研究》2021年第5期。

李实：《共同富裕的目标和实现路径选择》，《经济研究》2021年第11期。

刘长庚、柏园杰：《中国劳动收入居于主体地位吗？——劳动收入份额再测算与国际比较》，《经济学动态》2022年第7期。

郭冬梅、陈斌开、吴楠：《城乡融合的收入和福利效应研究》，《管理世界》2023年第11期。

不断强化新质生产力发展的人才支撑

任保平[*]

> 要按照发展新质生产力要求，畅通教育、科技、人才的良性循环，完善人才培养、引进、使用、合理流动的工作机制。要根据科技发展新趋势，优化高等学校学科设置、人才培养模式，为发展新质生产力、推动高质量发展培养急需人才。要健全要素参与收入分配机制，激发劳动、知识、技术、管理、资本和数据等生产要素活力，更好体现知识、技术、人才的市场价值，营造鼓励创新、宽容失败的良好氛围。
>
> ——2024 年 1 月 31 日，习近平在中共中央政治局第十一次集体学习时强调

习近平总书记在中共中央政治局第十一次集体学习时强调："要按照发展新质生产力要求，畅通教育、科技、人才的良性循环，完善

---

* 任保平，南京大学数字经济与管理学院院长、教授。

人才培养、引进、使用、合理流动的工作机制。"①在新质生产力形成过程中，科技是第一生产力、人才是第一资源、创新是第一动力。新质生产力发展取决于教育、科技和人才的支撑，而人才是关键性支撑，因为在生产力的要素中，人是最活跃、最革命的因素。党的二十大报告提出"强化现代化建设人才支撑"，围绕人才强国战略要求加快建设世界重要人才中心和创新高地，形成人才国际竞争的比较优势。加快形成新质生产力，必须高度重视培育创新型新质人才，强化新质生产力发展的人才支撑。

以人才强国战略为新质生产力提供人才支撑

从理论上来说，人才是新质生产力形成的关键，是推动经济社会发展的战略性资源，人才竞争是综合国力竞争的核心。发展新质生产力需要培育新质人才，新质人才不同于以简单重复性体力劳动为主的普通型人才，而是"需要通过持续成长心态与高意识学习特质，具备较强的人机协同能力、人文精神与科技合伦行动力，通过开拓精神与跨边界学习能力，彰显创想能力与实践智慧，进而建立人类共同体思维与跨文化合作能力"②。从实践上来看，人才是新质生产力形成的关键力量，是驱动我国创新发展的新动能。形成新质生产力必须培育一

---

① 《习近平在中共中央政治局第十一次集体学习时强调　加快发展新质生产力　扎实推进高质量发展》，《人民日报》2024 年 2 月 2 日。
② 祝智庭、戴岭、赵晓伟、沈书生：《新质人才培养：数智时代教育的新使命》，《电化教育研究》2024 年第 1 期。

大批大家大师和国际一流人才，产生一批改变人类的颠覆性科学技术，涌现一批具有全球引领性的领军型企业。实施人才强国战略，不仅是推动创新发展的重要战略，也是培育国际竞争优势的重要战略，更是加快形成新质生产力的重要战略，高水平人才将对新质生产力的发展产生正向作用。人才支撑的目标指向是形成新质生产力，人才强国战略应与形成新质生产力的战略目标保持一致，彰显人才在形成新质生产力中的战略性支撑作用，着眼于培育和集聚世界一流人才，为形成新质生产力提供人才保障和智力支持。

以人才强国战略为新质生产力提供人才支撑的理念是：坚持人才引领发展的战略地位，坚持面向世界科技前沿、面向经济主战场、面向国家重大需求、面向人民生命健康发展培育人才，加快建设世界重要人才中心和创新高地，聚天下英才而用之，营造识才爱才敬才用才的环境，弘扬科学家精神。为此，应该坚持人才引领发展。全方位培养好人才，造就形成新质生产力的科技领军人才和创新团队，培养具有国际竞争力的青年科技人才后备军。实现创新链、人才链、价值链的深度融合，深化人才发展体制机制改革。为各类人才搭建干事创业的平台，建立健全人才服务保障体系。深化人才激励机制改革，构建充分体现创新要素价值的收益分配机制，激发人才的原始创新动力。充分激发科技人才的创新创业创造活力，营造有利于创新创业创造的发展环境，吸引更多优秀人才投身我国科技创新和产业创新事业。以企业为中心集聚创新资源和人才资源，提高企业对高水平科技人才的吸引力和承载力。

以人才强国战略为新质生产力提供人才支撑的关键有四个方

面。一是加快建设国家战略人才力量。战略人才力量是指服务于国家战略需要的各层次科技创新人才，是国家战略科技力量的主体，也是形成新质生产力的人才主体。[1] 战略人才主要包括战略科学家、一流科技领军人才和创新团队、青年科技人才、高技能人才等。建设国家战略人才力量需要深化国家战略人才体制机制改革，全面布局国家战略人才集聚平台，着力健全战略人才发挥作用的新型举国体制，提升国家战略人才自主培养能力和水平，积极打造吸引集聚全球高端人才的开放创新生态。二是加快建设世界重要人才中心和创新高地。习近平总书记在中央人才工作会议上对我国加快建设世界重要人才中心和创新高地作出重大部署，为我国加快建设世界重要人才中心和创新高地明确了思想导向。形成新质生产力要优化人才区域合理布局，促进人才等要素跨区域流动，规范人才流动秩序，实施更加积极开放的人才政策，构建起聚天下英才而用之的制度体系。建设世界重要人才中心和创新高地，关键在于培养集聚全球高端人才，努力为各类人才搭建干事创业的平台。三是充分发挥企业家人才的作用。形成新质生产力的新质人才不仅包括科技人才，而且包括企业家人才。新质生产力形成中创新成果的产业化与商业化是由企业家完成的，这些企业家包括战略企业家、民营企业家、科技企业家，特别是要发挥科技企业家连接市场和科技创新，推动产学研各创新主体互动与交互的作用。四是提高人才自主培养质量。要发挥高校人才自主培养的主阵地作用，提高科研机

---

① 参见任保平、王子月：《新质生产力推进中国式现代化的战略重点、任务与路径》，《西安财经大学学报》2024年第1期。

构人才自主培养能力，发挥企业人才自主培养优势。制定人才自主培养的质量标准，加强人才国际交流，营造创新人才脱颖而出的治理新生态，构建新型人才自主培养制度体系。五是深化人才发展体制机制改革。应以国家科技自立自强为导向，深化人才发展体制机制改革，以建设全球人才高地为核心，建立多项针对性强、机制优化、运行高效的人才制度，包括国家战略人才制度、人才发展空间协同治理制度、国际人才开放与人才安全制度、人才自主培养体系制度等。

以人才链优化为新质生产力提供人才支撑

形成新质生产力的创新驱动实质上是人才驱动，需要通过优化人才链、强化创新链与人才链深度融合，培育各类创新人才，激发形成新质生产力的创新潜能。人才链优化有四个新要求。一是面向创新发展前沿前瞻性部署人才链。围绕创新发展前沿，在形成新质生产力中高度重视战略科学家和创新领军人才等高端人才，引进战略科学家、科技领军人才和创新团队，强调世界前沿领域中的领军创新人才及团队的大力度引入。形成新质生产力人才布局的目标在于突破核心技术瓶颈，补齐核心技术短板，支持产业链上下游企业技术合作攻关，实现前沿技术的突破，抢占技术创新的制高点。二是抓好人才链的两头优化。一方面使教育与技术"赛跑"，加大教育领域的投入和规模扩张，缩小数字鸿沟。另一方面以高端产业集聚顶尖人才。以产业高质量为发展根基，打造世界级产业创新智造中心，以高端数字产业吸引世界顶尖人才。① 三是面向产业创新发展升级人才链。应面向产业创新，系统性、专业化、全方位升级人才链。四是面向产业创新优化人才生态链。形成新质生产力要以产业创新发展为依托，对接高层次领军人才，提供专业化人才公共服务体系。形成新质生产力要深化人才开放合作，拓展人才引育渠道，丰富和培育人才生态链，完善人才培养与激励机制。

形成新质生产力要以人才链为牵引，积极探索构建以人才链为总牵引、优化教育链、激活创新链、服务产业链的"四链"融合发展体系，夯实形成新质生产力的战略资源和基础支撑。一是围绕创新链和产业链部署优化人才链。形成新质生产力要推进创新链、产业链和人才链深度融合，加快推动数字赋能制造业提升核心竞争力，着力构建以实体经济为支撑的现代产业体系。要强化人才链的前瞻布局，"适应新质生产力的生产关系突出在建立人才高地，集聚高端创新人才，突出科技企业家的作用"②。打造与发展新质生产力相适应的企业家人才、能够熟练掌握新质生产资料的应用型人才、能够敏锐发现新质生产对象的战略人才队伍。提高对全球战略性新兴产业和未来产业人才的洞察力和领导力，提高创新人才的本土培育涵养能力，提升人才创新支撑形成新质生产力的水平。二是做强人才链激活产业链。形成新质生产力要对人才链进行仔细梳理，把握基础点持续稳人才链，针对断脱点快速补人才链，瞄准薄弱点攻坚强人才链，发挥优势点大力延

---

① 参见任保平、王子月：《数字新质生产力推动经济高质量发展的逻辑与路径》，《湘潭大学学报》2023 年第 6 期。

② 洪银兴：《新质生产力及其培育和发展》，《经济学动态》2024 年第 1 期。

人才链，实现人才与创新链、资金链、供应链深度融合。三是以人才链赋能产业链。形成新质生产力要突出企业科技创新主体地位，把科学家精神与企业家精神结合起来，建设一支以战略科学家和领军人才为核心的高水平人才队伍。聚焦新一代信息技术、人工智能、生物技术、新能源等战略性新兴产业发展，扩容升级各类人才计划，培育关键领域核心技术人才和产业发展急需人才。四是围绕产业链打造人才链。形成新质生产力的创新驱动实质是人才驱动，人才是形成新质生产力的重要牵引和支撑，是串联教育链、产业链、创新链的核心要素。优化教育资源配置，扩大"四链"融合发展人才供给。坚持围绕产业和技术发展需求推动人才培养模式创新，促进教育供给侧与产业、创新需求侧全方位对接，全面加强学科融合、科教融合、产教融合。

以教育现代化为新质生产力提供人才支撑

人才是第一资源，形成新质生产力要率先推进教育现代化。我国的现代化进程需要坚持教育优先发展，促进教育公平。要大力推进人才强国和教育强国战略支撑，深化教育体系改革，建立现代化教育体系，提高教育质量，在更高的水平上为形成新质生产力提供人才支持，培育经济发展的新动能和新优势，促进新发展阶段我国经济社会高质量发展。人的素质和能力现代化是人的现代化之基。一般来说，人的素质和能力主要包括品质、体质、智能和潜能。在形成新质生产力中，人才是第一资源。形成新质生产力以高质量人才为支撑，不仅需要培育企业家人力资本，发挥企业家精神，而且还需要培育科学家人力资本，发挥科学家精神，把企业家精神和科学家精神结合起来。同时在形成新质生产力中还需要培育知识型、技能型、创新型劳动者。

教育现代化的目标是培养适应新质生产力的新型劳动者。新型劳动者是善于学习新知识，掌握新技术，能够充分利用现代技术、创新能力强、适应现代高端先进设备的劳动者。新质生产力阶段的劳动者培养要提高高等教育普及率。因此，接受过高等教育的劳动者所占人口比例成为适应新质生产力的新型劳动者的重要指标。

教育现代化是提高全民族的文化水平、推动人的现代化的必要过程，是形成新质生产力的基础工作。教育在形成新质生产力中具有基础性的地位和作用，应较早较快实现现代化。教育现代化不仅表现为高等教育普及率的提高，而且也表现为教育质量的提高。高质量人才培养需要高质量的教育，因此教育现代化要落实到提高教育质量上。教育现代化的重要标志是大学的现代化水准和能力：一是具有跟踪并掌握最新现代科学技术的能力和机制；二是具有培养创新型人才的能力和机制；三是具有同企业进行产学研协同创新、推动现代科技成果转化的能力和机制；四是具有弘扬民族文化、吸纳世界先进文化、实现文化传承创新的能力和机制。

教育要培养人的科学精神、批判性思维、法治思维、创新思维及能力等，这些都是现代人培养的基本要求。应让人的现代化在形成新质生产力中始终处于支配性的地位，通过实现普惠性人力资本提升，提高全体人民教育水平、发展能力、综合素养。而普惠性人力资本的提升，要通过教育资源整合扩充和提升人口科学文化素质来实现。需要推进优质教育资源的均衡配置，从而实现教育公平。我国教育的地区差别和城乡差别突出表现在优质教育资源配置不均衡，特别是中西部贫困地区与东部经济发达地区、城市与乡村之间教育资源存在较大差距。在形成新质生产力过程中，要求优质教育资源在地区之间、城乡之间均等化配置，这也是教育现代化的基本目标之一。

形成新质生产力的教育现代化不能仅限于由学校教育来实现，还需要完善多层次教育培训体系，通过开放教育、社区教育、成人教育和老年教育等终身教育机制来实施教育现代化。要通过连续不断的教育过程，不断更新劳动者的知识结构，提高劳动者素质，推动劳动者树立新的思想理念。通过全方位的学校教育、成人教育、在职教育和产学研联动机制，形成完善的教育体系，提高劳动者素质。在职教育主要是提供专业知识与技能的教育和培训，包括各类技术的培训和管理的培训。完善多层次教育培训体系的意义在于，在职培训可以增强专业化的知识技能和人力资本积累，从而通过知识溢出效应产生递增的收益，并进一步实现其他投入收益及总规模收益递增。而且，在职教育是一种长期性投资，从事不同岗位工作的劳动者和管理者能够适应不断进步的新科技发展和应用。

形成新质生产力的教育现代化也包含农民教育问题。农业农村现代化需要有较高文化水平的新农民，需要对农民进行人力资本投资，加强现代农业知识与农业技能教育，提高农业的现代化水平。同时，还要加强农民的数字经济和数字技术知识教育，以使农民适应数字经济发展的需要。

坚持教育、科技、人才一体化推进，加快形成
新质生产力的人才基础

教育、科技、人才是形成新质生产力的基础性、战略性支撑。教育、科技、人才都是形成新质生产力的重要因素，要把三者结合起来一体化推进，着力形成有利于形成新质生产力和经济社会高质量发展的人才基础。建设教育强国、科技强国、人才强国，是不断推进形成新质生产力的应有之义，是增强综合国力、提升国际竞争力、塑造竞争优势和抢占发展先机的关键。教育、科技、人才一体化推进是形成新质生产力、推动经济高质量发展的强大驱动力，要将教育、科技、人才整合到一起进行系统谋划，推进教育、科技、人才系统集成，协同推进形成新质生产力，立足世界新科技革命和产业革命的新趋势塑造发展的新动能新优势。

习近平总书记在中共中央政治局第十一次集体学习时强调，要"畅通教育、科技、人才的良性循环"①。形成新质生产力，教育、科技、人才要一体化推进：以教育优先发展作为形成新质生产力的基础，以科技进步作为形成新质生产力的动力，以增强科技实力作为形成新质生产力的关键，以科技和经济的结合作为形成新质生产力运行的基本结构，以高素质的劳动者作为形成新质生产力的主体，实现科技生产力的新解放和大发展。以教育、科技、人才一体化推进加快形成新质生产力，要进一步理顺相关体制机制，包括以下四个方面。

---

① 《习近平在中共中央政治局第十一次集体学习时强调　加快发展新质生产力　扎实推进高质量发展》，《人民日报》2024 年 2 月 2 日。

一是畅通教育、科技、人才良性循环的体制机制。构建教育、科技、人才三位一体运行体系和协调机制，建立政府部门、产业企业、社会组织、行业院校联动机制，从协调机制、政策供给、资源配置等方面实现教育、科技、人才的一体化推进。推进教育、科技、人才资源精准对接和有效配置，理顺教育、科技、人才资源的需求和供给关系，实现教育政策、科技政策、人才政策整体协同。

二是把科技作为形成新质生产力的关键力量。形成新质生产力离不开强大的科技，离不开高水平科技自立自强。必须坚持面向世界科技前沿、面向经济主战场、面向国家重大需求、面向人民生命健康加快实现高水平科技自立自强。当前新一轮科技革命和产业变革正在重构全球创新版图、重塑全球经济结构，必须强化国家战略科技力量，力争让科技创新这个"核心变量"成为推动形成新质生产力的最大增量。坚持科技是第一生产力，完善科技创新体系，坚持创新在我国现代化建设全局中的核心地位，健全新型举国体制，强化国家战略科技力量，优化配置创新资源，提升国家创新体系整体效能。

三是把教育作为形成新质生产力的关键基础。教育在形成新质生产力中具有基础性、先导性、全局性的地位和作用，发展新质生产力应更加凸显教育优先发展的战略地位。坚持教育优先发展、人才引领驱动，立足于形成新质生产力和我国新发展格局需求，加快建设高质量高等教育体系，推进教育数字化战略，促进人的全面发展，提高国民整体素质。形成新质生产力要凸显科教融合，推进教育现代化，加强教育国际化，培养具有创新精神和实践能力的高素质人才，为形成新质生产力提供有力支撑。

四是把人才作为形成新质生产力的战略支撑。形成新质生产力、推动高质量发展，对人才数量、质量和结构都提出了全方位的新要求。形成新质生产力，应对激烈的国际竞争，都要求我们完善人才战略布局，推进人才强国战略，以赋能创新人才为导向深化人才体制机制改革，加快整合、延伸全球人才价值创新链条，加快建设世界重要人才中心和创新高地，着力形成人才国际竞争的比较优势。

■ 参考文献

《习近平在中共中央政治局第十一次集体学习时强调　加快发展新质生产力　扎实推进高质量发展》，《人民日报》2024 年 2 月 2 日。

祝智庭、戴岭、赵晓伟、沈书生：《新质人才培养：数智时代教育的新使命》，《电化教育研究》2024 年第 1 期。

任保平、王子月：《新质生产力推进中国式现代化的战略重点、任务与路径》，《西安财经大学学报》2024 年第 1 期。

任保平、王子月：《数字新质生产力推动经济高质量发展的逻辑与路径》，《湘潭大学学报》2023 年第 6 期。

洪银兴：《新质生产力及其培育和发展》，《经济学动态》2024 年第 1 期。

"人工智能 +"：
新质生产力的重要引擎

人工智能是新一轮科技革命和产业变革的重要驱动力量，加快发展新一代人工智能是事关我国能否抓住新一轮科技革命和产业变革机遇的战略问题。要深刻认识加快发展新一代人工智能的重大意义，加强领导，做好规划，明确任务，夯实基础，促进其同经济社会发展深度融合，推动我国新一代人工智能健康发展。

　　——2018 年 10 月 31 日，习近平在中共中央政治局第九次集体学习时强调

人工智能开启创新发展新时代

眭纪刚 *

自工业革命开始，人类社会进入现代发展阶段。与传统社会相比，技术创新已经成为现代社会不可或缺的生产因素。当前，以人工智能为代表的新一轮科技革命和产业变革正在孕育兴起，表现出与传统技术经济范式显著不同的特征。对于后发国家来说，如何抓住新技术革命的机遇，是创新发展研究的重要议题。

传统时代的创新发展

工业时代的创新发展及其问题。工业革命被看作现代经济的开端，标志着人类社会进入现代发展阶段。工业革命极大地促进了生产

* 眭纪刚，中国科学院科技战略咨询研究院研究员，创新发展政策所副所长，中国科学院大学公共政策与管理学院教授。中国科学院科技战略咨询研究院博士研究生魏莹、硕士研究生张一民和孙禧洋，以及中国科学院大学公共政策与管理学院博士研究生张林林和陈熹微对本文亦有贡献。

力发展，使人类摆脱了"马尔萨斯陷阱"的束缚，并对科技、经济、社会、文化产生了广泛而深远的影响。前两次工业革命都始于新型生产技术和能源的使用，从生产环节的创新逐步扩展到管理模式、组织结构、社会生活等方面的创新。与第一次工业革命相比，第二次工业革命的影响范围更广、程度更深。

随着传统工业技术的式微，人类社会开始面临严峻挑战。工业时代的经济增长很大程度上依赖于对自然资源的开发和使用，更高的产出意味着更多的能源消耗和更严重的环境污染，20 世纪 70 年代的石油危机加重了人们对工业社会的质疑。在社会财富总量增加的同时，也产生了更加不均的财富分配和更大的社会分化，社会矛盾愈演愈烈。严重的环境污染、逐渐停滞的经济增长、居高不下的失业率和通货膨胀引发了人们对工业社会技术经济范式的广泛批评。工业革命带来的增长动力似乎已经消耗殆尽，第四次经济长波开始进入下降期，人类社会急需新的技术和增长引擎。

信息时代的创新发展及其优势。20 世纪 70—80 年代兴起的信息技术革命，全面而深刻地改变了传统生产方式、企业组织形式、产业分工格局、人类生活方式和社会交往方式，推动人类社会进入一个新的历史纪元。信息技术颠覆了工业时代的经济模式，企业理念、组织架构、雇佣关系都发生了巨大改变，给"旧经济模式"带来了巨大挑战。在信息社会，提升国际竞争力的关键是将自然资源禀赋转变为创造性资源禀赋，特别是知识和人力资本的存量。

信息技术革命创造了"新经济"和"股市繁荣"，特别是在互联网繁荣期，股东价值最大化主导了企业的经营理念，大量上市公司将其利润用于股票回购刺激股价，而不是投入研发。到了 20 世纪末，信息技术产业市场逐渐饱和，技术创新和突破愈发困难。2001 年，美国互联网泡沫破灭，大量依赖风险投资的互联网企业破产，并为几年后的次贷危机埋下了伏笔。从经济周期来看，早期信息技术和产业作为第五次经济长波的核心驱动力已显露出疲态，也标志着本次长波进入下降期。经历了巨大的代价和深刻反思之后，人们渴望出现新的重大技术创新浪潮，带领全球经济走向新的繁荣。

人工智能时代的创新发展

前几次工业革命分别实现了机械化、电气化和信息化，由人工智能等技术驱动的新产业革命将实现智能化。人工智能作为新一轮科技革命和产业变革的代表性技术和通用性技术，具有广泛渗透性，会对人类科技、经济和社会发展产生革命性影响。

第一，人工智能时代正在到来。"人工智能"一词首次出现于1956 年达特茅斯学院会议上，探究机器在哪些方面能够模仿人的智能。2016 年，美国白宫发布的《人工智能、自动化与经济》报告指出，人工智能不是一种特定的技术，而是应用于特定任务的技术集合。相较于传统的信息技术，人工智能的突破点在于获得了自我学习的能力。纵观人类技术变迁史，人工智能之前的技术创新主要是替代人类的体力，而人工智能技术开始替代人类的智力，因此人工智能是人类历史上具有里程碑意义的技术创新。人工智能的发展，标志着人类第三次认知革命，其本质是通过探求人类智能认识自我而形成主观世界的机制，并把这样的能力赋予机器以改造客观世界，实现人类智能的体外延伸。从这个意义上来说，人工智能的发展将会大大改变人类文明的进程。

与此同时，人类将不再满足于肌肉力量的突破与超越，而是致力于大脑智慧的拓展与延伸，以创意和创新的力量，取代传统发展模式，进而实现"指数级增长、数字化进步和组合式创新"。当前，人工智能技术的应用除了常见的智能推荐、无人驾驶、人脸识别、图像识别、机器翻译、人机交互、语音识别等社会生活场景外，还在新药研发、材料设计、国防军工等领域有突破性的发展和应用。最为重要的是，人工智能技术拥有自我学习、自我进步的能力，可以通过学习而不断升级，是一种新的、正在不断发展进步的生产力。因此，这一变革将不仅仅是单纯的科技或者经济意义上的变革，也将对人们的思想观念、生活方式、社会结构、人文心理甚至国家治理产生广泛而深刻的影响。

从技术经济史来看，每一次技术革命都会呈现出一些与之前的主导技术完全不同的特征。与第五次长波主要依靠信息技术不同，第六次长波需要一个复杂的"技术族群"来支撑。当前的新兴技术集体爆发，除人工智能外，物联网、3D 打印、纳米技术、生物技术、新材料、能源储存、量子计算等集中出现，并且在物理、数字和生物技术推动下相互促进并不断融合。如果说人工智能、新能源、新材料和生物技术搭建了第六次长波的技术框架，那么日渐兴起的新型生产方式与商业模式则丰富了新经济范式的内容，显现出与前几次长波截然不同的特征。例如，数字化和物联网带来了与工业时代和早期信息技术时代完全不同的优化资源配置的智能化解决方案。虽然这些新技术和商业模式尚未普及成为主导范式，但已显现出新范式的特征，代表了新范式的发展趋势（如表 1 所示）。

表 1　前几次工业 / 技术革命特征及当前的形态

技术经济范式特征	第一次工业革命 *	第二次工业革命 *	信息技术革命 **	当前状态 **
企业和产业出现新的最佳行为方式	工厂制生产	流水线、科层制、大型企业	扁平化、网络化	分布式结构
需要新的劳动技能	学徒制、边干边学	熟练、守纪、规范	设计、沟通	创意、分享
出现充分利用新关键要素的新产品结构	棉花、煤炭、冶铁	钢铁、化工、石油、电力、汽车	半导体、计算机	机器人、新材料、新能源
出现充分利用新关键要素的重大创新	水力纺纱、蒸汽机	大型机械、内燃机、电机、电报、电话	互联网	大数据、云计算、AI、量子科技
出现新的投资模式和投资市场	贵族、商人投资	股票市场	风险投资、创业板	互联网金融、众筹
形成新的基础设施投资高潮	运河、收费公路、铁路	高速公路、电站、摩天大楼	信息基础设施	大数据中心、5G 网络、物联网
"发明家—企业家"型的小企业大量出现并趋向于形成一个新的产业部门	纺织	汽车（20 世纪 20 年代）	软件产业	智能制造、无人技术
大企业通过快速扩张集中于生产和使用关键要素密集的新部门	铁路公司	汽车、石油、化工、电气（20 世纪 50 年代）	信息技术产业	平台型企业
形成新的商品消费与服务模式	生活消费品	耐用消费品、超市、消费信贷	信息服务、电子商务	共享经济

资料来源：* 根据 Freeman《工业创新经济学》《光阴似箭》整理；** 作者根据公开资料整理。

总体来说，新一轮技术革命与产业变革在整体上仍然处于初始期，突破性创新正在经历市场竞争与初始用户的选择，技术与商业模式尚未成熟，旧范式的影响仍然较大，与产业革命的成熟范式仍有不小差距。但是随着数字化技术框架的基本成型，一个全新的技术经济范式正在形成。新产业革命已现端倪，尤其是在主要国家推行各种技术和产业战略后，这种趋势更为明显。总体而言，当前正处于从一个技术经济范式到另一个范式的过渡阶段，我们需要做好迎接人工智能时代的充分准备。

第二，人工智能对创新发展的影响。从人工智能对企业创新发展影响的角度来看。首先，数据成为新的生产要素。人工智能技术的进步以大数据为依托，大数据集不仅是人工智能进行训练和完善的关键，更是企业进行判断和决策的重要依据。人工智能的发展使得企业的生产要素结构发生根本性转变，数据作为一种新的生产要素，必将带来生产结构质和量的调整；企业及时调整生产要素结构，打破生产投入固化状态，成为实现创新的一种重要方式。人工智能利用大数据，通过机器学习快速做出分析，及时、精准识别消费者需求，并实现实时生产、精细管理及柔性定制，从而大幅提升企业竞争力。

其次，人工智能对创新模式的变革。创新是知识的拓展和重新组合，人类的知识边界将因为人工智能的应用而被不断放大。人工智能对创新模式带来了两个深远影响：获取知识的思路更多，创新的速度更快。通过数字网络沟通互联，人工智能不但能产生和收集大量数据，还将带动数十亿人成为潜在的知识创造者、问题解决者和创新者。智能装备将人类数十亿大脑结合在一起，开始在模式识别、复杂沟通以及其他领域展现出广阔的发展空间。这种能量将在数字化世界里不断复制，组合式创新也将从中获得更多的发展机会。例如，生物学家可利用人工智能发现新的药物筛选方法，创新模式在人工智能时代将实现革命性突破。

最后，人工智能对生产效率的提升。对于当前产业中高重复性、可编码性的工作，人工智能具有明显的技术优势。工业机器人可以替代劳动时间长、简单重复的工作，以及很多人类干不好的高精度或高速度的操作性劳动。例如，根据斯坦福大学发布的《2022 年人工智能指数报告》，机器臂的中位数价格从 2017 年的 4.2 万美元下降到 2021 年的 2.26 万美元，不断降低的价格将成为工业机器人普及的关键要素，从而使得生产方式产生革命性变化。此外，像 ChatGPT 这种生成式人工智能技术，不但可以进行企业客服等简单智力工作，甚至可以进行学术论文写作、程序编写和艺术创作，大大提升了生产效率。

从人工智能对产业创新发展影响的角度来看。一方面，实现智能化生产与服务。人工智能通过整合硬件、软件、数据、网络、感应器等技术，实时采集生产服务过程中产生的海量数据，进行智能分析和决策优化，实现个性化设计、柔性化制造、网络化生产，从而促进产业创新发展。例如，在农业领域，人工智能有助于发展精准农业、智慧农业、数字农业，使农业生产实现智能化决策、无人化操作、可视化管理和精准化生产。在制造业领域，人工智能通过生产智能化、产品智能化、管理智能化、销售智能化和产业生态智能化，实现分工深化、产业链延长、成本节约、效率提高、价值提升等。在服务业领域，人工智能有望解决"鲍莫尔成本病"问题，实现第三产业的规模效应，带来服务业的创新发展。基于人工智能和其他信息技术，以虚拟技术和共享方式减少实物生产，优化系统设计减少资源浪费，也将扭转工业时代以来基于自然资源消耗的发展模式。

另一方面，创造新的经济业态和新兴产业。人工智能的核心技术可归纳为机器学习、计算机视觉、自然语言处理、生物识别技术、人机交互技术、机器人技术、知识图谱技术和 VR/AR/MR 八大类，不同属性核心技术构成相应技术集群，形成分别以识别、交互和执行为主题的技术和新兴业态。例如，以识别为主题的人工智能技术通过对人类自身生理特征识别、运动追踪和文本翻译等技术，产生了风险防控、精准营销、安全防护、语音服务等服务场景。以交互为主题的人工智能技术借助智能化装备与数字化环境，能够实现人与计算机之间的多种信息交换和性质互动，产生了智能语音助手、数字化互动教学、智能化学习系统、智能客服、智能文娱互动等消费场景。以执行为主题的人工智能技术通过机器学习、知识图谱等技术，诞生了一批覆盖智能制造、智能机器人、智慧物流配送、智能家居和无人机的人工智能初创企业。

从人工智能对创新系统的影响来看，创新系统的运行效率直接影响一国创新发展的绩效。Freeman 等提出的"国家创新系统"是指公共和私营部门中的主体和制度网络，其活动和互动决定着一个国家扩散知识和技术的能力。Fagerberg 指出，任何创新都不是孤立的，企业的创新活动既受到其他创新主体的影响，也受到制度、法律法规、社会规则的约束，这些组织和制度是创新系统的核心组成部分。人工智能时代的创新系统与传统社会不同，人工智能不只是新的技术基础设施，人工智能供应商和数据中心还将作为新的创新主体参与到创新系统中，通过改变其他创新主体的运作模式和联系方式，从而给整个创新系统带来变革。在人工智能的支持下，个人的创新活动也将成为创新体系的重要补充。从这个角度而言，人工智能可以提升创新系统的效率。

人工智能供应商。一方面，这些机构是创新系统中的新型主体，它们为系统中其他主体提供服务，社会各部门/组织可以使用其数据中心和算力，进行部门 / 组织内部的创新活动。另一方面，人工智能数据中心也从全社会获取数据，进行数据的存储、加工和保密工作，进而将数据集提供给相应的部门 / 组织使用。同时，通过人工智能和数字网络的互联互通，各类创新主体可实现更紧密的联系、更有效的信息共享和交流合作，提升整个社会的运转效率和创新能力。因此，人工智能不仅是新时代的技术基础设施，甚至可能成为新型创新系统的中心节点。

企业。大数据驱动的人工智能技术为实现企业创新、制造与全流程智能化管理提供了新的方法和技术。人工智能为产品设计、测试与市场响应提供新的范式，利用人工智能的机器学习算法，寻找新的创新路径和产品设计方法。以人工智能为引擎，以数据为生产要素，可以将人工智能与具体的生产场景相结合，实现设计模式创新、生产智能决策、资源优化配置等创新应用，也能大幅缩减产品成本并提高良品率。借助人工智能技术，企业也将逐渐摆脱局部信息和人工决策的低效等局限性，最终实现制造和生产全流程智能化。

高校。在人工智能时代，高校的教学内容、形式、对象、科研模式都将发生变革。在人工智能技术的驱动下，各类"教学终端""资源"与"平台"实现互联互通，高校可以采取更加个性化的教学方案，学生和老师可以实现更好的互动。优秀教学资源将被推荐给更多学生（甚至社会人员），实现规模效应，提升全社会的学习效率和知识库存量。在科学研究方面，人工智能模拟实验将降低基础研究的操作难度和成本，同时人工智能数据中心对全社会的数据进行整合加工，将大幅提升知识联结与传递效率，规避了大量重复实验，进而提升高校科研能力。

科研机构。科研机构（尤其是国家科研机构）以国家战略和社会发展的重大需求为导向，开展基础研究、技术攻关和社会公益研究。人工智能可以从投入成本、社会经济效应等维度做出综合评判，在多个技术方案中对未来研发线路进行优化。人工智能还可以挖掘基础研究的应用前景和市场化潜能，同时对市场中的新技术择优吸收，加速科研机构和市场技术之间的交流互动，以及对科研机构及研究人员的实验内容、进度实时监控，避免重复实验带来的效率低下，从多方面提高科研机构的效能。

政府。在人工智能时代，政府可以利用大数据和人工智能技术，提升创新治理的效率，实现从传统政府向智能政府的转变。基于全面的大数据信息，政府可以更加有效地利用人工智能技术进行监管、分析和调控创新活动，维护市场竞争格局。政府也可以借助大数据，更加精准地提供创新基础设施或服务，规避有限信息产生的政府失灵。在人工智能技术协助下，政府可以更高效地实现对创新活动的监管，促进创新主体合作，实现创新系统整体效能提升。

个人发明家。在传统的创新系统中，个人发明家的作用已被建制化科研活动和组织取代。但在人工智能时代，个人可通过应用平等的人工智能服务，实现工具公平，通过人工智能模拟仿真、大数据计算等服务进行发明创造活动，个人创新成果将成为企业、大学和公共实验室创新活动的有力补充。从数量来看，个人相较建制化创新主体在数量上占据绝对多数，如能通过人工智能技术的应用激发个人的创新活力，将大大增加全社会创新方案的多样性，并提升创新系统的整体效能。

人工智能带来的变革与价值

第一，人工智能对就业带来的挑战。人工智能在大大提高生产效率的同时，也会对社会就业产生冲击。传统劳动力的知识储备和技能结构是在工业时代和早期信息技术时代形成的，无法满足人工智能时代发展的要求。尤其是智能技术与各个行业深度融合后，各行业能够使用智能设备代替人类完成重复机械的工作。以制造业为例，随着深度学习的成熟化、规模化，某些智能机器甚至可实现无人制造。智能装备的普及将导致制造组装环节的利润空间和用工规模被进一步挤压。随着人工智能技术的进步，甚至一些常规性的智力劳动（如新闻、金融、法律、写作等）也将被人工智能所代替。

人工智能的大范围应用将导致就业市场出现两极分化趋势。新兴技术领域将新增大量的高技能劳动需求，如工业机器人、物联网、大数据、增材制造等领域将迎来发展机遇，与此相关的研发、设计和维护等专业技能人才需求增长显著，认知性和创造性强的高收入工作机会不断增加，但是常规性和重复性的中等收入工作机会将减少，出现"高技能—高收入"和"低技能—低收入"两个极端。在全球各地，智能化已经开始侵蚀中等知识型工作岗位。同时，大量的自由职业者借助各类智能技术，更倾向于工作时间灵活的就业方式，新型就业形态和人员给传统的社会就业管理带来新的挑战。

第二，人工智能对后发国家的挑战。在世界近现代经济史中，依靠成本优势发展制造业是一种常见的发展路径，可以让后发国家积累资金、获得技术并提高国民收入水平。一旦这条发展道路受阻，许多国家就要重新思考其发展模式和工业化战略。当前的人工智能技术就对后发国家的传统发展路径产生了重大影响。因为人工智能时代的创新不是增强体力，而是以增强人类思维能力为特征。如果低成本劳动力不再是后发国家的竞争优势，那么距离目标消费群体更近、受到良好教育的劳动者数量更多、制度环境更加完善的地区会更有优势。届时，全球制造业就可能回归发达经济体，那些仅凭借劳动力成本而赢得比较优势的后发国家可能会陷入相对劣势。

如果没有新的竞争优势来源，后发国家制造业的成本优势不复存在，发达国家复苏的制造业势必会不断挤压后发国家制造业的生存空间。人工智能技术的进步正在驱动财富和收入史无前例地重新分配，平台效应也使收益和价值加剧向少部分人集中，可能带来国家之间、国家内部不同群体之间更严重的分化，对国际秩序产生重大影响。

第三，人工智能对社会治理的挑战。回顾人类社会发展史，由蒸汽机、电动机、互联网等技术引领的蒸汽革命、电气革命、信息革命，推动人类社会治理范式由科层制治理到电子化治理，再到网络化治理变迁。可以说，技术创新往往是治理范式转变的重要变量，新的科技革命与产业变革交汇之际，也是治理范式转换发生之时。人工智能技术作为一种新的技术手段，正日渐嵌入治理体系，推动社会治理朝着智能化、人性化和精准化方向转型。人工智能在治理方面的应用，实际上就是借助大数据和智能算法的力量，将复杂社会问题的分析与解决加以优化。

作为一种治理工具，人工智能技术的嵌入能够极大提升社会治理的精准化和智能化水平，但技术本身的不确定性也会影响治理效果。若政府、社会间权力边界日渐模糊，政府治理权威面临挑战，将会引发一系列治理困境。一方面，人工智能技术将带动数十亿人成为潜在的知识创造者、问题解决者和创新者，由此带来的权力下放和社会结构变化，将改变政府现有形态，使得政府传统职能逐步弱化。另一方面，掌握算法的企业和组织可能利用技术优势，控制社会信息及资源，甚至引导政府决策，形成了一种非国家力量的"准公权力"，这将对政府的治理权威形成对抗、消解甚至支配，传统治理模式面临着"去中心化"的挑战。

积极应对人工智能带来的挑战

人工智能等新技术开启了新的技术范式，为后发国家的创新追赶提供了机会窗口，但是成功追赶还需要根据新范式要求在各个方面做出合理调整，这对一个国家的创新治理能力提出挑战。未来的创新发展政策需要在以下方面不断努力。

加强新兴产业技术创新。与人工智能相关的技术大都处于科学知识突飞猛进的领域，是最有希望带来技术革命与产业变革的领域。近年来我国政府明确提出要加快发展战略性新兴产业和未来产业，这些产业的重点突破有望实现产业技术的赶超，因而是国家发展战略的重要组成部分。为此需要加强新兴产业和未来产业领域的技术创新，加大基础研究力度，从源头上实现重大突破。

构建与新范式相匹配的制度。新技术经济范式构建既需要企业、高校、科研机构等创新主体之间的多样性联系，形成与新技术体系的动态匹配，也需要政府转变职能，吸引广大利益相关者参与到社会治理中。为此需要大力破除传统范式中的体制机制与制度障碍，如改变对新兴技术的支持和管制方式、改变传统的产业政策方式、探索与新技术相适应的创新政策等，主动塑造新的制度环境。

加强各类主体能力建设。改革教育与培训的目标、方法、内容与手段，引导教育机构与新型组织保持协调，提升劳动者技能。鼓励新兴创新主体发展，鼓励多样性研究，提升经济系统内部颠覆性创新的数量和质量。将技术发展与生产网络和生活质量的改善联系起来，让公众享受新技术的成果。加强政策制定者的学习能力，各种政策安排应根据技术创新与产业变革不断调整。

以市场需求拉动新兴技术。新兴技术扩散和产业发展壮大需要市场需求拉动。中国巨大的人口与市场规模是绝大多数国家不具备的优势，在产业发展过程中应加以充分利用。通过收入分配改革引导消费能力提升，实施必要的激励计划培育新兴产业的本土市场，以庞大的市场规模诱导新兴技术创新，加速重大创新的市场选择，形成主导设计，从而在国际市场上提升新兴技术与产业的话语权。

积极应对人工智能带来的挑战。无论是从伦理还是从技术角度，都应确保人工智能为人类服务的根本指向。安全应成为人工智能政策或战略的优先事项，必须坚持合理发展、适度控制的风险意识，确保智能技术处于安全和可控的发展状态。人工智能的治理问题是涉及全人类的国际问题，各国应该秉持合作共赢的理念，强化沟通，建立互信，共同探索合乎人类发展需要的人工智能治理模式。

■ 参考文献

吴敬琏：《信息通信技术与经济社会转型译丛总序》，上海远东出版社 2011 年版。

Brynjolfsson E.，McAfee A.：《第二次机器革命：数字化技术将如何改变我们的经济与社会》，中信出版社 2014 年版。

布鲁兰德 C.，莫利 D.：《创新的演变》，《牛津创新手册》，知识产权出版社 2009 年版。

刘斌、潘彤：《人工智能对制造业价值链分工的影响效应研究》，《数量经济技术经济研究》2020 年第 10 期。

秦小建、周瑞文：《人工智能嵌入政府治理的探索及启示》，《国外社会科学》2022 年第 2 期。

Freeman, C., *Technology Policy and Economic Performance: Lessons from Japan*, Printer，1987.

生成式语言模型与通用人工智能：
内涵、路径与启示

肖仰华 [*]

前　言

自 2022 年 12 月 ChatGPT 发布以来，大规模生成式预训练语言模型（Generative Language Model）在学术界与工业界引起轩然大波，带动了一系列通用人工智能（Artificial General Intelligence，AGI）技术的快速发展，包括图文生成模型，如 Midjourney 的高精度、高度仿真的图文生成；具身多模态语言模型，比如谷歌（Google）公司连续推出 PaLM–E（D. Driess et al., 2023）以及 PaLM 2（A. Rohan et al., 2023）等。AGI 已经从模拟人类大脑的思维能力（以语言模型为代表），快速演进至"操控身体"的具身模型（以具身大模型为代表）。AGI 全面侵袭从艺术创作到代码生成、从问题求解到科学发现、从问答聊天到辅助决策等人类智能的各个领地，人类智能所能涉及的领域几乎都有 AGI 的

＊　肖仰华，复旦大学计算机科学技术学院教授、博导，上海市数据科学重点实验室主任。

踪迹。一场由 AGI 带动的新一轮信息技术革命已然席卷而至。人类迎来一场有关"智能"本身的技术革命。

作为一种先进的生产力，AGI 既给全社会带来令人兴奋的机遇，也带来令人担忧的挑战。兴奋与担忧归根结底是源于我们对 AGI 的理解还远远跟不上其发展速度。具体而言，人类对于 AGI 技术原理、智能形态、能力上限的思考，对于其对社会与个人影响的评估，明显滞后于 AGI 的发展速度。可以说，快速发展的 AGI 与人类对其认知的显著滞后构成了一对鲜明的矛盾，把握这一矛盾是理解当前 AGI 发展规律与其产生的社会影响的关键。也正是基于对上述矛盾的认识，不少科学家与 AI 企业领袖发出了暂停巨型大模型实验的呼声，呼吁加快安全可证明的 AI 系统的研制。

诚然，理解 AGI 十分困难。AGI 这个术语中的三个单词，分别从不同角度表达了理解 AGI 面临的挑战。从其核心词"智能（Intelligence）"来看，一直以来关于什么是智能，就存在不同的观点，比如传统计算机科学认为，"获取以及应用知识与技能"[①] 的能力是智能，但需思考这个定义是否仍然适用于今天以大规模生成式语言模型为代表的 AGI。"通用（General）"一词加剧了理解 AGI 的困难。相对于传统的面向特定（specific）功能的 AI，AGI 旨在模拟人类的心智能力，人类智能的独特之处鲜明地体现在其能够针对不同环境作出适应性调整，能够胜任不同类型甚至从未见过的任务。专用 AI 与通用 AI 存在怎样的联系与区别，是先实现通用 AI 还是先实现专用 AI？"General"

---

① 《牛津词典》将"Intelligence"一词定义为"the ability to acquire and apply knowledge and skills"。

一词将会引发很多诸如此类的思考。"人工的（Artificial）"一词则道出了 AGI 人工创造物的本质，而非自发从自然环境中进化而成的智能。这自然就提出了工具智能与自然智能的异同等一系列问题。

尽管挑战重重，本文仍然尝试针对 AGI 的某些方面展开分析。本文聚焦于生成式人工智能，特别是大规模生成式语言模型为代表的通用人工智能技术。本文所谈及的"智能"，不局限于人类智能，也包括机器智能，将以机器智能与人类智能作为彼此的参照，进行对比分析。本文将对由生成式语言模型发展而引发的"智能"的内涵、"智能"的演进路径等问题进行详细分析，并在这一基础上反思人类智能的诸多方面，包括创造性、世界建模、知识获取、自我认知等。笔者相信本文的思考一方面可以消除人们对于机器智能快速进步的担忧，另一方面也能为机器智能的进一步发展扫除障碍，有助于建立新型的人机和谐关系。在此需要说明的是，本文的部分思考与结论超出了当前的工程实践所能检验的范围，仍需要付诸严格论证与实践检验。

什么是智能？ ChatGPT 何以成功？

生成式 vs 判别式。ChatGPT 是生成式人工智能的代表。生成式 AI 在文本生成、文图生成、图像生成等领域取得了较好的效果。传统的人工智能多属于判别式人工智能。为何是生成式 AI 而非判别式 AI 成为 AGI 的主要形态？这是一个值得深思的问题。判别式 AI，通过标注数据的训练，引导模型习得正确给出问题答案的能力。生成式 AI，往往针对无标注数据设计基于遮蔽内容还原的自监督学习任务进行训练，引导模型生成符合上下文语境的内容。生成式模型不仅具备生成结果的能力，也能够生成过程与解释。所以生成任务可以视作比判别任务更具智力挑战性的任务，能够有效引导模型习得高水平智能。具体而言，对于判断题，判别式 AI 只须给出对或错的答案，即便随机猜测，仍然有百分之五十蒙对的概率。但是，生成式 AI 不仅需要生成答案，还可能需要同时生成解题过程，这就很难蒙混过关。所以相对于判别而言，生成可以说是更加接近智能本质的一类任务。

智能与情景化生成能力。智能的本质是什么？大模型的发展给人类对这一问题的思考带来了很多新的启发。大模型的智能本质上是情景化生成（Contextualized Generation）能力，也就是根据上下文提示（Prompt）生成相关文本的能力。所以大模型的应用效果在一定程度上取决于提示有效与否。如果我们能够给出一个有效且合理的提示，那么 ChatGPT 这类大模型往往能够生成令人满意的答案。这种情景化生成能力（"提示＋生成"的能力）不仅适用于文本，也广泛适用于图像、语音、蛋白质序列等各种不同类型的复杂数据。不同的数据上下文不同，例如对于图片而言，其上下文是周边图像。大模型的情景化生成能力是通过训练阶段的上下文学习（In-context learning）而形成的。从数学本质来讲，大模型在训练阶段习得了 Token 或者语料基本单元之间的联合概率分布。情景化生成可以视作条件概率估算，即给定上下文或提示（也就是给出证据），根据联合分布推断出现剩余文本的概率。

传统对于智能的理解多少都与"知识"有关（如把智能定义为"知识的发现和应用能力"），或与人有关（如把智能定义为"像人一样思考和行为的能力"），其本质还是以人类为中心，从认识论视角理解智能。大模型所呈现出的这种情景化生成能力，则无关乎"知识"，"知识"说到底是人类为了理解世界所做出的人为发明。世界的存在不依赖"知识"，不依赖人类，情景化生成摆脱了人类所定义的"知识"，回归世界本身——只要能合理生成这个世界就是智能。智能被还原为一种生成能力，这种智能可以不以人类为中心，也可以不依赖人类的文明，这是 AGI 给我们带来的重要启示。

智能的分析与还原。大模型训练与优化过程能够为我们更好地理解智能的形成过程提供有益启发。通用大模型的"出炉"基本上要经历三个阶段：第一个阶段是底座大模型的训练；第二个阶段是面向任务的指令学习，也就是所谓的指令微调；第三个阶段是价值对齐。第一个阶段底座大模型的训练本质上是让大模型习得语料或者数据所蕴含的知识。但是这里的知识是一种参数化、概率化的知识（本质上建模了语料中词汇之间的一种联合分布），使得情境化生成成为可能。因此，第一个阶段的本质是知识获取（或者说知识习得），第二个阶段指令学习旨在让大模型习得完成任务的能力，最后一个阶段则是价值观念的习得。

大模型的智能被分解为知识、能力与价值三个阶段，这是个值得关注的特性。知识是能力与价值的基础，所以底座模型的"炼制"尤为关键。ChatGPT 经历了 2018 年初版 GPT-1 到 2022 年 GPT-3.5 近四年的训练与优化。大模型的知识底座越深厚、越广博，后续能够习得的技能就越复杂、越多样，价值判断就越准确、价值对齐就越敏捷。大模型将智能的三个核心要素相互剥离，而人类的知识、能力与价值习得，往往是杂糅在一起的。我们很难界定小学课本中的某篇文章是在传授知识、训练技能抑或是在塑造价值。大模型的这种分离式的智能发展，可以类比于人类社会的高等教育。人类社会的本科教育旨在培养学习能力以获取知识，硕士教育旨在培养解题能力以解决问题，博士教育则旨在培养价值判断能力以发现问题。

知识、能力和价值相剥离对于未来智能系统架构、建立新型的人机协作关系、设计人机混合的智能系统架构均有着积极的启发意义。随着机器智能的逐步发展，人类相对于机器而言所擅长的事物将会逐渐减少。但是，在某些特定场景仍存在一些人类介入的空间。未来人机混合系统发展的关键仍是回答什么工作最值得由人来完成。看似完整的任务只有经过分解，才能拆解出人机各自擅长与适合的子任务。例如，将知识和能力剥离对于保护私域知识极具价值：大模型负责语言理解等核心任务，而机密的数据与知识仍然交由传统的数据库或者知识库来管理。这样的系统架构，既充分利用了大模型的核心能力，又充分兼顾了知识私密性。

智能测试与人机区分。通用人工智能技术的发展显著提升了机器的智能水平，特别是语言理解水平，机器在文本处理、语言理解等相关任务中已达到普通人类甚至语言专家的水平。而随之而来的一个十分关键的问题是：人机边界日益模糊。我们已经很难仅仅通过几轮对话去判断窗口背后与你交流的是人还是机器。换言之，传统的图灵测试已经难以胜任人机区分的使命。使用过 ChatGPT 的人都深有体会，ChatGPT 最擅长的就是聊天，即便与其长时间聊天，我们可能都不会觉得无趣。

人机边界的模糊会带来很多社会问题。首先，普通民众，尤其是青少年，可能出于对技术的信任而沉溺于 ChatGPT 类的对话模型中。当 ChatGPT 日益智能，我们习惯了向其提问，习惯了接受它的答案，久而久之，人类赖以发展的质疑精神就会逐步丧失。在日益强大的 AGI 面前，如何避免人的精神本质的退化？这些问题需要我们严肃思考并回答。其次，当人机真假难辨，虚假信息泛滥，欺诈将会层出不穷。最近越来越多犯罪分子已经通过 AI 换脸、AI 视频生成，成功实施了多起欺诈案件。如何治理由人机边界模糊带来的社会性欺骗将成为一个十分重要的 AI 治理问题。最后，还值得注意的是验证码，这一我们在日常生活中广泛使用，却很快会变成问题的应用。验证码是我们进行人机区分的利器，但是随着 AGI 的发展，尤其是在其对于各类工具的操控能力日益增强之后，验证码所具备的人机区分功能将会面临日益严峻的挑战。随着人形机器人技术的日益成熟，未来如何证明你是人而非机器，或者反之，如何证明机器是机器而不是人将会成为越来越困难的问题。

人机边界的模糊本质上归结于人机智能测试问题。我们需要刻画出人类智能独有的、不能或者至少是难以被机器智能所侵犯的领地。从机器智能的发展历史来看，这个领地的范围将会越来越窄。我们曾经认为在下围棋这样的高度智力密集活动中机器难以超越人类，也曾认为在进行高质量对话中机器难以超越人类，更曾认为蛋白质结构预测这样的科学发现是机器难以超越人类的……这些机器难以超越人类的任务列表曾经很长，如今已经越来越短。图灵测试已然失效，但是人类还来不及提出新的有效的代替性测试方案。有人提出，唯有人类会犯错及其行为的不确定性是人类独具的。这样的观点不值一驳，因为机器很容易植入一些错误与不确定性以掩饰自己的智能。未来我们如何证明机器试图越狱，以及机器是否正在掩饰自己的能力，这些都是 AI 安全需要高度关注的问题。

智能的演进路线，通用人工智能如何发展与进步？

"反馈进化"与"填鸭灌输"。人类的智能是一种典型的生物智能，是经过漫长的进化发展而形成的。人类在自然与社会环境中不断地实践、接收反馈、持续尝试，形成了高度的智能。各类动物的智能都可以归类到进化智能。进化智能的演进需要漫长的时间，换言之，只要给予足够的时间，自然环境或将就能塑造任何水平的智能。低等动物经过漫长时间的洗礼也有可能发展出先进智能。但是当前机器智能走的是一条"填鸭灌输"式的路径，是一条实现先进智能的捷径。将人类社会已经积累的所有语料、书籍、文献"灌输"给大模型，经过精心"炼制"，大模型就能习得人类积累数千年的文明成果。虽然大模型"炼制"也需要耗费数天、数月的时间，但相对于人类智能的漫长进化历程，几乎就是转瞬之间。机器能够在如此短暂的时间内习得人类数千年积累的知识，这本身已是奇迹。

人类社会多将"填鸭灌输"视作一种机械、低效的知识传授方式，而这却恰恰成为人类向机器传授知识的高效方式。如果单纯以考分评价学生，粗暴的填鸭式、灌输式的教育十分高效。但这种教育培养出的学生往往高分低能，难以灵活应用知识解决实际问题。所以，我们的学生还需要接受大量的实践教育，从反馈中学习，最终成为行家里手，将知识融会贯通。人类专家的养成过程对于理解大模型的发展过程极具启发。当前，大模型的填鸭式学习阶段已经基本完成，很快大模型将操控各类工具、开展实践式学习，从而进入从实践习得知识的新阶段。

"先通再专"还是"先专再通"。通用人工智能的发展带给我们的另一个启示在于机器智能走出了一条"先通再专"的发展路径。从大规模语言模型的应用方式来看，首先要"炼制"通用的大语言模型，一般来讲训练语料越是广泛而多样，通用大模型的能力越强。但是这样的通用大模型在完成任务时，效果仍然不尽如人意。因而，一般还要经过领域数据微调与任务指令学习，使其理解领域文本并胜任特定任务，可见大模型的智能是先通用，再专业。通用智能阶段侧重于进行通识学习，习得包括语言理解与推理能力及广泛的通用知识；专业智能阶段则让大模型理解各种任务指令，胜任各类具体任务。这样一种智能演进路径与人类的学习过程相似。人类的基础教育聚焦通识学习，而高等教育侧重专识学习；武侠小说中的功夫高手往往先练内力再习招式。这些都与大模型"先通再专"的发展路径相似。

大模型"先通再专"的发展路径颠覆了以往人工智能的主流发展路径。ChatGPT 诞生之前，AI 研究的主阵地是专用 AI 或者功能性 AI，其主旨在于让机器具备胜任特定场景与任务的能力，比如下棋、计算、语音识别、图像识别等。传统观念认为，若干专用智能堆积在一起，才能接近通用智能；或者说，如果专业智能都不能实现，则更不可能实现通用智能。由此可以看出，"先专再通"是传统人工智能发展的基本共识。但是，以 ChatGPT 为代表的大规模生成式语言模型，基本颠覆了这一传统认识，并说明机器智能与人类智能一样，需要先具备通识能力才能发展专业认知。

在新认识下，我们需要重新理解领域人工智能（Domain-Specific AI）。领域是与通用相对而言的。事实上，没有通用认知能力，就没有领域认知能力。举个例子，医疗是个典型的垂直领域，传统观念认为可以以较低代价搭建诊断某类疾病的智能系统。比如，针对耳鸣疾病，传统方法一般将与之相关的专业知识、文本、数据灌输给机器，以期实现耳鸣这个极为细分病种的智能诊断。但在实践过程中，这一想法从未真正成功。究其根源，医生要理解疾病，就需要先理解健康，而健康不属于疾病的范畴。一个耳科医生接诊的大部分时间是在排查无须治疗的健康情况。也就是说，要真正理解某个领域，恰恰需要认知领域之外的概念。由此可见，领域认知是建立在通识能力基础之上的。这些新认识为我们重新发展领域认知智能带来新的启发，可以说在 ChatGPT 类的通用大模型支撑下，各领域认知智能将迎来全新的发展机遇。

先符号再体验，先形式再内容。大规模语言模型通过使用文本或符号表达的语料训练而成。人类的自然语言是一种符号化的表达方式，语言模型表达了语言符号之间的统计关联。然而，符号只是形式，单纯基于符号的统计学习不足以让机器理解符号所指或者语言的内涵。纯形式符号的智能系统势必会遭遇类似约翰·塞尔"中文屋"①

---

① 约翰·塞尔设计了一个思想实验，一个关在屋子里不懂中文的人也能凭借辞典完成中英文翻译工作，在屋外人看来这个屋子具有翻译能力，能够理解中文。塞尔以此思想实验反驳图灵测试，认为该测试不能评价对象是否具有理解能力。

思想的责难。所以，AGI 不是停留在单纯的语言模型阶段，而是积极融合多模态数据进行混合训练。各类多模态数据，比如图像、语音、视频，能够表达人类丰富的世界体验。举个例子，人们对于"马"这个符号的理解，一定程度上取决于人们对马这一动物的经验和认识，比如高亢的嘶鸣（语音）、健壮的形象（图像）、奔腾的动作（视频）。人的体验支撑了人对于"马"这个概念的理解，正如人们对于万马齐喑的悲凉体会是建立在对于马的健康、积极形象的体验基础之上。所以，AGI 走出了一条先符号再体验、从形式到内容的发展路径。这和人类智能的发展过程恰好相反，人类是先有了丰富经验或体验，才抽象成符号、文字与概念。

"先大脑再身体"与"先身体再大脑"。目前 AGI 的发展趋势是先发展语言模型，以模拟人脑的认知能力，再基于机器大脑的认知能力驱动各类工具与身体部件。大脑的复杂规划与推理能力对于身体与工具在现实世界中的交互与动作是不可或缺的。AGI 走出了一条"先实现大脑的认知能力，后实现身体与物理世界交互能力"的发展路线。很显然，AGI 的这条发展路线与人类智能的进化有着显著的不同。人类在一定程度上是先具备身体能力，并在身体与世界的持续交互过程中，塑造和发展大脑的认知能力。传统的人工智能技术路线也倾向于先实现身体各器官或部件的基本功能，再实现大脑的复杂认知能力，倾向于接受机械身体与现实世界的交互能力比大脑的复杂认知能力更易实现的观点。然而，目前的人工智能发展路径在一定程度上颠覆了我们对机器智能实现路径的传统认识。

由通用人工智能引发的人类自我审视及启示

组合泛化是一种创造，但可能是低级的创造形式。AGI之所以吸引了业界的高度关注，一个很重要的原因在于它呈现出了一定的创造能力。我们发现ChatGPT或者GPT-4，已经拥有了比较强大的组合泛化能力：大模型经过足量常见任务的指令学习，能够胜任一些新的组合任务。具体来说，大模型学会了完成a、b两类任务，它就一定程度上可以完成a+b这类新任务。比如GPT-4能够使用莎士比亚诗词风格来书写数学定理证明。实际上这是由于GPT-4分别习得了数学证明与写莎士比亚诗词两种能力，进而组合泛化出的新能力。

第一，我们必须认可大模型的这种组合创新能力。反观人类社会的很多创新，本质上也属于组合创新，这种创新形式甚至占据了绝大多数。比如，在工科领域的技术创新中，很多研究生擅长把针对A场景所提出的B方法应用到X场景并取得了不错的效果；爆米花式电影中平庸的剧情创作，大都通过借用a故事的框架、b故事的人物，套用c故事的情节，使用d故事的桥段，等等。第二，AGI的组合创新能力远超人类认知水平。AGI可以将任意两个学科的能力进行组合，这里的很多组合可能是人类从未想象过的，比如利用李清照诗词的风格写代码注释。这种新颖的组合创新能力有可能是AGI给我们带来的宝贵财富，将极大地激发人类的想象力。第三，AGI的这种组合创新能力，基本上宣告了人类社会的拼贴式内容创新将失去意义。因为，AGI能够组合创新的素材，以及其生成的效率都远超人类。我们曾经引以为傲的集成创新也将失去其光环，而原始创新在AGI面前显得更加难能可贵。第四，AGI 的组合创新将迫使人类重新思考创新的本质。人类所能做出的而 AGI 无法实现的创新将更加凸显其价值。AGI 将促使人类不再沉迷于随机拼接或简单组装式的创造，而是更加注重富有内涵、视角独特、观点新颖的内容创造。

自监督学习是世界建模的有效方式。自监督学习可以视为一种填空游戏，即根据上下文填补空白。例如，我们事先遮盖住一个完整句子中的某个单词，然后让机器根据这个句子的上下文还原被遮盖的词语。同样地，就图像而言，我们可以遮挡部分图像区域，让大模型根据周边的背景图像还原出被遮挡图像的内容。这样一种自监督学习范式为什么能够成就 ChatGPT 这类大规模预训练语言模型，是个值得深思的问题。

"遮蔽 + 还原"式样的自监督学习任务旨在习得世界模型。比如，人们都知道高空抛重物，物体一定会下落，而不会向上飘也不可能悬在空中。最近很多学者，包括图灵奖获得者 Yann LeCun 都指出了世界模型对于 AGI 的重要性。人类社会业已积累的数据体现了人类对于现实世界的认识，通过对这些数据的学习，机器将有机会建立世界模型。当数据足够多、足够精、足够丰富时，就能在一定程度上表达人类对复杂现实世界的完整认知，基于"遮蔽 + 还原"的自监督学习机制，机器能够逼真地建立起关于世界的模型。反观人类的世界模型，很大程度上来自于经验与文明传承。一方面，我们在身体与世界交互过程中形成经验从而建立世界模型；另一方面，文化传播和教育传承塑造着我们对世界的认知。所以，人类对世界建模的方式与机器建模世界的方式有着本质的不同。

　　大模型所习得的隐性知识。大规模预训练语言模型借助了 Transformer 这样的深度神经网络架构，习得了语言元素之间的统计关联，并具备了情境化生成能力。而大模型之大，主要就体现在其参数量巨大。这样一个复杂的深度网络空间编码了语料中所蕴含的各种知识，这种知识具有参数化表达与分布式组织两个鲜明特点。所谓分布式组织，是指某一个知识并不能具体对应到某个具体神经元，而是分散表达为不同神经元的权重参数及其之间的互联结构。在特定输入下，通过激活某些神经元、以神经网络计算方式获取知识。因此，大模型可以视作隐性知识的容器。

　　大模型所编码的隐性知识显著超出人类业已表达的显性知识的范围。从某种意义上说，人类能用自然语言表达的知识是可以穷尽的，是有限的。而人类在潜意识下用到的常识、文本中的言下之意、领域专家难以表达的经验等，都是以隐性知识的形式存在的。大模型为我们认识这些隐性知识提供了更多可能性。大模型是通才，它是利用全人类、全学科的语料训练生成的，它所习得的某些隐性关联或者统计模式，有可能对应到人类难以言说的隐性知识。比如，外交场景下的遣词造句多有言下之意，往往被赋予了特殊内涵，大模型的出现给解读这种言下之意与独特内涵带来新的机会。大模型所编码的知识，很多是人类从未解读过的，特别是跨学科知识点之间的隐性关联。这也是大模型给我们整个人类文明发展带来的一次重大机遇。

　　随着大模型对隐性知识解读的日益深入，人类的知识将呈现爆炸性增长。我们不得不思考一个深刻的问题：过量的知识会否成为人类文明发展不可承受之重。事实上，当知识积累到一定的程度，单纯的知识获取已经偏离了人类文明发展的主航道。在知识急剧增长的未来，发现"智慧"比获取"知识"更加重要。很多时候，我们并不需要太多知识，只要具备从大模型获取知识的能力即可。理论上人类每个个体（即便人类最杰出的精英）所能知晓的知识量也一定远远低于智能机器。我们每个人的价值不是体现在拥有多少知识，而是知道如何使用知识，使用知识的智慧将是人类个体核心价值所在。AGI 的发展倒逼人类社会的发展从追求知识进入追求智慧的新阶段。

大模型倒逼人类重新认识自我。AGI 技术将与人类社会发展进程深度结合，为人类社会带来前所未有的重大机遇和严峻挑战。

随着人工智能技术的迅速发展，AGI 所带来的风险也逐渐凸显。首先，AGI 给 AI 技术治理和社会治理带来挑战。与目前的人工智能相比，AGI 失控将会带来更加灾难性的后果。当前，AGI 技术"失控"的风险日益增加，必须及时干预。比如，AGI 降低了内容生成门槛，导致虚假信息泛滥，已经成为一个严峻的问题。再比如，AGI 作为先进生产力，如果不能被大多数人掌握而是掌握在少数人或机构手中，技术霸权主义将会对社会发展带来消极影响。其次，AGI 技术将会对人类个体的发展带来挑战。未来的社会生产似乎经由少数精英加上智能机器就可以完成，工业时代的 2/8 法则到了 AGI 时代可能会变成 2/98 法则。换言之，越来越多的工作与任务在强大的 AGI 面前可能失去意义，个体存在的价值与意义需要重新定义。我们的寿命或将大幅度延长，但是生命的质感却逐渐消弱。如何帮助我们中的绝大多数人寻找生命的意义？如何优雅地打发休闲时光？这些都是需要深度思考的问题。最后，AGI 的进步可能会带来人类智能整体倒退的风险。

当人类发展了家禽技术，打猎技术就明显倒退；当纺织机器日益成熟，绣花技艺就显得没有必要。我们的各种非物质文化遗产、各类体育运动，本质上都是在防止人类的倒退。不能因为机器擅长完成人类的某项工作或任务，就放任人类的此项能力逐步退化。如果说以往各种技术的进步只是让人类逐步远离了大自然的原始状态，人类在与恶劣的自然环境的搏斗中所发展出的四肢能力的倒退是人类文明发展必须作出的牺牲，那么，此次旨在代替人类脑力的 AGI 会否引起人类智能的倒退？智能的倒退必然引起人类主体性的丧失与文明的崩塌。如何防止我们的脑力或者说智能的倒退，是个必须严肃思考的问题。

尽管面临重重挑战，但 AGI 毫无疑问是一种先进生产力，其发展的势头是不可阻挡的。除了前文提到的种种具体的技术赋能之外，这里要从人类文明发展的高度再次强调 AGI 所带来的全新机遇。首先，AGI 对于加速人类知识发现进程具有重大意义。前文已经讨论过对大语言模型已编码的隐性知识的解读将会加速人类的知识发现，但同时也会带来知识的贬值。未来我们会见证知识的爆炸所带来的"知识无用"。其次，AGI 发展的最大意义可能在于倒逼人类进步。平庸的创作失去意义、组合创新失去意义、穷举式探索失去意义……这个列表注定会越来越长。但是人的存在不能失去意义，我们要重新找寻自身价值所在，重新思考人之所以为人的哲学命题。

结　语

对于 AGI 的探索和思考才刚刚开始，我们还有很长的路要走。

我们必须高度警醒 AGI 所带来的问题，并充分重视 AGI 所创造的机会。两千多年前，苏格拉底说"认识你自己"，今天在 AGI 技术发展的倒逼下，人类需要"重新认识你自己"。

■ 参考文献

A. Rohan et al.，"PaLM 2 Technical Report"，*arXiv preprint arXiv:2305.10403*，2023.

A. Vaswani et al.，"Attention Is All You Need"，*Advances in Neural Information Processing Systems*，2017.

D. Driess et al.，"PaLM-E: An Embodied Multimodal Language Model"，*International Conference on Machine Learning*，2023.

Q. Dong et al.，"A Survey on In-context Learning"，*arXiv preprint arXiv:2301.00234*，2022.

W. X. Zhao et al.，"A Survey of Large Language Models"，*arXiv preprint arXiv: 2303.18223*，2023.

X. Zhu et al.，"Multi-Modal Knowledge Graph Construction and Application: A Survey"，*IEEE Transactions on Knowledge and Data Engineering*，2022.

Y. Lecun，"A Path Towards Autonomous Machine Intelligence Version 0.9.2, 2022-06-27"，*Open Review*，2022.

AGI 崛起下社会生态的重构

喻国明 *

我们正处在从工业文明时代向数字文明时代过渡的深刻转型期，其间充斥着熊彼特所谓的"断裂式的发展"和"破坏式创新"——旧世界条块分明的秩序正在打破；功能各异、壁垒森严的传统边界越来越模糊。如果说数字文明时代呈现的是互联网发展全要素的集合体，它将一系列断裂、分隔的要素整合成一套有序运行的规则范式和组织体系，为未来社会提供聚合性承载空间，也为社会发展构建了新的发展向度，那么近期引发广泛关注的 AGI（Artificial General Intelligence，通用人工智能）则以其全新的智能化手段实现了数字文明时代社会的基础重构。数字文明时代与 AGI 的共同特点是越来越以系统化的方式和生态级意义上的重构在破坏旧世界、建构一个全新的世界。互联网时代出现的全部新技术——大数据、人工智能、5G、虚

* 喻国明，北京师范大学新闻传播学院学术委员会主任、教授、博导，北京师范大学传播创新与未来媒体实验平台主任，教育部"长江学者奖励计划"特聘教授。

拟现实、区块链等正在借由 AGI 呈现彼此协同与融合的趋势，这是一个全新时代系统性推展的"起点"标志。所谓"一切过往，皆为序章"，正是我们当下对于互联网发展的顿悟。

面对如此"断裂式的发展"，按照过去的发展模式去画延长线显然已经难以为继，因此，战略性问题的认知与解题已经成为未来发展第一位的重要问题。战略问题解决"在哪儿做"和"做什么"（即做正确的事），而战术问题则解决"如何做"（即把事情做正确）。毫无疑问的是，在一个时代发生重大转型的时刻，做正确的事比把事情做正确更重要。本文旨在探讨 AGI 技术的未来发展及其角色扮演，分析 AGI 视角下算法功能演化的社会效应，研判 AGI 背景下未来媒体的发展趋势以及未来传播的新特点、新格局。

深度媒介化社会的"操作系统"和基础设施：AGI 及其核心技术形态

AGI 是基于语言大模型的生成型、预训练的人工智能，具有去边界、生成式以及场景性、交互性和参与性等显著特征。三大技术形态构成了它的基本支撑：生成式、大型语言模型和预训练。

生成式 AI 系统。生成式 AI 系统（Generative AI）是指这样一类人工智能系统：它们可以通过学习现有的数据来创建新的内容、模式或解决方案，从而实现类似人类创造力的功能。生成式 AI 模型的一些著名示例包括 ChatGPT、Lens Studio、Stable Diffusion 和 DALL–E，国内目前有文心一言、盘古大模型等。与传统的 AI 系统不同，生成式 AI 系统能够自己创造出新的内容，而不只是根据输入的数据进行处理和分类。生成式 AI 系统可以基于多种技术实现，包括深度学习、GAN（Generative Adversarial Networks，生成对抗网络）等。其中，深度学习可以通过训练神经网络从而学习输入数据的特征和规律，并根据这些规律生成新的数据。GAN 则通过两个神经网络进行博弈，一个生成器网络负责生成新的数据，另一个判别器网络则负责判断生成的数据是否真实有效，从而促使生成器网络不断改进生成质量。

生成式 AI 通过对大量数据进行训练并学习模仿该数据中的模式来进行学习。例如，ChatGPT 根据来自互联网的大量文本进行训练，使其能够模仿人类对话。Stable Diffusion 通过学习从网络收集的图像及其相关说明，根据文本指令生成图像。ChatGPT、Stable Diffusion 和 DALL-E 等生成式 AI 模型正在改变我们创建内容和与内容交互的方式，使用数据驱动的方法生成新的文本和图像，产生新的体验。这些人工智能模型在众多行业都有应用，使企业和个人能够利用人工智能的力量提高创造力和效率。

大型语言模型。大型语言模型（Large Language Model，LLM）是指使用大量文本数据训练的深度学习模型，可以生成自然语言文本或理解语言文本的含义。大型语言模型可以处理多种自然语言任务，如文本分类、问答、对话等，是通向人工智能的一条重要途径。

通常，大型语言模型是指包含数千亿（或更多）参数的语言模型，这些参数是在大量文本数据上训练的，例如模型 GPT-3、PaLM、Galactica 和 LLaMA。具体来说，LLM 建立在 Transformer 架构之上，其中多头注意力层堆叠在一个非常深的神经网络中。现有的 LLM 主要采用与小语言模型类似的模型架构（即 Transformer）和预训练目标（即语言建模）。作为主要区别，LLM 在很大程度上扩展了模型大小、预训练数据和总计算量（扩大倍数），它们可以更好地理解自然语言，并根据给定的上下文（或关键词提示）生成高质量的文本。这种容量改进可以用标度律进行部分的描述，其中性能大致遵循模型大小的大幅增加而增加。然而根据标度律，某些能力（例如，上下文学习）是不可预测的，只有当模型大小超过某个水平时才能观察到，这便是所谓"LLMs 的涌现能力"。LLM 的涌现能力被正式定义为"在小型模型中不存在但在大型模型中出现的能力"，这是 LLM 区别于以前的预训练语言模型（PLM）的最显著特征之一。当这种新的能力出现时，它还引入了一个显著的特征：当达到一定规模和水平时，性能显著高于随机的状态，这种新模式与物理学中的相变现象密切相关。原则上，这种能力也与一些复杂的任务有关，而人们更关心的是其可以应用于解决多个任务的通用能力。[1]

预训练学习技术。预训练模型（Pre-Training Model，PTM）是一种机器学习技术，它使用大量未标记的数据对模型进行训练，以使其具备某些先验知识和常识，从而优化其在各种任务上的表现。预训练技术之所以被广泛应用于各种机器学习任务，主要是为了解决以下问题：

——数据稀缺性：在许多任务中，标记数据是很昂贵的，并且难以获取。例如，在自然语言处理领域，需要大量的标注数据才能训练

---

[1] 机器之心：《大型语言模型综述全新出炉：从 T5 到 GPT-4 最全盘点》，2023 年 4 月 3 日，见 https://new.qq.com/rain/a/20230403A03TBP00。

模型。通过使用预训练技术，可以利用未标记的数据来训练模型，从而提高模型的性能和泛化能力。

——先验知识问题：许多机器学习任务需要模型具备一定的先验知识和常识，例如自然语言处理中的语言结构和规则。通过使用预训练技术，可以让模型在未标记数据上学习这些知识，从而使其在各种任务上具有更好的表现。

——迁移学习问题：许多机器学习任务之间存在共性，例如自然语言处理中的语义理解和文本分类等。通过使用预训练技术，可以将模型从一个任务迁移到另一个任务，从而提高模型在新任务上的性能。

——模型可解释性问题：预训练技术可以帮助模型学习抽象的特征。例如，在自然语言处理中，预训练技术可以使模型学习单词和短语的表示，从而提高模型的可解释性。

总之，预训练技术可以帮助机器学习模型解决数据稀缺性、先验知识和迁移学习等问题，从而提高模型的性能和可解释性，同时降低训练成本。

AGI 的价值本质是通过上述三大技术形态，实现互联网、5G、虚拟现实、沉浸式体验、大数据、区块链、产业互联网、云计算及数字孪生等互联网全要素的生态级融合。以 ChatGPT 为例，它是基于语言大模型的生成型、预训练的人工智能，具有去边界、生成式、场景性、交互性和参与性等显著的特征。以 ChatGPT 为代表的 AGI 作为一项划时代的智能互联技术，其突破点在于：以无界的方式全面融入人类实践领域（通用性）、以深度学习的方式不断为文本的生成注入"以人为本"的关系要素，进而提升了文本表达的结构价值。在实践中我们看到，从 GPT–3.5 到 GPT–4，再到其作为自由插件的人类实践全域的普及化，AGI 正在迅速跨越对于语义世界的整合与价值输出，成为对于人类实践全领域、全要素整合的推动者、设计者与运维者，成为深度媒介化社会的"操作系统"和基础设施。

智力型"人类增强"弭平了专业与普罗大众的沟壑：AGI 对人的又一次重大赋能赋权

毋庸置疑，AGI 是一项"人类增强"技术，将使得人与人能力和智力的差异骤缩。所谓"人类增强"指的是用生物技术手段实现人在身体、心理、智力、认知或情绪等方面已有功能的提高，或者在人身上培育出之前不曾拥有过的新功能。新的生物科学技术已经使"人类增强"成为可能，而"人类增强"将会显著地改变我们的生活，对现有的道德观念、人际交往模式、价值观及治理体系形成重大冲击。无论在科学还是社会领域，对于人类增强技术的探讨和争论都将是 21世纪重要的课题。①

以 ChatGPT 为代表的 AGI 是一种智能增强技术，它能做的事情是智能生成各式文本、翻译及代码等，例如，生成 AGI 伦理学大纲，生成某个传播学前沿问题的研究现状。这一技术明显增强了智能文本生成能力，使人们能够在短时间内获得极高的效率。更为重要的是，

①　N. Bostrom, "Dignity and Enhancement", *Contemporary Readings in Law and Social Justice*, 2010（2）.

从古到今，人类社会的政治经济文化大都是精英主导型的，而 AGI 对于人类社会的最大改变在于其极大地增强了人类的平等性，缩小了人与人之间的能力差距，打破了精英和普罗大众的壁垒，帮助"技术小白"和外行的普通人实现了在诸如论文写作、语言翻译与表达以及编程能力等方面的巨大提升。

这种改变对于人类社会来说影响是极其巨大的。1882 年，尼采断言"上帝死了"，宣布超乎人类之上的神灵已经被打翻在地。现在，AGI 带来的"人类增强"将在很大程度上改变精英主导的社会治理模式，"常人政治"或将会成为数字文明时代社会治理的基本特征。AGI 的意义在于，它促使人类社会突破了人与人在认知把握和资源使用上所存在的天赋异禀及后天能力之间巨大差距的局限，使每个人至少在理论和技术层面可以以一种社会平均线之上的语义表达及资源动员能力进行社会性的内容生产、传播对话及其相关的一切社会实践活动，这便令普罗大众能够跨越"能力沟"的差异和障碍，有效地按照自己的意愿、想法来激活和调动海量的外部资源，形成强大、丰富的社会表达和价值创造能力。这是社会在数字化、智能化赋能下的又一次重大启蒙，是社会活力的一次重大重启。

在 AGI"人类增强"技术的席卷下，数字文明时代的发展越来越呈现出以下两种趋势和发展特征：一是社会权力的进一步"下沉"。在人类增强技术的影响下，精英与普罗大众划分的边界逐渐模糊，精英政治的合法性理由似乎正在迅速丧失，精英与大众的区隔很难继续成为社会分层的依据，精英人群在社会实践中的优势预设也势必打上休止符。在传播领域，普罗大众在内容创新、知识表达及参与对话中拥有更多平等机会和权利。这将引发传播领域的"主体"革命——"传—受"主体界限的模糊、传播机制的重构、传播模式与重心指向都将发生革命性的改变。二是社会运作的核心逻辑进一步"算法化"。在算力、算法和大数据可以覆盖的绝大多数社会与传播的构造中,人们对于专业经验的倚重和信赖将让位于更加实时、更加精准、更加全面、更加可靠和结构化的智能算法,其透过社会所有层面和要素的整合,成为社会发展与运作中的关键引擎。因此,数据资源的社会共享,算法编制领域的泛众化参与及规则的博弈,将成为未来包括传播领域在内的社会运行机制中最为明显的特征与景观。

AGI 时代的 DAO:数字文明时代社会连接的基础模式和组织形态

DAO(Decentralized Autonomous Organization),即"去中心化自治组织"。由于 DAO 较之其他社会组织,在区块链算法基础上革命性地赋予普通成员以权力,并以自我驱动的形式激发组织内部的共治架构,更能激发效率和个体积极性,具有更强的创造力,因此 DAO 也被一部分人视为未来人类组织的演化方向。在 AGI 技术的赋能下,DAO 将深刻匹配数字文明时代"以人为本"的实践逻辑以及社会多元化价值追求的背景,为基于关系的价值生成以及整个社会的协同组织提供新的实践路径。基于这一特性,DAO 将成为数字文明时代基础的社会连接模式与组织形态,将形成麦克卢汉所言"重新部落化"社会的"非集中化"特征,为系统生成社会价值提供新的模式,进而推动形成新的人类文明样态。

数字文明时代的社会构型：DAO 作为社会组织基因的构造与复制。在漫长的历史演化中，人类通过群居团结力量以抵抗外界敌人与自然灾害。即使社会安全问题得到解决，个体也更倾向于从群体中得到身份认同与情感支持。为此，人类社会呈现出以"圈子"或"团体"为基础的社会结构。这种社会结构在不同文明时代存在着巨大的差异，这是由于不同文明时代社会的群聚模式存在着根本性的不同（见表1）。

表1　不同文明阶段的主要社会组织与主要社会特征

文明阶段	代表性社会组织	代表性社会关系	社会的主要特征
原始社会	家庭	血缘关系	以解决安全和温饱问题为主要目标，价值生产水平极低
农耕文明	村庄、部落	地缘关系	以解决安全和温饱问题为主要目标，价值生产水平较低
工业文明	单位、公司	业缘关系	以增加物质供给为主要目标，价值生产单一、水平较高
数字文明	DAO	趣缘关系	以提升人类个性发展的丰富性和实践自由度为主要目标，价值生产多元、水平高

资料来源：作者自制。

我们可以将一个文明时代的群聚模式理解为一种社会关系与社会组织赖以复制并生成的基因。在这种模式下传播呈现为社会持续性的关联，表现为集体基因的复制和维系。尽管外界刺激能够在一定程度上对传播样态进行修复或改造，但其本质特征和结构特征在一个文明阶段内是难以更改的。从原始社会的"一家一户"，到农耕文明的"部落""村庄"，到工业文明的"公司""单位"，本质上是构建社会群体的基因的演变，即每一文明时期，人类的连接性质与群聚方式都是对前一时代的升维式变革。

而 DAO 作为数字文明时代社会基础的连接与组织模式，本质上是社会组织构造的"基因突变"。正如麦克卢汉用"媒介即讯息"来描述这种社会构造的阶段性断裂和基因突变，DAO 作为新兴社会组织，其自身展现出的全新模式纵然重要，但更重要的在于，DAO 能够改变数字文明时代人类群聚过程的核心参量——即群聚的要素、过程、结构、模式等，而这种"基因突变"则将经过复制，从微观的群体延伸到宏观的社会，DAO 的全新特性将形塑数字文明时代社会的核心特征和全新样态。

数字文明时代的社会协同与价值生成：DAO 作为社会组织细胞的区隔与关联。对于数字文明时代理想的社会形态，麦克卢汉曾以"重新部落化"这一概念展开过深入讨论。麦克卢汉认为，以感官体验整合所驱动的重新部落化塑造了全新的人类栖居方式。麦克卢汉将其特征概括为"非集中化"——"电子信息运动的瞬时性质不是放大人类大家庭，而是非集中化，使之进入多样性部落生存的新型状态之中"①。

对于非集中化的社会结构，麦克卢汉指出，一方面，全人类将在媒介中完成连接，"这将是一个完全重新部落化的深度卷入的世界……我们整个的文化栖息场，过去仅仅被认为是一个容器，如今

① ［加］埃里克·麦克卢汉、弗兰克·秦格龙编：《麦克卢汉精粹》，何道宽译，南京大学出版社 2000 年版，第 376 页。

它正在被这些传媒和空间卫星转换成一个活生生的有机体"①。另一方面，麦克卢汉认为这种"多样性部落生存"的社会结构彼此连接，而其能量的产生和感知却不依赖连接，而依赖间隔间距。"这是一个同步的'瞬息传播'的世界。此间的一切东西都像电力场中的东西一样互相共鸣。在这个世界中，能量的产生和感知不是靠产生线性的、因果思想的传统联系，而是靠间隔和间距。鲍林（Linus Pauling）把这些间隔当做细胞的语言来把握，它们产生联觉的、连续的和浑然一体的意识。"② 这意味着当将社会比作群体细胞构成的机体组织时，间隔成为一种关键的结构。间隔构成能量产生的环境——一个个彼此隔绝的细胞，又构成细胞间弱联系的纽带，使细胞间彼此联系、共同感知、协同作用，从而共同构造机体组织的平衡与循环。

从麦克卢汉"重新部落化"的预言可以发现，DAO 本身以及由无数 DAO 构造的"DAO 社会"正是符合这种构想的文明形态。互联网平台媒介驱动的社会微粒化是 DAO 社会形成的基础，代表着由传统媒体支持的单向、大众的连接的瓦解以及科层制社会的解构；取而代之的是任意个体间双向的交互的连接以及由这些连接共同构造的"大网"——互联网络。正如麦克卢汉预言的，一切要素都被联系在一起。

在 AGI 的价值连接下，DAO 是这张"大网"上进一步剥离出的

---

① ［加］埃里克·麦克卢汉、弗兰克·秦格龙编：《麦克卢汉精粹》，何道宽译，南京大学出版社 2000 年版，第 389 页。

② ［加］埃里克·麦克卢汉、弗兰克·秦格龙编：《麦克卢汉精粹》，何道宽译，南京大学出版社 2000 年版，第 389 页。

千态万状的"小网"，即在全要素连接的基础上，部分连接开始闭合成为彼此间隔的中小型关系网络，在这种网络中连接得到进一步升维，即在以信息交互为主要功能的趣缘弱关系连接基础上，拥有了以复杂协作、价值生成为主要功能的趣缘强关系属性。在这一视角下，DAO 不是一种点对点的线性的连接，而是天然的非线性的网络连接，这种连接维度的扩张，强调微粒化聚合与价值的多元化生成。因此，DAO 和重新部落化理论共同指向了这一特性：在数字文明时代，在社会全要素连接的基础上，人类文明能够以一种新的方式生成群体，这些群体彼此分隔，能够形成资源力量的汇聚；这些群体彼此联系，能够协同作用，从而构造具有更高丰富性和创造性的崭新文明样态。

AGI 时代的游戏：数字文明时代的主流媒介与社会实践的主平台

未来，随着 AGI 技术在社会各领域的深度应用，社会媒介化进程将加速演进。以互联网和智能算法为代表的数字媒介将下沉为整个社会的"操作系统"，根本性地重构社会[1]——人类生活空间从单一平面的物理空间跨向立体可视的虚实混合空间，得以采取更具自由度、灵活性、体验性和功效性的方式生存[2]，人类文明将迈入全新数

① 参见喻国明、耿晓梦：《"深度媒介化"：媒介业的生态格局、价值重心与核心资源》，《新闻与传播研究》2021 年第 12 期。
② 参见喻国明：《元宇宙就是人类社会的深度"媒介化"》，《新闻爱好者》2022 年第 5 期。

字文明阶段。

尼葛洛庞帝曾用"数字化生存"描述人类在信息时代的存在方式，并断言："技术不再只和技术有关，它决定着我们的生存。"① 一些学者则进一步提出"媒介化生存"的概念，强调媒介技术在人类生活中的"渗透"，以至于"没有媒介技术的生存已无可能"②。深度媒介化社会，媒介赋能方式与游戏品性日趋类同，学界开始重新思考游戏作为媒介的价值，讨论数字文明时代的"游戏精神"及人类"游戏化生存"的可能，甚至将尼葛洛庞帝的名言改写为："游戏不再只和娱乐有关，它将决定我们的生存。"③

游戏是一种全功能媒介。在所有学者对游戏的定义里，最显著的要素是 Active，即主动性。游戏作为一种媒介，是平等和自由的。不管使用者的现实身份是什么，都需按照规则同台竞技，这与 AGI 时代"常人政治"中人与人之间的关系和社会特点十分吻合。正如麦克卢汉在《理解媒介：论人的延伸》中写道："如果说科技是动物器官的延伸，那么游戏则是社会人与身体政治的延伸。"④ 这句话强调的是游戏媒介在个体层面的社会性，即个体可以通过游戏方式完成社会化过程。现代社会时兴的"团建"就是把游戏作为媒介以快速建立团队合

---

① [美] 尼古拉斯·尼葛洛庞帝：《数字化生存》，胡泳、范海燕译，海南出版社 1997 年版，第 15 页。

② 孙玮：《媒介化生存：文明转型与新型人类的诞生》，《探索与争鸣》2020 年第 6 期。

③ 蓝江：《文本、影像与虚体——走向数字时代的游戏化生存》，《电影艺术》2021 年第 5 期。

④ [加] 马歇尔·麦克卢汉：《理解媒介：论人的延伸》，何道宽译，商务印书馆 2000 年版，第 209 页。

作关系的例子，而大型多人在线游戏更是将游戏媒介更广泛的社会性发挥得淋漓尽致。具体来说，游戏可能是一种社交媒介，通过游戏公会建立虚拟共同体并营造亲社会情感；也可能是教育媒介，通过功能性游戏的方式达到教育目的；还可能是一种体验媒介，使人们带着历史和现实的视域去构想未来。①

游戏是一种介于虚拟与现实之间的"容器型"复杂媒介。史坦库勒借用雷·奥尔登堡的"第三空间"概念，提出游戏是介于虚拟与现实、家庭与工作之间的"第三空间"②，既包括真实元素也包括虚拟元素，具有居间性。这与数字文明时代虚实相融的社会现实非常吻合。进一步说，游戏是一个中间地带，个体可以在其中自由来去，重建等级地位和身份角色；社会资源也可以被吸纳其中，支撑用户多样化的线上生存与生活。有学者提出了"容器型"媒介的概念，以描述一些具备汇聚结构的复杂媒介。③ 区别于以输送信息流为主的"管道型"媒介（例如报纸、电视），"容器型"媒介更多指向具备空间性的复杂媒介。基于用户的游戏实践，现实社会中的各种元素、人物关系乃至技术形式都可能被卷入游戏这个虚实交织又包罗万象的"容器"中，使游戏演化成用户的线上生存与生活的栖身之所，也成为群体间精神与文化交往的关系空间。因此，未来游戏将是"更综合性、更具融合

---

① 参见姜宇辉：《元宇宙作为未来之"体验"——一个基于媒介考古学的批判性视角》，《当代电影》2021年第12期。

② C. A. Steinkuehler and D. Williams, "Where Everybody Knows Your (screen) Name: Online Games as 'Third Places'", *Journal of Computer-Mediated Communication*, 2006 (4).

③ 参见胡翼青、张婧妍：《作为媒介的城市：城市传播研究的第三种范式——基于物质性的视角》，《福建师范大学学报（哲学社会科学版）》2021年第6期。

性的强势媒介。从媒介融合的视角看游戏，会发现游戏不仅在内部融合了多种艺术媒介，同时也跟人的生活、工作有更多结合"。①

游戏成为塑造未来人类社会实践的主要平台。AGI 赋能下的数字时代，游戏与媒介的耦合将愈发深入，数字媒介的功能和结构将日益展现出游戏品性，其赋能方式也将逐渐类游戏化。借用简·麦戈尼格尔的话来说，游戏将会是"21 世纪最重要的媒介"，成为塑造未来的主要平台。②

游戏数字媒介赋予用户个性和自主性的功能暗合游戏的自由特性。数字媒介代表的是用户被充分赋权的"超级个体"时代，用户从简单均质的"平均大众"转变为具有复杂性、主观性和非线性的"独立个体"，那些曾在物资和信息短缺时代被隐没的乐趣需求以及被压抑的行动轨迹得以通过大数据和算法技术被洞察和捕捉，数字媒介真正成为由用户自己定义的"私人媒介"。通过数字媒介，用户可以建立自己满意的"化身"，依照自己的兴趣对所有内容和关系"召之即来、挥之即去"，自由地游走于各种场景中。传播由此从一种效率至上的"功利性"活动转变为体现用户高度自主性和主观性的"游戏"。

由是观之，游戏是一种兼具人性化关系连接与智能化算法整合双重价值面向的 DAO 媒介——它能在充分释放用户本性的基础上拓展人、物、智能机器的连接维度，又能通过规则算法作为底层逻辑深化

---

① 复旦引擎：《严锋：我的游戏史与作为"融合型"媒介的游戏》，2021 年 5 月 25 日，见 https://mp.weixin.qq.com/s/Pp2sNQkCWDtrhOBoicMihA。

② 参见［美］简·麦戈尼格尔：《游戏改变世界：游戏化如何让现实变得更美好》，闾佳译，浙江人民出版社 2012 年版，第 13 页。

和聚拢这些关系，真正建立起具备高度自运转、自演化能力的分布式自组织。

概言之，游戏在 AGI 时代作为主流媒介与平台的价值主要体现在其对人性的释放、群体关系的聚拢、底层运行规则的建立这三个方面。首先，从个体层面来看，现实生活中的普罗大众，在进入游戏场域之后即转变为具有控制性、主导型的权力型个体，在现实世界中被压抑的行为与需求均通过游戏场景得以释放，在其中用户根据个性、动机、行为偏好等要素所重新建构的虚拟形象可能才是真正承载个体人格的载体。可以说，游戏媒介将充分激活人的主体性特征，真正成为由用户自行定义的"私人媒介"。其次，从群体层面来看，游戏规则作为一种处于"后台"的隐性算法，成为聚拢与配置关系和资源的"看不见的手"，主导着游戏要素的再分配。处于网络上的不相干的每个节点都能在算法的加持之下聚拢在一起，并且根据游戏规则进行匹配、调试，充分释放群体交往的潜力。最后，游戏在赋予用户自由度的同时，也设立了底层规则，即在秩序化框架的基础之上赋予用户自由活动、自由创造的体验。拉斯韦尔曾经提出媒介的三种功能——监视环境、联系社会和传承文化，而游戏媒介则在这些功能的基础上进一步完成价值升维，实现了分布式社会的自运转、自治理和自演化。

■ 参考文献

[加] 埃里克·麦克卢汉、弗兰克·秦格龙编：《麦克卢汉精粹》，何道宽译，南京大学出版社 2000 年版。

［加］马歇尔·麦克卢汉：《理解媒介：论人的延伸》，何道宽译，商务印书馆 2000 年版。

［美］简·麦戈尼格尔：《游戏改变世界：游戏化如何让现实变得更美好》，闫佳译，浙江人民出版社 2012 年版。

［美］尼古拉斯·尼葛洛庞帝：《数字化生存》，胡泳、范海燕译，海南出版社 1997 年版。

胡翼青、张婧妍：《作为媒介的城市：城市传播研究的第三种范式——基于物质性的视角》，《福建师范大学学报（哲学社会科学版）》2021 年第 6 期。

姜宇辉：《元宇宙作为未来之"体验"——一个基于媒介考古学的批判性视角》，《当代电影》2021 年第 12 期。

蓝江：《文本、影像与虚体——走向数字时代的游戏化生存》，《电影艺术》2021 年第 5 期。

孙玮：《媒介化生存：文明转型与新型人类的诞生》，《探索与争鸣》2020 年第 6 期。

喻国明、耿晓梦：《"深度媒介化"：媒介业的生态格局、价值重心与核心资源》，《新闻与传播研究》2021 年第 12 期。

喻国明：《元宇宙就是人类社会的深度"媒介化"》，《新闻爱好者》2022 年第 5 期。

机器之心：《大型语言模型综述全新出炉：从 T5 到 GPT-4 最全盘点》，2023 年 4 月 3 日，见 https://new.qq.com/rain/a/20230403A03TBP00。

复旦引擎：《严锋：我的游戏史与作为"融合型"媒介的游戏》，2021 年 5 月 25 日，见 https://mp.weixin.qq.com/s/Pp2sNQkCWDtrhOBoicMihA。

C. A. Steinkuehler and D. Williams，"Where Everybody Knows Your（screen）Name:Online Games as'Third Places'"，*Journal of Computer–Mediated Communication*，2006（4）.

N. Bostrom，"Dignity and Enhancement"，*Contemporary Readings in Law and Social Justice*，2010（2）.

数智化技术助力制造业绿色发展

刘 朝*

> 要紧紧抓住新一轮科技革命和产业变革的机遇，推动互联网、大数据、人工智能、第五代移动通信（5G）等新兴技术与绿色低碳产业深度融合，建设绿色制造体系和服务体系，提高绿色低碳产业在经济总量中的比重。
>
> ——2022 年 1 月 24 日，习近平在中共中央政治局第三十六次集体学习时强调

习近平总书记向世界作出了中国力争要在 2030 年前实现碳达峰、2060 年前实现碳中和的庄严承诺，党的二十大报告也明确指出要"推动绿色发展，促进人与自然和谐共生"，彰显出我国走绿色发展之路的信心和决心。制造业是国民经济的基础和支柱产业，摆脱传统高污染高能耗发展模式，实现绿色发展，不仅是实现高质量发展目标，促

* 刘朝，湖南大学工商管理学院副院长、教授、博导。湖南大学工商管理学院硕士研究生阎鹏宇对此文亦有贡献。

进中国制造业迈向国际产业链中高端，实现由制造大国向制造强国转变的必然选择，更是基于可持续发展理念，符合生态文明建设要求，实现碳达峰碳中和"双碳"目标的最佳方案。

制造业绿色发展的现状与挑战

1990 年中国制造业增加值仅占全球的 3%，2021 年已上升至近 30%。目前在世界 500 多种主要工业产品中，我国有 220 多种工业产品产量位列全球第一。自 2010 年以来，中国制造业总产值已连续 12 年位居世界第一。然而，我国制造业在取得显著成就的同时，仍没有摆脱高能耗、高排放、低效率的粗放式发展模式。中国制造业的碳排放与能源消费自 2000 年以来快速上升，目前正处于高位平台期。中国早期制造业大多承接欧美淘汰的落后产能，且往往片面追求发展速度，忽视了生态环境影响，导致矿产资源枯竭、环境污染加剧和空气质量恶化等问题，给中国的资源环境带来巨大压力，同时也造成了巨额的经济成本。根据耶鲁大学发布的全球环境绩效指数（EPI），中国的综合得分为 74.12，在 180 个国家中排名第 177 位，而世界银行和国务院发展研究中心合作完成的《中国污染成本报告》显示，中国每年因资源浪费和环境污染造成的经济损失在 1000 亿到 3000 亿美元之间。中国正处于经济转型和产业升级的关键时期，推动绿色发展已经迫在眉睫。

绿色是制造业高质量发展的底色，推动绿色发展是提升我国制造业竞争力的必然途径。2015 年国务院颁布的《中国制造 2025》中就已经提出要全面推行绿色制造。2016年，绿色发展理念作为五大新发展理念之一被写入"十三五"规划。2021年11月，工信部印发的《"十四五"工业绿色发展规划》指出："统筹发展与绿色低碳转型，深入实施绿色制造。"在党的二十大报告中，习近平总书记更是明确提出要推进制造业"高端化、智能化、绿色化"发展，为制造业绿色发展提出了新要求，为制造业绿色发展指明了方向。回顾过去十年，中国制造业绿色发展正稳步推进，在能源消费绿色转型、资源高效循环利用、绿色制造体系完善等方面取得了突出成就。

然而，目前绿色发展成效并不稳固，正处在爬坡过坎的关键时期。在更加严峻的资源环境约束下，我国制造业要顺利实现绿色发展仍存在一些制约和挑战，主要体现在宏观和微观两方面：从宏观层面上看，第一，能源和产业结构不合理。我国制造业能源结构仍然偏煤炭、石油等高排放高污染的化石能源，能源效率仍低于世界平均水平，高污染重工业比例过高而新型环保产业比例低。第二，技术和人才储备不足。我国制造业设备和技术过于陈旧，而绿色技术创新需要面临高额的成本和巨大的不确定性，大部分制造业企业迫于成本压力，缺乏绿色发展的动力，导致制造业绿色技术储备不足，难以满足日益迫切的绿色发展需求。第三，区域间协同发展困难。各企业地方政府通常只考虑本地区制造业的绿色发展，区域间缺乏必要的信息沟通，区域间实现一体化协同绿色发展难度较大。从微观层面上看，一是在产品设计上，样本试验成本较高，重复试验造成大量资源浪费。二是在产品制造生产上，传统制造业工艺通常是大规模批量化生产，且偏重于人力，难以做到生产的精细化、柔性化，残次品和废品率较高，容易导致原料浪费和过度排放。三是在产品使用和回收环节，由于缺乏对设备的实时监测造成粗放式能耗管理，难以充分挖掘设备减污降碳潜力；缺乏必要的废品回收指引和认证信息，导致资源回收利用渠道不畅，回收利用率低下。

数智化技术促进制造业绿色发展的机理

面对制造业迫切的绿色发展需求，数智化技术为制造业绿色发展提供了新思路。相较于传统技术，数智化技术本身科技含量高，且生态环境影响小，在提升企业生产效率，提升产品品质的同时能减少企业污染排放，促进企业绿色化转型。数智化技术促进制造业绿色化转型主要通过以下四种途径。

直接影响。数智化对制造业绿色发展的直接影响主要包括两个方面。一方面，数智化技术提升了企业的能源利用技术和生产工艺。数智化技术具有强大的渗透力，会对企业设计、制造、运输、回收等多个环节产生影响。数智化技术能够与原有绿色技术不断融合，推动绿色技术的智能化改造，催生绿色产品设计系统、绿色制造决策系统、绿色产品回收系统等数智化绿色生产平台，进而提高企业生产效率和能源效率，降低了企业生产过程中的能耗和排放。另一方面，数智化技术有助于企业能源管理体系优化。基于大数据、物联网等数智化技术，企业可建立数智化能源管理平台，促进多个能源系统的有序配置、互联和协调调度，从而实现能源管理的自控制、自适应和自优化，进而提高能源系统的整体效率，降低能源消耗和污染排放。

技术效应。数字化的技术进步效应主要包括以下三个方面：第一，数智化技术本身是重大技术进步，有助于改善企业工艺流程。一方面，数智化技术可以有效提高企业生产设备的智能化水平，使企业更多设备具有精确控制、自适应自管理的能力，同时实现不同生产设备之间的实时通信和协作，缩短制造时间，提升生产效率，从而减少资源消耗和污染物排放，促进绿色集约高效生产。另一方面，数智化技术有助于企业实现污染物处理设备的转型升级，促使其安装更为安全高效的污染物处理设备，从而减少有毒有害和高污染废弃物排放。第二，数智化技术能加速企业绿色技术创新。数智化技术作为一种创新要素，能与其他生产要素进行渗透组合，激发企业进行绿色技术创新动力，丰富企业绿色技术储备，从而增加产品绿色技术密集度，取代传统的资源密集型产品，减少资源和能源消耗，促进企业绿色发展。第三，数智化技术能产生技术溢出效应。数智化技术由于使用了数据等生产要素和网络等通信手段，能突破时间和空间的限制，促进信息传播和交流，提升了企业信息处理的能力，因此相较于传统技术，其扩散能力更强，规模化普及更快，可以快速传播到其他地区，从而产生技术溢出效应，使得邻近区域的制造业企业也装备上更绿色环保的智能化技术，促进区域制造业整体协同绿色发展。

人力资本效应。数智化技术是促进人力资本积累的重要手段，能通过人力资本影响企业绿色发展。第一，数智化技术降低了知识获取的难度，从而降低了新知识新技术的学习成本，能加速企业内部绿色知识的积累和吸收，使员工能快速掌握新兴的绿色技术并将其运用到企业生产中，从而使企业有更多掌握绿色技术、具备绿色发展理念的高素质人才，提升了企业人力资本的数量和质量，能更好满足绿色发展对高素质人才的需求。第二，数智化技术能促进企业形成鼓励创新的文化氛围，有利于企业打破过去的粗放式发展思想，树立绿色发展的新理念，制定更加绿色的生产制度和工艺规范文件。第三，数智化技术能帮助企业更有效地获取政府发布的有关绿色发展的政策信息，加强政企协作，共同促进企业实现绿色发展。

结构效应。数智化技术可以改善制造业产业结构和能源结构，推动绿色发展。一方面，数智化技术能够通过影响市场资源配置促进产业结构调整，数智化技术可以推动资本、劳动力、技术、创新等优势要素的重新配置。引导这些要素向高效绿色的制造业企业聚集，在市场经济优胜劣汰的机制下，倒逼高污染高排放制造业企业改进工艺流程和管理模式以适应绿色发展需求，从而减少高污染和能源密集型的传统产业，增加绿色低碳的新兴产业比例。另一方面，数智化技术（如大数据、云计算、人工智能等）本身就属于战略性新兴产业，具有技术密集、高附加值、低能耗低排放等优势，且数智化设备往往只消耗电力，较少使用石油、煤炭等重污染能源，因此数智化技术的快速发展能在提高绿色产业的比重的同时改善能源结构。

数智化助力制造业实现全生命周期绿色化

从广义上看，制造业全生命周期包括产品设计、生产制造、供应链、回收利用等多个环节，数智化技术具有强大的渗透力，可以广泛运用于上述所有环节，助力制造业实现全生命周期绿色化。

产品设计绿色化：第一，在绿色材料选用方面，利用数字孪生（Digital Twin）技术，企业可以将产品数据形成虚拟映射，构造各种材料和产品对应的虚拟化形态，并可在虚拟系统中进行各种设计方案和材料选择的模拟仿真，测算不同方案的原料消耗、污染排放和质量性能等情况，评估每种方案的绿色性。与传统设计方法相比，数字孪生设计可以提高绿色材料选择的精准性，且能增加对环境的友好性。例如，汽车制造厂商可以通过计算机辅助设计（CAD）平台等数智化技术进行概念原型车的空气动力学、流体力学和碰撞安全等模拟仿真，促进车身设计轻量化和节约化。第二，利用人工智能技术对海量历史数据（包括绿色化的专利和标准等）进行分析，提升数字孪生体的准确性，降低数字孪生进行模拟仿真实验的次数，进而缩短设计实验时间，减少实验过程中的能耗和污染排放量。第三，在进行产品绿色数据收集管理方面，利用工业设计大数据平台可以建立产品全生命周期资源环境影响数据库，收集产品碳足迹、水足迹和能源强度等绿色发展相关指标，对其绿色程度进行定量化评价，利用反馈结果促进产品设计绿色化。

产品制造绿色化：第一，促进制造过程改进。通过在产品和设备上加装传感器和摄像头等物理硬件，加上工业机器人、物联网和5G等技术可实现生产流程自动监控、工艺参数智能优化、生产设备自主维护等，打造更多智能化"黑灯工厂"，减少人工操作造成的原料浪费和污染，提升生产效率和产品质量，进而减少因浪费产生的能源消耗和污染排放。第二，促进设备利用效率提升。例如，企业可以应用一体化工业信息平台，智能采集设备实时运行数据，将数据分析统计结果反馈给对应人员，对设备情况进行实时监控，对故障和错误及时报警处理，保证设备维持在最佳状态，生产线满负荷运转，提升设备利用系数，避免设备空转或故障造成的浪费。第三，缩短制造流程和节省原料。绿色产品设计通常比较复杂，传统工艺需要制造大量金属、塑料、橡胶等模具，且需要进行多道工序，会耗费大量时间且产生大量废料，而 3D 打印作为一种快速发展的制造技术，具有快捷高效、绿色环保的特点。通常使用廉价绿色的新型材料，且能一次性打印出任何复杂模型，减少所需工序数量，从而减少制造过程中设备的运行时间和产生的废料，实现设计模具的绿色化。例如，在汽车行业中，传统工艺进行碰撞试验需要制造真实的原型车，利用 3D 打印技术可以打印模拟汽车进行实验，大大缩短了研发周期，节省了原料成本，进而减少制造过程中的原料消耗和浪费。

供应链的绿色化：一方面，数智化技术能促进供应链集成效应。集成效应是指企业与供应链上其他企业协作进行节能减排的行为，在传统供应链中由于存在严重的信息孤岛，导致企业间难以进行协作，而数智化技术可以打破供应链上下游之间的信息壁垒，实现产品绿色数据共享监管，促进多供应链主体实现信息共享互通，实时监管对各节点企业的能耗和排放等环境指标，避免企业产生损人利己的机会主义行为，促进各企业协作打造绿色供应链。另一方面，数智化技术有助于供应链协作进行绿色技术创新。绿色技术创新往往面临高度不确定性，数智化技术能促进上下游企业进行信息共享，拓宽企业获取绿色知识的渠道，加快企业对绿色技术创新知识获取和吸收，增强企业绿色技术创新能力，也能帮助企业了解上下游企业的绿色原料和绿色需求信息，促进不同企业协同开展创新活动，增加了绿色技术创新的精准性。

回收利用绿色化：一方面，数智化完善废旧产品回收网络，优化废旧物资回收站布局，利用工业互联网平台对回收站进行统一管理，提升统一化规范化管理水平，同时通过人工智能、大数据等技术对回收站进行分类管理，对于高污染、高排放、有毒有害行业产生的废旧垃圾要重点监控，最大程度实现绿色化无害化处理。另一方面，数智化技术提高再生资源加工利用技术水平，加大再生资源先进加工利用技术装备推广应用力度，推动现有再生资源加工利用项目提质改造，开展技术升级和设备更新，提高数智化水平。运用智能工业机器人等技术，实现废旧产品精细拆解、复合材料高效解离等降低回收过程中产生的浪费和污染。同时大力推进再制造产业发展，将人工智能、3D 打印等先进技术应用于无损检测、增材制造、柔性加工等再制造关键环节，在煤炭采掘、石油化工、污水处理等高耗能高污染行业推广再制造设备应用。

推进制造业绿色发展的政策建议

综上所述，从宏观机理上看，数智化技术通过直接影响、技术效应、人力资本效应和结构效应影响制造业绿色发展，而从微观层面看，数智化技术可以促进企业实现全生命周期绿色化管理。未来要持续利用数智化技术，赋能制造业绿色发展，可以从以下几个方面开展工作：

第一，建立制造业绿色发展数据平台。数据是新时代重要的生产要素，也是数智化技术发展的基础。建议由政府有关部门牵头建立制造业全生命周期绿色基础数据平台，智能采集各方数据，构建"企业绿色指标数据库""制造业绿色发展政策库""新兴数智绿色技术库"等多种数据库，基于平台数据，对企业绿色化程度开展实时监测、分析和评价，定期发布企业绿色发展研究报告，并为企业提供政策咨询、创业项目辅导、金融方案定制等服务，为企业数智化绿色发展提供决策依据。

第二，加快绿色技术创新攻关，增强企业绿色技术储备。针对数智化、绿色化中的智慧碳捕集、钙钛矿电池等基础理论，数字化高效储能、先进再制造等关键工艺，新一代高效内燃机、基于机器视觉的智能垃圾分拣机器人等绿色技术装备，开展有组织的集中研发。加强高校、科研院所与制造业企业的对接，充分利用复杂产品智能制造系统技术国家重点实验室、高效轧制与智能制造国家工程研究中心等科研平台，为绿色技术创新提供智力支持，同时要通过财政补贴、税收优惠、企业科研奖励基金等手段鼓励制造业企业加大绿色创新研发投入，丰富企业数智化、绿色技术储备。

第三，加快培育绿色发展新型服务主体，政府主导建立制造业绿色发展咨询公司，面向企业提供能源排放核算、绿色转型方案设计、数智化绿色技术咨询等服务，助力企业和园区实现能源使用、污染排放信息化管控，产品制造核心设备和工艺实现数字化改造，打造更多数智化、绿色化系统解决方案。

第四，推动数智化技术设备实现绿色化。数智化技术如工业机器人、数据中心等，其自身运行过程中也会消耗大量能源，要加快推广增强型深度休眠、高密度磁性内存、磁盘降速等先进节能技术，降低CPU、内存、磁盘等数智化技术核心部件能耗，加快研发碳纤维聚合物、专用高能电机等工业机器人先进技术，降低工业机器人能耗，通过数智技术绿色化推进企业整体绿色发展。

■ 参考文献

戴翔、杨双至：《数字赋能、数字投入来源与制造业绿色化转型》，《中国工业经济》2022年第9期。

郭克莎、田潇潇：《加快我国工业发展方式绿色转型：成效、挑战与路径》，《经济纵横》2023年第1期。

解学梅、韩宇航：《本土制造业企业如何在绿色创新中实现"华丽转型"？——基于注意力基础观的多案例研究》，《管理世界》2022年第3期。

孙国锋、潘珊珊、徐瑾：《制造业投入数字化对绿色技术创新的影响——基于静态和动态的空间杜宾模型研究》，《中国软科学》2022年第10期。

人工智能与数字外交：
新议题、新规则、新挑战

董青岭[*]

当前，数字技术已经成为各国外交工作变革的核心驱动力量。为了抢占数字时代的发展先机和国际话语权，世界各国纷纷推出"数字外交"战略、打造数字外交"工具箱"。概括而言，"数字外交"主要是指数字技术特别是大数据和人工智能技术在外交场景中的运用及其影响，即"数字技术的介入正在带来外交工作流程和外交执行方式的智能化升级改造"[①]，一种新的外交思想和外交形态已然拉开新一轮全球国际竞争的序幕。当然，数字技术的应用同时也引发了一系列诸如数字伦理、数字安全和数字规则等外交新议题、新争议。就此而言，"数字外交"重新定义了处在全球数字化进程中的外交形态、外交功能和外交运行方式。数字外交的时代已然开启，国家间的数字竞

---

[*] 董青岭，对外经济贸易大学国际关系学院教授、博导，国家安全计算实验室（CLNS）主任。

[①] E. Hedling and N. Bremberg, "Practice Approaches to the Digital Transformations of Diplomacy: Toward a New Research Agenda", *International Studies Review*, 2021 (23), pp. 1595–1618.

争将成为影响未来国际秩序的新变量。

数字外交演变与工具革新

最近十年，随着社交媒体平台的风靡和移动设备的普及，外交数字化的发展日进千里，基于数字平台和数字技术的外交实践方式也日益丰富，"数字外交"日趋演变为各国朝向"新外交"和"智慧外交"的努力方向。在较早时期，"数字外交"一词狭义上仅指"外交工作对于社交媒体平台和网络工具的使用"，譬如一些国家外交部门在社交媒体注册官方账号，除发布正式的新闻、文件和声明外，外交人员还可利用社交媒体用户多元化、年轻化的特点，以生动活泼的形式开展双向政治互动，展示形象、宣传政策，并进行危机管控和舆情感知。社交媒体作为信息发布和政治沟通平台，不仅革新了信息的传统传播方式，而且强化了外交行动的反应速度、丰富了外交进程中的参与主体。在这一阶段，数字外交的内涵主要是"新媒体外交"，数字外交工具主要体现为外交人员对于新媒体平台和社交网络工具的熟练使用。

其后，伴随着数据革命的爆发，大数据技术的应用使得数字外交从"新媒体外交"快速过渡到"数据外交"时代。简单来说，所谓"数据外交"指的是"以数据分析驱动外交决策和外交战略执行"，即以数据获取和数据挖掘为切入点，通过数据感知来规划和执行外交战略，包括基于数据精准刻画外交对象人群、自动筛选和推荐政治沟通主题以及即时追踪和评估冲突热点，目的在于借助数据科学手段和数据分析系统实现定制化、个性化和自动化政治沟通。目前来看，数据外交主要瞄向外交数据获取与使用方式的变革，旨在通过数据感知提升外交活动的精准性与可评估性。

除此以外，新冠疫情期间，数字外交技术在克服线下人际交往的局限性方面发挥了重要作用。例如，借助在线视频会议软件，各国政府即使相隔万里仍然可以开展即时交流与在线沟通，借助一系列数字工具，诸多国际组织召开了史上第一次视频峰会①。随着数字会议技术的完善，视频会议已经从疫情之初的应急策略转变成为日常外交活动的重要形式。就此而言，有学者将 2020 年视为"数字外交元年"②。

当然，改变并不仅限于数字沟通工具的进步。乌克兰危机爆发后，计算宣传技术的滥觞将国际舆论竞争正式带入一场史无前例的"虚假信息战"，其中政治机器人的使用、编程化的舆论操控以及深度信息伪造，都意味着数字外交已然跨过人工智能的门槛，正式进入"算法政治"时代。机器学习和大数据的使用是该阶段"数字外交"的核心技术特征。借助模式识别、逻辑推断和自动代理，由机器学习算法所驱动的计算宣传在较少人工干预或无须明确的人类指令情形下即可执行特定任务，这无疑标志着国际国内舆论竞争"智能化对抗"时代的来临。机器学习和大数据分析不仅控制并改变着信息生产的速度、性质和传播方向，而且宣传者还可以根据数据画像为毫无戒心的目标受众量身定制个性化需求内容。虽然有时候这些内容是虚假、歪曲甚至是伪造的，但机器学习技术的介入使得政治说服和意识形态渗

---

① 参见鲁传颖：《数字外交面临的机遇与挑战》，《人民论坛》2020 年第 35 期。

② 鲁传颖：《新冠疫情开启"数字外交"元年》，《环球时报》2020 年 7 月 1 日。

透变得异常轻松、经济且高效。

综上所述，大数据和人工智能技术的进步，正在造就一场以数据和算法为核心的外交变革，以数据公司和数据科学家为代表的数据精英正在成长为新的外交参与主体，大数据及算法越来越成为外交变革的幕后驱动力量。

数字地缘政治与欧美战略

当下，全球数字化转型从根本上改变了各国政治行动的框架条件，数字地缘政治已然成为国际竞争的新焦点。随着人工智能技术的进步，数据和算法已然深入社会生活的每一个角落，"数字外交"越来越被看作是国际关系领域的一场智能革命，事关国际话语权之争和未来国际秩序构建。各国纷纷制定战略和规划并投入巨量人、财、物等资源，以期能够在数字领域抢先形成技术优势，增进数字时代的国家利益。在此背景下，外交作为以政治方式增进国家利益的手段，其职能定位日益转向捍卫国家数字主权、维护国家数字利益和塑造国家数字安全。正是基于上述职能转换，欧美国家已经开始了数字外交行动。

第一，出台数字外交战略、构建数字外交体系。具体措施包括：（1）更新和发布国家数字化战略，谋划数字领域的关键技术突破与产业布局，强化数字外交的实力基础；（2）立足数字技术优势和平台垄断，将数字技术作为政治干预工具，发表"数字人权宣言"，强化"数字人权外交"；（3）面向未来竞争和利益维护，发布数字外交工作计划，强化外交服务职能的数字化转型；（4）着眼于数字安全与数字权利维护，制定并出台相关政策文件，确保继续引领全球数字资产领域发展。此外，围绕数据共享、开发和利用，出台针对数字平台和网络服务领域的专门法律和行政规章，制定并发布年度战略指导性文件，如 2022 年 6 月 28 日欧盟委员会发布的《2022 年战略前瞻报告：在新的地缘政治背景下实现绿色与数字转型》①。

第二，规划数字转型，强化数字外交能力。首先，优化机构设置，强化数字外交职能。例如，2022 年，欧盟在硅谷设立办事处强化数字外交工作，美国国务院宣布成立网络空间和数字政策局（CDP）。其次，规划数字转型，全面提升数字领域竞争力。2022 年，欧美国家发布了一系列数字化转型规划，目的是全面提高数字经济领域竞争力。同期，美国数字经济蝉联世界第一，大规模的数字化转型正在向全产业链渗透。再次，关联数字治理与价值观维护，进行"数字意识形态渗透"。2022 年，欧盟颁布《数字市场法案》（*Digital Markets Act*）和《数字服务法案》（*Digital Services Act*），强调以共同价值观为先决条件培育国内外数字市场。美国继续以其兜售的"民主价值观"为纽带加强数字接触。最后，以维护所谓"数字安全"为名，持续打压其他国家数字头部企业。2022 年，欧盟公布《网络弹性法案》（*Cyber Resilience Act*）、美国参议院通过《保护开源软件法案》（*Securing Open Source Software Act*），拜登政府则继续实施"前置防

---

① European Commission，"2022 Strategic Foresight Report: Twinning the Green and Digital Transitions in the New Geopolitical Context"，29 June 2022，https://ec.europa.eu/commission/presscorner/detail/en/ip_22_4004.

御""持续交手""前沿狩猎"等进攻性网络安全政策。

第三，建立数字伙伴关系，推行数字联盟外交。面向未来数字博弈，美欧主要国家已在着手组建排他性"数字联盟"，以外交手段维护本国经济利益。继美欧贸易与技术委员会之后，美国在2022年3月提出其所谓"芯片四方联盟"（Chip4）构想。此外，围绕"印度太平洋经济框架"，美国优先推进印太数字贸易，加快数字基础设施建设，稳步落实韧性数字供应链行动，以数字合作为切入点重点布局东盟、南亚。2022年4月，欧盟委员会主席冯德莱恩访问印度，双方宣布成立欧盟—印度贸易和技术委员会。2022年5月，《东盟—美国特别峰会联合愿景声明》发布，与会双方致力于促进有复原力的全球供应链和无缝的区域连通性。同时，美国加快科技"脱钩"，遏制其他国家数字经济发展。2022年7月，美国参议院正式通过涉及总额高达2800亿美元的《芯片与科学法案》，旨在重塑全球半导体产业链，提升美国本土的芯片生产制造能力与高端前沿半导体的研发能力。

第四，加快数字技术研发，丰富数字外交"工具箱"。2022年5月，欧洲外交关系委员会（ECFR）发表题为《技术的地缘政治：欧盟如何成为一个全球参与者——欧盟数字外交工具箱》的研究报告。报告指出，新技术是对国家间权力进行再分配和塑造国际关系的重要力量，欧盟不可忽视技术与地缘政治之间的关系，欧盟数字外交的目标是制定一个政策"工具箱"，使自身成为技术地缘政治参与者。报告提出了构建欧盟数字外交的八条建议，包括建立全球民主保护基金、推行全球数字版权倡议、推行民主技术标准倡议、建立全球网络安全基金、实施安全技术计划、制定制裁监测和实施举措、加强全球门户倡议、建立欧盟—美国贸易与技术委员会。① 此外，欧盟还提出了"绿色数字外交"的理念，作为推进欧盟数字外交技术创新的战略支撑。②

全球数字治理与规则建构

当前，全球数字化转型不断加快，世界各国不断提升数字战略的优先等级，甚至不少国家将其纳入国家发展的长期规划，以期通过支持创新和技术升级来促进经济增长、谋求社会进步。在某种意义上，全球数字化进程的推进使数字化相关内容成为国际谈判的主要议题，数字贸易谈判、数字公司监管、数字规则兼容以及数字基础设施安全等，皆已成为数字外交和治理的重要议题。与此同时，伴随着数字经济的发展和数字鸿沟的不断扩大，"数字保护主义"和"技术民族主义"在一些国家出现抬头趋势。全球数字规则构建渐成各国维护数字主权、捍卫数字利益的重要外交行动。概括而言，围绕全球数字秩序构建，各国争议焦点主要集中在以下几个方面。

第一，数据跨境流动问题。当前，国际社会在数据治理领域的核心分歧主要集中在如何管控跨境数据流动方面。欧美分歧是争议的焦点，欧盟对美国的个人隐私保护、官方数据采集合规性及监管、个

---

① J. Ringhof and T. José-Ignacio, "The Geopolitics of Technology: How the EU can Become a Global Player, European Council on Foreign Relations (ECFR)", May 2022, https://ecfr.eu/publication/the-geopolitics-of-technology-how-the-eu-can-become-a-global-player/.

② P. Pawlak and F. Barbero, "Green Digital Diplomacy: Time for the EU to Lead, European Union Institute for Security Studies", 13 September 2021, http://agri.ckcest.cn/file1/M00/0F/FC/Csgk0GJEGr-AK_1DABWuGZcKi6s464.pdf.

人救济等措施提出了质疑。自 2000 年以来，欧美就跨大西洋数据治理进行了三次协商，分别达成了《安全港协议》（*Safe Harbor Frame-work*）和《隐私盾协议》（*Privacy Shield Framework*）以及《跨大西洋数据隐私框架》（*Trans-Atlantic Data Privacy Framework*）。2021 年 4 月，七国集团数字和科技部长级会议批准了《可信数据自由流动合作路线图》（*Roadmap for Cooperation on Data Free Flow with Trust*）并发布联合声明，宣布各国将在数字、电信、ICT 供应链、数字技术标准、数据流动、网络安全、数字竞争和电子可转让记录等领域加强合作。2022 年 5 月，七国集团数字部长会议再次发表联合宣言，承诺实现彼此间"可信的数据自由流动"，通过《促进可信数据自由流动计划》并强调将着力解决监管合作、数据本地化、政府对私营部门个人数据的访问以及重点部门数据共享这四大数据流动核心问题。

第二，数字技术规则问题。移动通信技术是欧美最先布局的领域，也是目前欧美协调程度最高的领域。2019 年在捷克召开的首届"布拉格 5G 安全会议"（Prague 5G Security Conference）是欧美在该领域协调的关键起点，而 2020 年 8 月起美国所推动的"清洁网络"（Clean Network）计划则是欧美协调的最主要承载机制。当前，欧美以"安全"和"韧性"为移动通信技术领域的两大标准诉求，其底层逻辑是排除和打压以华为和中兴为代表的中国供应商，重新占领移动通信技术市场。一方面，欧美主张"考虑第三国对供应商施加影响的总体风险"，防止"不受信任的高风险供应商"破坏、操纵或拒绝提供服务，强调数据保护与公民隐私；另一方面，欧美致力于推动电信供应商多元化，警惕对少数供应商形成依赖，并以美国为首推广将全球开放无线电接入网络（Open RAN）作为 5G 的替代。

第三，数字贸易税问题。在数字经济时代，企业利用互联网和通信技术可以远程与其他国家进行营业活动，传统税收管辖权所依据的企业经营和地理联系的标准难以适用，税基侵蚀和利润转移问题突出。近年来，谷歌、苹果、亚马逊等大型互联网和信息公司发展迅猛，这些企业在东道国取得了高额收益，但并未为此缴纳应缴税额，其不合规的避税行为饱受国际社会诟病。"数字贸易税"征收遂成为全球数字外交的重要议题。2017 年，奥巴马政府提出，要对数字产品收入进行征税，并限制与数字产品有关的扣除。特朗普执政时期，美国国会也提出了国际税收改革新方案。2018 年 3 月，欧盟委员会发布了一份关于数字经济公平征税的一揽子计划，提出了两项重要措施：一是基于税收联结度（显著数字存在）规则对公司的应税利润分类征收；二是主张建立数字服务税的通用制度。该计划引发了美国企业与政府的不满，数字税问题遂成为美欧贸易摩擦的导火索。此后，亚太经合组织曾计划在 2020 年前出台有关数字税收的解决方案，但是截至目前，参与协商的国家还未能达成一致意见。

第四，数字平台监管问题。近些年，在追求捍卫数字主权的立场下，欧盟不断收紧对谷歌、Facebook 等美国数字巨头企业的监管力度，导致美欧之间的数字经贸摩擦不断。为重塑跨大西洋联盟和伙伴关系，欧盟于 2020 年 12 月初发布《欧美应对全球变革新议程》，列出欧美在数字领域合作的若干事项，并提议成立专门协调机构。2021 年 9 月，欧美正式发起成立了"欧美贸易与技术委员会"，并在此框架下成立"数据治理和技术平台工作组"。2021 年 12 月，双方正式启动"美欧联合技术竞争政策对话"（TCPD）机制。该机制由欧盟委员会、美国联邦贸易委员会和美国司法部密切协调，旨在加强双方技术部门在竞争政策和执法等方面的沟通合作。

第五，数字基础设施安全问题。2022 年 4 月，美国联手全球约60 个国家和地区在线签署了一项所谓"促进开放和自由的互联网"的《未来互联网宣言》，企图以所谓"民主价值观"为画线标准打造网络空间"民主"朋友圈、主导未来互联网规则制定。2022 年 6 月，七国集团更新和升级由美国牵头并以七国集团名义提出的"重建更美好世界"（B3W）倡议，正式启动"全球基础设施和投资伙伴关系"，宣布由美国和欧盟分别提供 2000 亿和 3000 亿美元支持发展中国家的数字基础设施建设。在此基础上，欧美形成了以数字基建为重点领域的全球基础设施建设合作，试图从数字基础设施建设层面改变全球数字竞争格局。

中国外交挑战与数字革新

当前，人工智能技术"赋能"外交实践，已然拉开全球数字竞争的政治序幕。随着各行各业数字化程度的不断深入，数据和算法在外交领域也得到前所未有的应用。借助数字技术，一国不仅可以轻易突破他国的信息封锁和思想管制，而且可以对他国重要基础设施发起远距离"数字攻击"和"瘫痪打击"。此外，数字工具的使用还赋予非国家行为体更强的外交参与能力，诸如跨国公司、国际组织、社会团体甚至个人都将成为重要的外交角色。居于不同国家的人们可以相对自由地发布观点和信息，普通大众的政治话语权也大大加强。正是在这一背景下，近年来世界主要大国不断加强数字外交工具的研发和使用。我国数字外交技术的发展和数字外交体系的建立面临以下挑战。

第一，技术挑战。数字技术是数字外交的基础。中国在数字技术发展方面存在诸多挑战。首先，人才储备与创新不足。2021 年，美国在人工智能领域的私人投资总额和新资助的人工智能公司数量方面都处于全球领先地位，分别比排名第二的中国高出三倍和两倍。[①]其次，遭遇数字围堵与数字打压。2018 年，特朗普政府出台《出口管制改革法案》，限制美国向外国公司出口、再出口和转移商品、软件或技术，之后拜登政府继续以"国家安全"名义对中国头部数字企业进行打击，试图削弱甚至中断中国企业在数字领域的发展态势。最后，芯片供应安全问题。2022 年 9 月，世界两家主要微芯片制造商英伟达和 AMD 宣布停止向中国公司销售先进的图形处理单元（GPU）[②]，在中国无法实现高端芯片量产的情况下，此举将对中国人工智能产业的发展产生重大影响。

第二，平台挑战。目前，社交平台已经成为各国政府进行公共外交活动的重要场域，也是数字时代国家应对外交危机不可或缺的工具。不同国家的政府人员都将社交平台作为日常动态和政治活动分享的工作平台。然而，Twitter、Facebook 等全球知名社交平台均由美国

[①] 斯坦福大学以人为本人工智能研究院：《人工智能指数 2022 年度报告》，2022 年 3 月，第 142 页。

[②] Council on Foreign Relations, "Cyber Week in Review: September 1, 2022", September 2022, https://www.cfr.org/blog/cyber-week-review-september-1-2022.

掌控，美国政府一直利用数字平台作为其推进外交政策目标的战略支撑。此外，为维持平台垄断优势，美国联合其他国家对中国社交平台采取了严厉的打压措施，典型案例就是封禁 TikTok 事件。TikTok 是中国第一个广受海外用户欢迎的社交媒体平台，进入国际市场后迅速登上了应用下载的排行榜前十位。但由于隐私安全、信息审核等原因，该软件先后遭到美国、印度等国的封禁，特朗普政府甚至以涉嫌影响美国"国家安全"为由禁止 TikTok 在美国运营。即使解禁，美国政府仍不允许联邦政府人员下载，且平台内容仍需处于美国的审查范围内。

第三，战略挑战。鉴于中国在通信、互联网和人工智能等产业中日益上升的竞争力，美国越来越将中国视为最主要的战略竞争对手。拜登政府采取"小院高墙"战略，联合日本、加拿大和欧盟不断以国家安全、合规性等名义对中国企业进行数字技术围堵和封锁，寻求建立并扩大其所谓的"民主科技联盟"，试图以"共同价值观"为纽带主导全球数字规则和数字标准的制定，以维护其在数字技术领域的领先优势和领导地位，甚至试图将中国排挤在国际数字合作之外。就此而言，中国的数字外交首先需要突破来自美欧的数字压制。

有鉴于此，中国数字外交须冷静判断数字时代的地缘政治竞争形势，既要做好技术升级和思想转换，更要着眼顶层设计、构建完善的前沿数字外交体系。

一要加强数字防御体系建设。首先，以数字手段健全信息发布机制，积极参与并引导国际涉华议题设置。其次，以算法和算力优势完善常态化信息发布和信息监测，减少西方国家虚假信息的传播，警惕意识形态渗透和政治操纵。最后，在传播主体建设上，借助数字手段不断丰富国际传播主体，积极引导并鼓励网络博主、网络意见领袖等新兴传播主体讲好中国故事。

二要强化数字外交工具研发。首先，要加快技术升级，及时掌握全球数字化转型新进展，充分借鉴其他国家数字技术应用经验，研判数字时代外交形势，更新外交实践策略，推动外交数字技术转型升级。其次，要立足自主创新、确保供应链安全，出台各项奖励和扶植政策，强化数字技术研发和应用，推进数字外交工具的迭代升级。最后，强化技能学习和培训，注重尖端数字技术的创新和实践，持续增强数字外交能力。

三要做好数字外交平台建设。首先，加强数字平台的管控，识别并警惕利用数字平台进行信息操纵和恶意信息传播的行为，以技术规制技术，严防西方国家的数字宣传与数字渗透。其次，合理利用数字平台构建数字民间外交体系，讲好中国故事、传播好中国声音，展现可信、可爱、可敬的中国形象。最后，积极推动本国数字平台出海，利用数字平台增进国家间民众的相互理解和友好感情，增强国际数字传播能力。

四要加快数字外交人才培养。首先，制定"数字外交人才培养计划"和"数字外交人才发展制度"，从制度上保障数字外交人才培养机制化和长效化，并为此建立专门机构，提供持续的资源支持。其次，强化数字外交人才培养的基础设施建设，设立数字外交人才培养基地，筹建数字技术实验室，加强数字外交人才技能和数字素养的培育。最后，健全数字外交人才相关政策，重视人才引进和人才成长支持，建立稳定、精干、高效的数字外交人才梯队。

五要健全跨部门外交协作体系。首先，在国家机关内部完善外交信息共享机制，打破信息壁垒，建立高效统一、快速联动的协作体系。其次，推动政府部门与数字企业之间的合作，一方面，利用市场力量强化外交系统数字基础设施建设、提升数字外交技术水平，另一方面，鼓励数字企业出海，打造跨国数字外交的技术平台与产品依托。最后，利用数字技术的特性吸纳多元主体参与数字外交活动，通过在线交流消弭分歧、凝聚共识，累积外交活动的民意基础。

六要强化数字安全监管。其一，制定人工智能技术使用标准和规范，完善数据使用的国家安全与隐私保护制度，防止数据泄露与滥用。其二，健全非国家行为体数字技术适用的监管法规体系，根据非国家行为体对外交影响的趋势和路径建章立制，确保数字技术应用更好造福社会。其三，通过技术识别与侦测形成数字调查取证与追责的机制，以数字技术治理数字技术隐患，防范数字技术可能带来的政治风险。其四，加强宣传教育、培育公民数字素养，动员社会力量对数据和算法的使用进行道德和伦理监督。

七要积极培育数字产业。外交工作要适应数字环境下的技术变革，首要的是要推进数字产业化和产业数字化，推动数字经济和实体经济深度融合，打造具有国际竞争力的数字产业集群。强有力的产业支撑既可以使数字外交工作不断保持自主创新、持续提升其智能化水平，同时还可以提升一国在全球数字规则建构进程中的发言权和话语权。由此，要持续推进数字中国建设，培育好和维护好数字产业发展环境，抢先布局和支持高精尖数字产业发展，不断夯实数字外交的经济基础和技术基础。

八要持续开展国际合作。首先，与其他国家的数字外交技术合作应以建设数字外交基础设施和搭建数字外交技术创新平台为重要抓手，增进技术优势互补。其次，加强以大数据和算法为核心的人工智能技术合作研究，构建"海外平安中国体系"，强化海外安全风险预警，指导境外企业加强安防建设，为海外同胞提供更有效、更及时的安全保护。最后，推动数字技术治理，通过强化国际合作增强风险防范水平。总之，要加强国际合作，推进数字治理，共同应对数字技术带来的风险挑战。

■ 参考文献

鲁传颖：《数字外交面临的机遇与挑战》，《人民论坛》2020 年第 35 期。

鲁传颖：《新冠疫情开启"数字外交"元年》，《环球时报》2020 年 7 月 1 日。

斯坦福大学以人为本人工智能研究院：《人工智能指数 2022 年度报告》，2022 年 3 月。

Council on Foreign Relations, "Cyber Week in Review: September 1, 2022", September 2022, https://www.cfr.org/blog/cyber-week-review-september-1-2022.

E. Hedling and N. Bremberg, "Practice Approaches to the Digital Transformations of Diplomacy:Toward a New Research Agenda", *International Studies Review*, 2021 (23).

European Commission, "2022 Strategic Foresight Report: Twinning the Green and Digital Transitions in the New Geopolitical Context", 29 June 2022, https://ec.europa.eu/commission/presscorner/detail/en/ip_22_4004.

J. Ringhof and T. José-Ignacio, "The Geopolitics of Technology: How the EU can Become a Global Player, European Council on Foreign Relations (ECFR)",

May 2022，https://ecfr.eu/publication/the-geopolitics-of-technology-how-the-eu-can-become-a global-player/.

P. Pawlak and F. Barbero，"Green Digital Diplomacy: Time for the EU to Lead，European Union Institute for Security Studies"，13 September 2021，http://agri.ckcest.cn/file1/M00/0F/FC/Csgk0GJEGr-AK_1DABWuGZcKi6s464.pdf.

智能时代的未来教育愿景

余胜泉[*]

中国高度重视人工智能对教育的深刻影响，积极推动人工智能和教育深度融合，促进教育变革创新，充分发挥人工智能优势，加快发展伴随每个人一生的教育、平等面向每个人的教育、适合每个人的教育、更加开放灵活的教育。中国愿同世界各国一道，聚焦人工智能发展前沿问题，深入探讨人工智能快速发展条件下教育发展创新的思路和举措，凝聚共识、深化合作、扩大共享，携手推动构建人类命运共同体。

——2019 年 5 月 16 日，习近平向国际人工智能与教育大会致贺信

未来是一个时间概念，但对未来的理解不应仅停留在时间的推移上，它更承载着不确定性、可塑性、发展性等深远的选择性价值观。

---

[*] 余胜泉，北京师范大学未来教育高精尖创新中心执行主任、博导。

单从时间的视角理解未来显得过于狭隘，因为未来不仅仅是我们即将到达的一个时刻，也是面对变化的不确定性的行动召唤，更是我们需要积极塑造的一个时空。从教育的视角来看，它不只是关于时间的推移，更是关于我们如何选择、如何塑造未来的自己和世界。未来教育像是一个过程，而不是一个终点。它是一个不断演进、不断变化的过程，需要我们持续地适应、学习、探索和创新。理解未来教育的本质需要一个坚定的信念，我们不能依赖现有的教育体系和教育理念来迎接未来，我们需要的是一个全新的、前瞻性的教育视角。未来教育的具体形态可能会因地域、文化、社会经济发展水平的不同而各异，但其发展方向、理念和愿景应当是坚定而明确的。未来教育需要我们深入理解未来的学生、未来的社会、未来的世界，然后，用我们的智慧和力量，去塑造一个更加包容、更加公正、更加人本、更加美好的教育新生态。

关于未来教育的变革驱动，有四种视角，包括基于技术预测、基于知识进化的探索、基于预期系统理论的"未来素养"研究以及基于后结构主义理论的"因素多层分析"研究。[1] 同时，关于未来学校的研究也形成了三个主要共识，即未来学校需要进行空间重构、充分利用技术赋能教育教学、真正满足个性化取向的人的发展需求。[2] 但总体来看，不论从哪个视角或共识出发，技术变革都是未来教育的基础

① 参见卜玉华：《当前国际社会对未来教育的四种探究进路及其启示》，《南京师大学报（社会科学版）》2022 年第 3 期。

② 参见孙元涛：《"未来学校"研究的共识、分歧与潜在风险》，《南京师大学报（社会科学版）》2022 年第 5 期。

性核心要素。技术的改变将引发教育服务的变革，最终推动人类社会和教育领域的进步。

智能技术的泛在化趋势

智能技术正日益融入我们生活的方方面面，并逐渐演化为一种高度普及、随时可用的社会性服务。无处不在的终端实现"全面感知"，通过物联网与互联网的融合，将感知的信息实时准确地传递到远端的数据中心，形成海量数据的汇聚。之后利用云计算、数据挖掘、机器学习等各种智能计算技术，在对海量的数据和信息进行分析与处理基础上涌现智能，并通过微服务形态泛在化地嵌入各种社会空间，实现智能化的社会空间。未来，计算能力将无所不及，网络设施互联协同，资源编排灵活高效，服务获取轻松智能。[1] 虚拟与真实世界的边界将愈加模糊，社会空间、物理空间和信息空间将互相交织。[2] 智能技术将与空气和水一样自然深刻地融入日常生活。这将为人类社会开辟无所不联、无所不算、无所不智的全新前景。

全面普及的终端、无处不在的网络和汇聚海量数据的云平台构成了智能技术泛在化的基础设施。终端是智能技术泛在化的触点，它们连接了人与人、人与物、物与物之间的信息交流。现代社会中，各种终端设备已经成为人们日常生活和工作的必备工具，如智能手机、智

---

① 参见《〈中国移动算力网络白皮书〉发布》，2021 年 11 月 3 日，见 https://mp.weixin.qq.com/s/K5-WB5lLcomGbntfJjVSZA。

② 参见潘云鹤：《人工智能 2.0 与教育的发展》，《中国远程教育》2018 年第 5 期。

能家居设备、可穿戴技术等，它们不仅提供了丰富的通信娱乐功能，而且能够感知用户的行为偏好和环境变化，为智能技术的应用提供了基础和条件。网络是智能技术泛在化的桥梁，它负责将终端设备和云平台之间的信息进行高速传输与共享。随着 4G/5G 移动网络、卫星网络、光纤网络、物联网络等新型网络技术的迅速发展，网络的覆盖范围和传输速度都达到了前所未有的水平，使得无缝连接和高效通信成为可能。云平台是智能技术泛在化的核心，它负责将海量数据进行存储、处理和分析，为智能技术的创新和优化提供了依据与方向。数据是智能技术泛在化的"燃料"，它来源于终端设备的感知和网络的传输，反映了人们的行为特征和社会现象。大数据技术的崛起使得海量信息的采集、存储和分析成为可能，进而可以挖掘出隐藏在数据中的模式和趋势，为智能技术的创新和优化提供了依据和方向。

智能技术融入环境催生了一个全新时代，其中计算泛在化、算网共生化、编排智能化及服务一体化成为显著特征。[1] 首先，随着云技术与边缘计算技术不断进步，计算能力不再局限于特定设备或场所，而是可以嵌入每个人的日常生活、学习与工作空间；其次，算网共生化支持网络与计算资源的相互关联，网络从简单的信息传输通道变为智能化感知、协同和响应的基础设施；再次，编排智能化环境下，计算资源可以根据具体的应用场景和用户需求进行智能分配调度，按需提供智能服务；最后，一站式的服务平台支持使用者高效无缝地获取各种计算、数据、通信等资源。

---

[1] 参见雷波、刘增义、王旭亮等：《基于云、网、边融合的边缘计算新方案：算力网络》，《电信科学》2019 年第 9 期。

智能技术泛在化的趋势对整个空间产生深远影响，社会空间、物理空间和信息空间将实现智能化协同。智能技术将与人类的生活、工作和学习环境紧密结合，形成一种无缝、自然和智慧的交互体验。智能嵌入环境不仅包括物理空间，如家庭、办公室、教室等，也包括虚拟空间，如社交网络、实体空间的数字孪生、元宇宙等。智能嵌入环境的核心是以人为中心，通过感知、理解和响应人类的需求与情境，为人类提供更加便捷、高效和个性化的服务和支持。

智能技术的泛在化趋势对社会和个人都有重要的影响。随着感知技术、网络连接和数据分析嵌入城市与社会基础设施，社会空间智能化将为人类社会和个体生存提供更高效的服务与更好的生活质量。从社会层面来看，智能技术可以推动社会的进步和发展，促进经济的增长和转型，提高社会的治理水平和效率，增强社会的安全性和可持续性，改善社会的公平性和包容性。从个人层面来看，智能技术可以提升生活质量和幸福感，改变人们的思维方式、行为模式，增强人们的认知水平、创造力和决策力，提升工作效率和竞争力，拓展学习渠道和机会，丰富娱乐方式和选择，增强自主性和参与感。

教育是社会发展的关键因素，也是智能技术可以发挥积极作用的领域之一。智能技术的泛在化趋势会逐步迁移至教育空间。未来教育将利用无处不在的终端、网络和数据，为学生和教师提供更加个性化和高效的教学体验。随着智能技术的泛在化，我们将展开未来教育的全新面貌，迎来教育空间和教育服务的巨大变革。

主动智能的未来教育环境

在智能化社会中，人们日常生活所需的各类服务都会逐步表现出主动的智能。在传统的服务供给模式中，用户必须明确知晓自身所需要的服务，进而向平台系统发出明确的请求，才能获取所需的服务，这个过程中软件系统始终处于被动接受请求的位置。进入智能化时代，随着无处不在的感知设备的相互联通、海量数据支持的精细管理与控制的实现、基于用户个人画像和使用场景的全方位精准描述的普及，各类智能服务将逐步从被动智能向万物互联、全面感知、可靠传输、智能处理的主动智能转变。① 主动智能可以通过对用户所处情境的智能感知，进行相关信息、资源和个性化服务的精准智能推荐与主动响应。这种主动智能的服务具有泛在和透明两大基本特征。泛在是指主动智能无处不在，用户在日常生活的方方面面都可以获得主动智能的服务，成为一种新型的基础设施；透明是指获得这种主动智能服务不需要花费用户额外的精力，用户可以在不知不觉间获得服务，服务总是在合适的时机出现，不会对用户的日常生活产生过多的干扰。与传统软件服务以计算机为中心不同，主动智能服务以人为中心，无缝地、自然地嵌入用户的日常生活情境之中。

在教育领域，教育教学的环境也将不可避免地和整个社会的其他要素一样，变为具有主动智能的未来教育环境。未来教育环境通过多维度、多层次、多模态的感知设备采集学习者所处的情境相关

---

① 参见余意、易建强、赵冬斌：《智能空间研究综述》，《计算机科学》2008 年第 8 期。

数据，了解学习者所处的学习情境；借助万物互联的各类传感输入和输出设备，为学习者构建最适宜学习的物理环境与虚拟环境；通过融合多模态的信息与数据，融合学习者信息、教育过程数据、教育智能装备运行数据等多种类数据，与学习者的学习风格、知识水平等特征进行精确匹配，对学习者的认知特征、学习规律进行深入挖掘与理解。最终在学习资源、辅助工具、学习路径、学习方法等多个层面上为学习者提供具有主动智能特征的教育服务，实现教育环境中"人找信息"到"信息找人"的转变，促进有效学习的实现。

具有主动智能的未来教育环境是一个嵌入了各类计算、信息设备和多模态传感器的工作、学习及生活空间，其总体发展趋势可以概括为以下几方面。

智能感知适应。通过各类传感器和信息自动化采集设备，未来教育环境能够自动感知教育场所的环境信息、位置信息，教育活动的过程性信息，学习者的知识背景、知识基础、知识结构、知识缺陷、知识状态、认知风格、学习偏好、学习终端类型、学习需求、学习情绪（如焦虑、烦躁、愉悦等），在此基础上按需提供适应性服务。

虚实融合联动。未来教育环境充分融合物理环境与虚拟环境，为师生构建虚实融合、线上线下融合、现场教学与远程协同融合的综合型育人空间，借助虚拟现实（VR）、增强现实（AR）等技术，逐步模糊虚拟教育环境与实际教育环境的边界，实现虚实联动、虚实共生，迈向虚实融合的数字孪生校园，打破传统学校物理空间的束缚，为学习者提供更加沉浸的学习体验和更加丰富的学习维度。

数据驱动智能。数据是未来教育环境的基础，学习中全样本、全过程、全形态的数据都会被自然采集，借助大数据和机器学习技术，通过基于学习科学模型的教育数据挖掘，在对海量的教育数据进行分析的基础上，实现对学习者认知特征、学习规律的深入理解与精准判断，破解当前教学中教师仅凭主观经验来分析学情的局限性，[①] 不断优化个性化教育服务模式，提高学习效果，改善教育质量。

泛在嵌入计算。未来计算设备将不再是经典的"屏幕＋鼠标＋键盘"的电脑形态，而是以日常生活物品形态呈现的嵌入式形态，功耗越来越低、体积越来越小、性能越来越强。嵌入式的计算设备将融入未来教育环境的方方面面，无论是学习者的个人设备还是学习空间中的智能白板、智能课桌，甚至是学习者的可穿戴设备等，连上云服务平台后，都将具有智能计算的算力，为未来教育中的实时反馈和主动智能服务提供支持。

实时可靠通信。未来教育环境将进入"无距离"的时代，信息可以随时随地即时、安全、可靠触达。5G 等新一代通信网络技术可以为教育环境提供高带宽、大连接、低时延、支持分级管控和高 QoS（Quality of Service，服务质量）的网络基础，从而支持其中实时交互、协作、反馈的新型需求，使学生、教师和教育资源能够借助可靠网络实现无缝连接。

云边端网融合。未来教育环境是云服务、边缘计算、通信网络、智能终端四位一体高度协同联动的。网络利用虚拟化技术实现网络资源云化，云计算根据业务需求按需调度网络资源与边缘云，依靠云化

---

① 参见刘宁、王琦、徐刘杰等：《教育大数据促进精准教学与实践研究——以"智慧学伴"为例》，《现代教育技术》2020 年第 4 期。

的网络资源分布式地将服务部署到用户近端，支持各种终端应用接入高速、稳定、可靠且安全。校园内需要搭建云边端融合的教育专网，融合云计算、边缘计算和物联网等相关技术，实现灵活部署、安全可控、高速稳定和互联互通的云—边协同教育服务。[①] 这样，就可以为教育环境提供弹性适配的计算、存储和智能终端管理能力，支持形成主动智能教育服务的环境。

异构设备互联。未来教育环境中无论是哪种形态的设备、无论是哪个厂家的产品、无论是何种用途的教育装备，它们都是能够相互连接的，共同遵循统一的标准，利用5G等通信网络可以轻松地在跨级、跨域教育服务平台之间进行数据信息共享，并基于智能云平台融合各类系统的计算资源，实现各类系统的集成及不同系统的设备间的相互通信、数据同步和共享，打破终端和平台之间的数据壁垒，实现资源与服务的无感获取与无缝切换、学习过程与学习体验的无缝衔接和一贯化设计。

自然姿态交互。未来教育环境中的交互将是自然的，以人为中心的，操作教育装备将逐步减少认知侵入性和存在感，教与学的人机交互方式将由键盘、鼠标扩充到语音、手势、眼神、动作、体态、脑电波等，实现人与环境、人与内容资源、人与智能终端之间随时随地的自然互动交流。这种自然交互的过程也可以为学习过程提供更丰富的数据信息，为智慧的教育管理与决策提供更多的数据基础。

智能服务生态。在未来教育环境中，一切都是以服务的形式提供

---

① 参见余胜泉、陈璠、李晟：《基于5G的智慧校园专网建设》，《开放教育研究》2020年第5期。

的，形成了一个智能服务的生态系统，各类主动智能教育服务为日常教学提供了综合性、全面性的智能化教育体验。服务提供商通过多级云环境将各种教育资源和功能以服务的形式开放给各级教育单位，教育单位通过按需引入教育应用来支撑学校的信息化建设，终端用户通过个性化服务空间随时随地访问专属的教育服务，个性化服务空间充分考虑教育过程各环节的真实样态和教育环境各角色的不同需求，通过业务流组合不同的教育服务，以实现教育服务的全面覆盖以及服务之间的相互协同、信息共享和资源整合。

未来教育的服务愿景

基于泛在的智能技术与智能教育环境，未来教育能为广大师生提供一个全新的未来教育服务愿景，能为学校与外部世界提供一个相互感知与交流的接口，让学校成为开放的学习社区，能提供基于角色的个性化定制服务，支持移动学习、大规模协同学习等多种学习活动。未来教育将通过智能技术来分担大量烦琐的、机械的、简单重复的教与学的任务及管理任务，让师生将更多的心理资源（如注意力、创造力、动力系统）投入到更为复杂的、更有价值的教学、学习及育人任务中，从而促进学生批判能力、创造力、习作能力、社会能力、问题解决能力等各种能力的发展。

按需供给的优质教育资源。进入智能时代，教育资源与教育服务的供给将会出现一个历史性的转变，从优质资源稀缺到极大丰富，从教学内容的单一固化到提供适应与选择，从政府单一主体供给到政府与社会多元主体参与，每个个体都可以根据自身的需求和特点，获得适合他们的高质量的教育内容和服务。

一是线上线下结合、多元供给的教育资源极大地丰富了我们的选择。在全球范围内，只要有互联网，人们就可以接触到世界各地的覆盖各个学科领域、各个层次和阶段、各种形式和方式的高质量的教育资源与服务。这些资源与服务不仅涵盖传统的大学课程，还包括各种专业技能和兴趣课程；不仅面向基础教育与高等教育阶段的学生、终身学习者，还服务于特殊人群。这种海量资源开放供给的方式打破了传统的教育体系中地域、年龄、经济能力等各种限制，为学习者提供了前所未有的多样化选择。

二是随着智能技术的发展和教育需求的多样化，优质教育资源的生产方式也发生了变化，不仅来源于学校，还来自科技馆、博物馆等社会大课堂和社会专业人士。传统的教育资源生产方式是由专业的教育机构或个人提供，而现在的教育资源生产方式是由广大的教育参与者共同参与和贡献。通过网络平台，参与者可以将教育资源的生产过程开放给所有感兴趣的人，让他们提出需求、提供资金、分享经验、贡献内容、评价质量等，经过权威机构汇聚筛选后形成优质的教育资源。这样，可以充分利用社会的智慧和力量，提高教育资源的多样性和创新性。基于众筹众创的优质资源，未来教育可以提供"人人教、人人学"的教育服务，打破传统的教师和学生的角色界限，让任何有专长知识和技能的人成为教师，任何有学习需求和兴趣的人成为学生，充分利用全社会的知识和技能，提高教育资源的覆盖面和有效性。

三是教育资源的供给方式正在从传统的、集中的方式向更加灵活的、个性化的方式转变。未来教育可基于人工智能系统将先进的数据分析和人工智能技术，根据学习者的需求、特点、知识结构和学习主题等个性化信息，主动推送与用户需求高度匹配的服务和资源。这种个性化推送不仅提高了学习者的效率，还能够帮助他们更容易地实现学习目标。

按需供给的优质教育资源为我们提供了一个全新的、更加公平和开放的教育环境。在这个环境中，教育生产效率极大提高，服务取决于需求，供给不再稀缺，每个学生都可以轻松获取最适合自己的教育服务，按照自己的习惯和偏好进行学习，发挥自己的潜力，实现自我价值。

大规模的个性化教育模式。未来教育的人才培养模式要充分利用智能教育环境的特点，将规模化教学与个性化培养有机结合，体现出与传统的工业化教育中人才培养的显著区别。工业时代的人才培养模式更多是统一的、流水线模式的，智能时代的未来教育人才培养模式，需要兼顾规模化与个性化的要求，在服务大规模人群的同时，为个体学习者提供选择性、适应性和针对性的培养。

未来教育应基于现代科技和智能技术，全方位覆盖大规模的学习者，突破时间和空间的限制，为各种学习者提供更多的学习机会和选择，并理解和满足其需求，是一种人人皆可获得的教育生态。未来教育应使得未来的社会公民都普遍具备适应未来智能社会的基本素养及应对未来社会和职业挑战的能力。

大规模的个性化教育在通用能力全面发展的基础上，强调每个学习者的独特性，它不仅关注核心学科的知识传授，还强调学习者的综合能力和社会情感发展；不仅关注学生的知识掌握，还考虑到他们的兴趣、先验知识、学习风格和认知差异。通过深入了解每位学生的需求和优势，为学生制订个性化的教育计划，确保学习者在最适合他们的环境中获得最佳的学习体验，实现"真正为每个人而教育"的目标。未来教育将促使学习成为一种自组织的形态。这意味着学生和他们的家长将参与到教育决策中，制定个性化的学习课程与活动，以满足每个学生的个性、兴趣和家庭价值观。教育将从传统的教室环境中解放出来，变得更加灵活，借助现代技术和数据分析工具，更准确地评估学生的学术水平和需求，允许学生根据自己的进度和需求来定制学习方案。

人人平等的学习机会。未来教育中，每个人都有同等地参与和享受高质量教育的权利和条件，追求全纳、公平、优质的公共教育服务成为未来教育确定性的发展方向。"全纳"体现了教育的可获得性和包容性，赋予了所有儿童、成人受教育的权利；"公平"体现人人皆可获得与其个性、能力、努力相匹配的教育机会、教育过程与教育结果，消除在教育入学、参与、维持、完成以及学习结果中存在的各种形式的排斥、边缘化等问题，尤其需要消除在性别、弱势群体方面的不平等问题；"优质"是指教育系统能够提供有效和高效的教育服务，培养学生具备知识、技能、价值观和态度，使他们能够适应社会变化，参与社会发展，实现个人成长。[1] 为此，国家应制定和实施相关

---

[1] "Education 2030: Incheon Declaration and Framework for Action Towards Inclusive and Equitable Quality Education and Lifelong Learning for All", https://iite.unesco.org/publications/education-2030-incheon-declaration-framework-action-towards-inclusive-equitable-quality-education-lifelong-learning/.

的法律法规，保障每个人不因性别、年龄、民族、地域、经济条件、身体状况等因素而受到教育的歧视和剥夺。这是一种基本的人权，也是实现社会公平和进步的重要途径。

未来教育服务将以智能技术来推进学习机会的平等，通过设计科学合理的教育服务供给模式与分配机制，保证每个人都能获得足够丰富的教育设施、师资、课程、资金等，只要有合理需求，就能获得支持服务。智能技术的普及将使学习资源随时随地可获得，这将有助于消除地理和经济等差异，确保每个人都能平等地获得高质量的教育和学习机会。教育将不再局限于传统的学校学习，而是融入社会、家庭和日常生活中，以满足个体终身学习的内在需求，实现了"无缝学习（seamless learning）"的理念，并提供"人人都可以平等接受教育"的机会。

需要注意的是，由于每个学习者的先天条件和后天成长情况存在差异，世界上并不存在适用于所有人的教育，忽视学生个性的教育资源和教育服务均衡对学生发展的作用始终有限。未来教育服务会极大丰富，内卷的竞争性教育需求将逐渐消弭，而人们对灵活、个性化、优质教育的需求会愈发迫切，教育服务方式将呈现从"标准生产"转向"个性定制"的态势。未来教育强调每个学生个体都能够获得与其个性、特长、能力相匹配的教育服务，其"人人平等"的内涵不是追求教育条件和教育过程的一致性与统一性，而是追求教育质量和教育结果优质性、适应性，以实现一种基于个性、尊重差异的均衡，是在教育资源和教育服务足够丰富的基础上，提供让每个学生都能充分发挥自身所长、实现个性发展的教育服务。

素养导向的人才培养。面对智能时代所带来的巨大社会变化，我们的教育理念要作出改变，不能局限于对分数或学科知识的过度关注，而应在更广阔的视野下关注学生心智成长，着力塑造学生的主动能力、创造力、社会能力、价值观、意志力等，培养他们完善的人格以及善良、宽容、勇敢等良好品质，确保学生能够具备信息素养、批判性思维、沟通技能、问题解决能力、团队合作能力等多维度的核心素养，使其富有学识、智慧和实践能力，能为自己的生活和社会承担责任，成为社会的积极参与者和未来的领导者。同时，我们也要重视学生对未来世界的探索和适应，鼓励他们主动学习、创新思维、跨界协作、解决问题，使之具备跨学科的综合能力，培养他们面对复杂多变的环境和挑战的自信与勇气，使其更好地适应未来的工作环境和社会挑战，成为具有国际视野和社会责任感的现代公民。经济合作与发展组织发布的《OECD 学习指南 2030》①认为，面对着充满变革且不稳定的新未来，如何帮助学生利用知识、技能、态度与价值观实现"在陌生环境中的自定航向"，以找到应对不确定性的正确办法，最终实现自身、社会和全球的福祉非常重要。他们将建构"学生主体性"作为培养核心素养的关键，并特别强调学生变革社会和塑造未来的能力。

未来教育以核心素养为导向，强调学生从信息的被动接受者转化为积极的知识构建者。这意味着教育不再只关注知识的传递，而是支

---

① "OECD Learning Compass 2030 Concept Note Series", https://www.oecd.org/education/2030-project/teaching-and-learning/learning/learning-compass-2030/OECD_Learning_Compass_2030_concept_note.pdf.

持学生主动参与知识的建构、应用与创造。学生将被激发去提出问题、独立思考、解决问题，从而培养批判性思维和创新能力。这种素养导向的教育强调学生的主观能动性，使他们更好地应对未来的不确定性和复杂性，积极鼓励人们保持好奇心和求知欲，提供持续的学习机会和资源，以应对不断涌现的挑战和机遇。这有助于个体不断提升自身的技能和知识，保持竞争力，同时也有助于社会的进步和发展。此外，未来教育将强调学习的自主性和自觉性。学习不再被视为被动的接受过程，而是一种主动的行为。个体将在日常生活中寻找学习机会，自主选择学习内容，探索问题，克服挑战，积极参与知识共享和社交互动。这种自发和自觉的学习过程将成为一种生活方式，使学习贯穿于个体的生活中，伴随人的精神成长。

学生发展为本的教育评价。未来教育的评价，将以促进学生发展为根本，利用信息技术构建以核心素养为导向、促进德智体美劳全面发展的教育评价体系。它以学生为中心，关注学生的主动性、思维品性和能力，而不仅仅是知识和技能。它利用新技术，如人工智能、大数据、虚拟现实等，来提高评价的质量、效率和公平性，并支持个性化和自适应的学习。它涵盖新技能，如创造力、批判性思维、合作、沟通等，以及跨学科和全球性的问题解决能力，并反映学生对社会和环境的责任感。[1] 它有评价过程隐性化、评价项目开放化等特征，评价的过程将嵌入学习过程之中，评价是过程性、实时性和适应性的；评价项目不再是面向某个特定的群体，未来评价更多兼容平等性、特

① "The Future of Education and Skills Education 2030", https://www.oecd.org/education/2030/E2030%20Position%20Paper%20（05.04.2018）.pdf.

殊性和通用性，且具有适应性，使得人人可以参与评价项目。

随着大数据与人工智能的广泛应用，传统的测试与评价方式正在发生深刻的变革，朝着细致化、个性化、全面性和发展性的方向发展。① 首先，大数据与人工智能将重构传统的教育评价体系。传统的评价主要关注学生在特定时间点上的成绩和表现，而未来的评价将更加关注学生的个体发展过程。通过大数据分析和人工智能算法，学校和教育机构将能够实现从宏观群体评价向"微观个体"评价的转变。这意味着评价将更具个性化，更能反映每个学生的特点和需求。其次，评价方式将从总结性评价转向发展性评价。未来的评价将不仅关注学生已经掌握的知识和技能，还将重点关注他们的学习潜力和进步空间，更多地关注学生在学习过程中的成长和发展，以鼓励其积极学习和自我提高的动力。同时，评价将从单一知识学习评价走向综合素质评价。除了学科知识，评价将更多地考查学生的综合素质，包括德智体美劳等多个维度。这有助于更全面地了解学生的能力和潜力，为他们提供更全面的教育支持和指导。此外，评价也将融入学习过程，成为个性化学习的一部分。通过实时数据追踪和个性化算法，评价能够为学习者提供即时的反馈和建议，帮助他们更好地理解自己的学习需求和进步方向。这种面向学习过程的评价将鼓励学生更积极地参与学习，实现更高水平的学业成就。当然，在评价过程中，学习者的隐私也需要得到充分尊重，评价系统必须遵循隐私保护原则，确保学生的个人信息和数据安全，同时充分利用数据来支持学生的发展。

---

① 参见余胜泉：《数据赋能的未来教育评价》，《中小学数字化教学》2021年第7期。

　　育人为本的数字教师。教师的核心工作是教书育人，智能技术的发展让教师的角色发生了深刻的变化，工作方式也将有很大的改变。未来的教育采用人与人工智能合作的模式，要充分利用机器和人类各自的优势，提高教育的效率与效果。过去，教师主要是传授知识，而未来，人工智能将会取代简单重复的脑力劳动，完成大部分知识性教学，教师的角色将变得更加多元，成为学生的导师和启蒙者，发挥人类在创新、决策、情感等方面的优势，承担设计和监督教学、激励和陪伴学生、引导和启发学生的任务。以下工作将成为教师工作的新的重心：学习服务设计与开发、学习问题诊断改进、个性化学习指导、综合性学习活动组织、社会网络连接指导、学习问题诊断、心理健康管理与疏导、信仰和价值的引导、发展性评估与改进、生涯发展规划指导、同伴互助专业成长、人机结合教育决策、AI 教育服务伦理监管等。①

　　教师需要主动适应人工智能新技术的变化，积极有效开展教学，关注学生社会情感智力的培养，参与学生的生活，关心他们的成长和幸福。通过建立良好的师生关系，更好地了解学生的需求，塑造学生的品格、价值观和社会责任感，引导他们在人际关系中表现出同理心、合作意识和尊重。教师还应该在教育中强调创新思维和问题解决能力，鼓励学生思考、提问和协作，培养出具备创新、合作和社会责任感的新一代学生，为社会的进步和发展作出积极贡献；帮助学生不仅在学习领域取得成功，还能在社会和职业生涯中成为有价值的个

---

① 参见余胜泉：《人工智能教师的未来角色》，《开放教育研究》2018 年第 1 期。

体，以适应不断变化的世界。

未来的教育应该是幸福的、人本的教育。教育要尊重生命、发展生命，使每个人过上有尊严的生活，教育是心灵与心灵的碰撞、是灵魂对灵魂的启迪。面向未来的教育应该更加尊重学生、关爱学生，以学生为本，为学生一生的幸福和成长奠基。人工智能将会带来教师智力劳动的解放，使其有更多的时间和精力关心学生心灵、精神和幸福，与学生平等互动，激发学生求知欲，实施更加人本的教学，使得学生更具有创造性、创新性。

动态开放的学校组织。随着智能时代的到来，学校组织及其教育服务正经历着深刻的变革，朝着更加动态开放的形态演进，形成弹性适应的未来学校组织结构，能够根据学习者的需求、能力、兴趣和目标，灵活调整教学内容、方法、模式和评价方式，实现个性化、差异化、多元化和协作化的教育，培养未来社会所需的创新型人才。未来的学校将不再局限于传统的教室和教材，而是会演化为提供泛在的、自由探索的、知识建构的、交流协作的智慧生态环境，以满足不断变化的学生需求。学校组织的时空结构将被打破，从静态封闭到动态开放，从条块分割到联合协同，从定时定点有限供给到时时处处人人可学，组织管理向扁平化、网络化、智能化的方向发展。学校将是人人教、人人学，充满活力、人性化和高度社会化的学习共同体，是集体智慧聚变的节点，是开放的、流动的、社会性的、分布的、连接的智慧认知网络与个性化发展空间。①

---

① 参见余胜泉、刘恩睿：《智慧教育转型与变革》，《电化教育研究》2022 年第 1 期。

学校组织将呈现一种全新的模式，学校不只是学生的学习场所，也是学习中心，提供各种服务以促进自组织学习的实现，鼓励学生成为自主学习者、终身学习者、问题解决者和社会参与者。学校将连接丰富的教育资源和工具，提供实地考察、实验室研究、社区服务等多种学习方式，帮助学生自主学习和探索。学校将鼓励社会互动，让学生之间、学生与教育者以及专业人士能够进行交流与合作，并提供跨文化交流、团队合作的机会。学校将提供各种跨学科实践项目，让学生整合多学科领域知识并在实际问题中应用知识和技能，参与社会项目和全球性问题解决。学校将支持终身学习，让学生不断更新知识和技能，以适应不断变化的职业需求和社会挑战。学校将突破现有课程结构和教师身份限制，基于学习者的特定需求灵活安排时间，准许社区行动者、家长等非教学专业人员参与教学并发挥重要作用。①

人机结合的现代教育治理。智能时代人机结合的现代教育治理将是教育领域的一场革命性变革。教育治理是指政府、社会组织、利益群体和公民个体，通过一定的制度安排进行合作互动，共同管理教育公共事务的过程。其突出特征是多主体参与的合作管理、共同管理。最后的目标指向是教育领域公共利益的最大化。② 智能技术赋能的未来教育中，教育治理将从经验决策到数据支持决策，从单主体自上而下决策到多主体参与、自上而下与自下而上结合，从静态治理走向动态、适应性治理，从前置审批到事前、事中、事后全过程监管，从基

---

① "Back to the Future of Education: Four OECD Scenarios for Schooling", https://www.oecd-ilibrary.org/education/back-to-the-future-s-of-education_178ef527-en.

② 参见褚宏启、贾继娥：《教育治理与教育善治》，《中国教育学刊》2014年第12期。

于经验的、中心化的"集中决策模式"走向基于数据和模型的、去中心化、智慧化赋能的"基层决策模式"。① 在教育政策制定中，将基于共同利益，充分纳入、运用人工智能技术，融合人类智能与机器智能，构建人机结合、虚拟空间与现实空间协同的教育治理体系，以提升教育决策的参与度与透明性，提高教育决策的科学性与预见性，实现更为科学高效优质的教育治理。

教育治理体系的变化会带来学校业务流程变革以及教育组织变革。要面向未来构建学校运行组织架构，包括重构课时、学日、学期、学年等时间结构，形成可参与、可探究、可建构的时空结构以及基于社会知识网络延伸社会可达性的社会关系结构等。在智能技术支持下的内部体制综合改革和行政管理职能运行体系优化的背景下，也将形成智能协同的教育业务流程。更为扁平化、联通化的部门结构将推进教学、评价、管理等多个业务流程从原来的串联式结构转变为以人为本的并联关系。② 各类教育业务在任何地方、任何时间、任何方式下都能进行便利、快捷、高效、智能的连通与协同，所有的教育业务系统形成互通，实现管理业务、教学业务、教研业务与评价等业务的智能协同，在协同的基础上，实现业务流程的重组。所有的教育业务都能在虚实互动、虚实共生的环境下实施，能够基于数据对各类业务进行过程管理，形成新的业务形态、新的教

---

① 参见余胜泉：《教育数字化转型的关键路径》，《华东师范大学学报（教育科学版）》2023 年第 3 期。

② 参见余胜泉：《教育数字化转型的关键路径》，《华东师范大学学报（教育科学版）》2023 年第 3 期。

育实施方式、新的教育服务业务领域，实现了面向未来的业务流程再造与教育组织变革。

大规模社会化协同的教育公共服务。互联网、5G技术的发展，使得信息和数据能够迅速流通。教师和学生之间的互动在物理空间的基础上叠加了虚拟空间，使得未来教育更加开放和共享，即打破传统的时间、空间、地域等限制，实现教育服务的全球化流动和共享。未来教育通过构建一个虚实融合的、开放的协作空间和灵活开放的协作机制，将进一步加速教育系统大规模社会化协同教育服务形态的形成。

未来学校将不仅是一个固定的物理空间，而是一个由多元化的学习者、教育者、内容提供者和服务提供者构成的动态网络，学习内容的来源、学习方式发生了根本性变革，每个人既是知识的生产者，也是知识的消费者。学校围墙正在被打破，教育公共服务供给形态从传统的以政府和学校为主体的刚性供给体系转变为可以在不同的主体之间、组织之间、层级之间、领域之间，建立动态联系、高效协作、相互监督、共同发展的社会化协同的新型分工形态。这种社会化协同的新型分工形态将政府机制、社会机制与市场机制进行有效组合与相互协作，实现了各种人力和物力学习资源的汇聚和配置，打破社会组织服务的边界，为教与学提供了新的形态。这种形态更加灵活、开放、透明、创新，能够更好地满足教育公共服务的多样化需求，提高教育公共服务的质量和效率。

未来教育的服务来源将不再局限于学校或地理区域，而是向所有教师和学生开放。提供教育服务的主体将不仅是学校的一线教师，还包括社会机构和社会人士，以及人工智能等多种形式。人工智能将成为人类教师的得力助手，帮助促进学生学习和全面发展。教师将成为具有现实身份和虚拟身份的叠加体，通过互联网跨越地域限制，服务于大规模学生的学习和成长，智力资源将在不同组织、层级和领域之间自由流动，形成一种大规模社会化协同的教育公共服务形态。未来教育将重塑教育体系的核心要素，学习者与内容提供者、教学服务提供者、教学支持服务提供者、评价提供者等都可能来自于社会各界，企业、专业化的公益组织，专门的科研院所、互联网教育公司等社会机构将成为优质教育资源的重要渠道。这样，教育体系将更加多元化、开放化、协同化，能够更好地适应社会和个人的多样化需求。

社会知识网络具有社会智能，可以动态演化和自我发展，能够表征基于大规模社会化协同服务场景下学习者、服务者、知识节点及其之间的关系，是学习者和服务者之间的交流通道。社会知识网络能够可视化学习者的个人社会知识网络和社会化协同生成的群体社会知识网络，为解决支撑大规模社会化协同的教育公共服务适配机制和信任机制提供了支撑。如支持学校、教育机构、科技馆/博物馆、教育公益组织之间互换共享教育服务、实现信息的流通和社会知识网络的无缝连接。智能技术赋能的未来教育中，将基于社会知识网络的语义属性描述，采用关联规则、语义推理规则和协同过滤机制，进行以学习者个性特征和情景信息为基础的推理，将最权威的专家、最合适的学习伙伴和最重要的知识资源、最有价值的群体智慧以节点和社会知识网络的形式汇聚并呈现给学习者，实现教育服务的情境性、即时性与泛在化。①

泛在的、终身的学习形态。未来教育将更加注重学生的终身学习，鼓励学生在不同的阶段和场景中持续地获取新的知识和技能，以应对未来的社会生产方式和生活方式变革的挑战。在一个快速变化的智能社会中，学习不再只是在受教育阶段获取知识的过程，而是一生都持续进行的活动；学习不再是对未来生活的准备，而是生活本身重要的形态。

未来的教育将深度融合互联网，彻底改变传统教学方式，促进正式学习和非正式学习的有机融合。学习将不再局限于学校，打破了时间和地点的限制，人人、时时、处处都可以学习，获取所需的信息和知识，这种学习方式嵌入工作、生活和网络中，成为一体。② 传统的学校教育将与非正式学习、在线学习、社会性学习等多种学习方式相互衔接，形成一个全面的泛在学习生态系统。泛在学习是一种随需而变、情境适应、因地制宜、立竿见影的学习方式，它可跨越情境和时间，适应各种教育场景。未来教育将以泛在学习为核心理念，让每个人都能享受无处不在的学习体验。无论何时何地，只要有数字设备和在线资源，在线下或线上都可以获取知识、参与社会互动、构建个性化的学习路径、享受自由、灵活、多样化的教育服务，这样的学习是嵌入日常生活的，本身就是一种生活方式。

智能时代，快速变化是常态。要适应这种变化，就必须培养强大

---

① 参见余胜泉、汪丹、王琦：《大规模社会化协同的教育服务变革》，《电化教育研究》2020 年第 4 期。

② 参见余胜泉：《"互联网 +"时代的未来教育》，《人民教育》2018 年第 1 期。

的学习能力。学习能力不仅包括获取知识和技能的能力，还包括分析问题、提出解决方案、与他人合作、自我反思等能力。这些能力可以帮助我们应对未来职场和生活中不断出现的新情况、新需求、新挑战。终身学习是一种持续不断、融入日常、贯穿一生的学习方式。它让人们有更多机会去探索自己感兴趣或需要提升的领域，并通过各种技术支持，获取知识、技能和经验，以满足个人和社会的发展需求。终身学习不仅是个人发展的需要，也是社会进步的需要。社会可持续发展要求每个人都能够不断更新自己，以适应社会变化，并为社会贡献自己的力量。社会需要有高素质的公民，他们不仅拥有丰富的知识和技能，还有积极的参与意识、责任感和创新精神。他们能够关注社会问题，提出解决方案，参与社会事务，推动社会进步。在未来教育中，终身学习将成为每个人都应该承担的责任和使命。

总结与展望

以云网端一体、万物互联、人工智能、5G、云计算等为代表的新一代信息技术正在飞速发展，成为当今世界各行业变革的驱动力，正在改变世界的产业模式、运营模式，以及人们的消费结构和思维方式。新兴技术的快速发展为未来教育的发展带来两方面的变革。一方面，以人工智能为代表的一系列智能技术通过与各行业的深度融合实现对传统产业的重构，取代很多初级的脑力劳动，使得未来社会对人才的需求发生重大变化，教育必须思考如何培养面向未来的人才；另一方面，智能技术的发展为教育提供了迥异于以往的"信息生态系统"，信息技术不再是游荡在教育边缘的"不速之客"或者补充，而是广泛嵌入日常的教育教学活动中，成为教育系统有机的组成部分，为教育发展带来更多可能性，为教育者提供了更多的想象空间。新一代信息技术在学校各种主流业务中扩散应用，将实现信息共享、数据融合、业务协同、智能服务，推动教育服务业态转型升级，正在推动教育运作模式发生变化，创造出新的教学方式、教育模式和教育服务新业务，构建出灵活、开放、终身的个性化教育的新生态体系。

技术在未来教育的发展中扮演着重要的角色，它既带来了机遇，也带来了挑战。技术的影响不仅体现在教育的各个方面，如教育组织、资源、模式、评价和管理等，而且具有多样性和复杂性的特征。技术的进步也促进了教育模式的变化，使教育能够更加适应个性化和灵活化的学习需求。但是，我们不能过分依赖技术，更不能忽视技术的局限性。技术只是未来教育改革的一个关键因素，而不是决定未来教育质量的唯一因素，它不能超越教育促进人的成长的本质和目标。因此，未来教育的核心还是要以人的发展为根本，明确教育的目标和价值观，技术只能作为一个辅助工具而不能成为人的主宰。在这个前提下，我们应该保持开放的态度，高度重视智能技术变革教育的潜力，打破时间、空间、资源的限制，推进教育核心业务变革，构建弹性适应的未来学校组织结构，实现教育的优质、普惠和公平。要积极推进教育领域的创新和变革，运用新的教育理念、方法和策略，在技术与教育相互融合的基础上建立更加合理、符合未来需求的教育体系，以培养具备综合素养、批判性思维和创新能力的学生，实现对未来不确定性的驾控，塑造更美好的世界。

■ 参考文献

卜玉华：《当前国际社会对未来教育的四种探究进路及其启示》，《南京师大学报（社会科学版）》2022 年第 3 期。

褚宏启、贾继娥：《教育治理与教育善治》，《中国教育学刊》2014 年第 12 期。

雷波、刘增义、王旭亮等：《基于云、网、边融合的边缘计算新方案：算力网络》，《电信科学》2019 年第 9 期。

刘宁、王琦、徐刘杰等：《教育大数据促进精准教学与实践研究——以"智慧学伴"为例》，《现代教育技术》2020 年第 4 期。

潘云鹤：《人工智能 2.0 与教育的发展》，《中国远程教育》2018 年第 5 期。

孙元涛：《"未来学校"研究的共识、分歧与潜在风险》，《南京师大学报（社会科学版）》2022 年第 5 期。

余胜泉：《数据赋能的未来教育评价》，《中小学数字化教学》2021 年第 7 期。

余胜泉：《人工智能教师的未来角色》，《开放教育研究》2018 年第 1 期。

余胜泉：《教育数字化转型的关键路径》，《华东师范大学学报（教育科学版）》2023 年第 3 期。

余胜泉：《"互联网＋"时代的未来教育》，《人民教育》2018 年第 1 期。

余意、易建强、赵冬斌：《智能空间研究综述》，《计算机科学》2008 年第 8 期。

余胜泉、陈璠、李晟：《基于 5G 的智慧校园专网建设》，《开放教育研究》2020 年第 5 期。

余胜泉、刘恩睿：《智慧教育转型与变革》，《电化教育研究》2022 年第 1 期。

余胜泉、汪丹、王琦：《大规模社会化协同的教育服务变革》，《电化教育研究》2020 年第 4 期。

《〈中国移动算力网络白皮书〉发布》，2021 年 11 月 3 日，见 https://mp.weixin.qq.com/s/K5-WB5lLcomGbntfJjVSZA。

"Back to the Future of Education: Four OECD Scenarios for Schooling"，https://

www.oecd-ilibrary.org/education/back-to-the-future-s-of-education_178ef527-en.

"Education 2030: Incheon Declaration and Framework for Action Towards Inclusive and Equitable Quality Education and Lifelong Learning for All", https://iite.unesco.org/publications/education-2030-incheon-declaration-framework-action-towards-inclusive-equitable-quality-education-lifelong-learning/.

"OECD Learning Compass 2030 Concept Note Series", https://www.oecd.org/education/2030-project/teaching-and-learning/learning/learning-compass-2030/OECD_Learning_Compass_2030_concept_note.pdf.

"The Future of Education and Skills Education 2030", https://www.oecd.org/education/2030/E2030%20Position%20Paper%20（05.04.2018）.pdf.

人工智能助力廉政建设的可能性前瞻

杜治洲 *

近期，美国 OpenAI 公司的人工智能程序 ChatGPT（Chat Generative Pre-trained Transformer）因其具有极强的深度学习能力和内容生成能力，能像人类一样聊天交流，还可以根据用户要求实现撰写论文、编程、智能推荐、智能搜索和决策支持等任务，从而大幅提升内容创作、管理决策的效率，受到人们的广泛关注和热烈讨论。自 2022 年 11 月底发布以来，ChatGPT 在上线仅 5 天内注册用户数就超过了 100 万，2023 年 2 月月活跃用户已经突破了 1 亿。可以说，ChatGPT 的发展速度完胜了任何其他互联网应用，它的诞生引领了互联网领域新的技术革命。在人工智能技术已经普遍应用于政府治理和社会治理实践的背景下，ChatGPT 的出现也将对廉政治理产生广泛而深远的影响，给反腐败工作带来巨大的机遇和严峻的挑战。

---

* 杜治洲，燕山大学公共管理学院教授、博导，廉政与治理研究中心主任，中国廉政法制研究会理事。

ChatGPT 给廉政治理带来的机遇

ChatGPT 将大幅提升廉政治理决策的科学性。一个国家应设置什么样的反腐败机构？实施什么样的反腐败战略？采取什么样的反腐败策略？这些都是执政者或执政党关心的重要问题。廉政治理决策科学性的高低，决定了廉政治理的成败。传统上，在没有系统深入掌握反腐败规律或无法全面准确获取决策信息的条件下，一些国家制定的反腐败战略往往具有试错的特点，有时甚至是仓促盲目的，潜在的失败风险很大。ChatGPT 可以针对决策者提出的廉政治理目标，结合决策者所在国的经济社会发展水平、政治制度及国家治理水平、历史文化积淀等具体国情，提出科学、有效、可操作的廉政治理战略部署和实施方案。ChatGPT 优化了廉政治理目标函数的过程，在很大程度上避免由决策者的主观偏见和客观信息不对称造成的决策失败或决策低效，这为世界各国廉政治理现代化提供了新的思路。

ChatGPT 将大幅提升预防腐败制度的严密性。腐败产生的根源在于制度缺失或制度漏洞，所以预防腐败制度建设始终是世界各国廉政治理的重中之重。尽管反腐败机构可以通过腐败案例剖析、常规检查、收集意见等方式发现权力制约与监督存在的制度缺陷，但这些方式滞后、低效、片面，预防腐败发生的效果有限。ChatGPT 具有强大的搜索和理解功能，可以在极短的时间内对海量的腐败案例反映出来的制度漏洞、民众对反腐制度的评论、制度防腐的优秀范例等内容进行全面扫描和深度分析，给反腐败机构提出科学、严密的防腐制度优化方案，从而实现"制度＋科技"的有机结合。ChatGPT 的应用将大大提升预防腐败制度建设的严密性和完备性。

ChatGPT 将大幅提升腐败查处的及时性。腐败案件查办往往耗时费力，难以及时突破，其中一个重要原因就是证据收集难度大：一方面腐败线索复杂隐蔽、难取证，另一方面信息来源各异、难挖掘。即使已经掌握了腐败分子的相关信息，但受限于分析手段而无法从中发现线索和规律。ChatGPT 能够利用其强大的搜索引擎，实现现有查处手段无法企及的全面搜索、立体比对、精确定位的目标。不仅如此，ChatGPT 还能对所获取的腐败线索进行深度的学习和分析，甚至能够预测腐败分子的行为趋势和行动轨迹，从而帮助相关部门快速查办腐败案件、完成贪官外逃预警以及追逃追赃等工作。

ChatGPT 将大幅提升廉洁教育的有效性。廉洁教育对于弱化腐败动机具有不可替代的重要作用。然而，实践中的廉洁教育往往千篇一律，缺少针对性，难免收效甚微。ChatGPT 能够根据性别、年龄、性格、兴趣爱好、受教育程度、职业特点、岗位特点、家庭环境、面临的廉洁风险等方面的差异，为不同的教育对象提供个性化的廉洁教育方案。具体来看，ChatGPT 个性化廉洁教育可以分为三大类：一是因人而异的廉洁教育，二是因时而异的廉洁教育，三是因事而异的廉洁教育。可见，ChatGPT 能够为社会各阶层、各领域人群提供最广泛的个性化廉洁教育，从而在全社会形成"不敢腐""不能腐""不想腐"的社会效应。

ChatGPT 给廉政治理带来的挑战

高效的信息搜索可能为"想腐者"提供大量的腐败机会和高明的

腐败手法。ChatGPT 强大的信息搜索功能是一把"双刃剑",极易产生"助纣为虐"的不良后果:一方面,ChatGPT 可能被"想腐者"用来寻找腐败机会。潜在的腐败分子会利用 ChatGPT 在极短的时间内检视所在单位或行业的制度缺漏,其中可能包括一些尚不为人所知的"监管盲区",进而在这些"盲区"实施隐蔽的腐败行为。另一方面,ChatGPT 可能按照收到的指令给"想腐者"提供一个规避制度约束、绕开各种监督的、几乎完美的"腐败操作指南",并为"想腐者""量身定制"实施腐败的手段、提供许多新奇且高明的腐败手法。在此情形下,腐败与反腐败较量的复杂性与不确定性大为增强。

便捷的信息生产可能刺激"已腐者"对抗查处。网络时代人工智能的广泛应用既让信息生产更加快捷高效,也滋生了不少虚假信息。从某种意义上说,ChatGPT 也成为谣言、错误信息的批量制造者。ChatGPT 不仅能够有效捕捉网络上真假难辨的信息,误导使用者,而且还能被不怀好意者甚至不法分子利用生产加工更多不良信息,造成更大的社会危害。例如,2023 年 2 月 16 日,杭州某小区一位业主用 ChatGPT 轻松写了一篇杭州自 3 月 1 日起不限行的假新闻稿,引起了广泛的传播和讨论。又如,国外一些网络诈骗者恶意"训练"ChatGPT,用创建出来的假信息诱骗受害者财产。腐败分子极有可能利用 ChatGPT 的这个缺陷,以不同方式在不同平台炮制各种虚假信息,伪装廉洁形象,混淆视听,掩盖自己"两面人"的真相,从而干扰和对抗有关部门的查处。这种行为进一步增强了贪腐行为的隐蔽性,增加了惩治腐败的难度。如果利用 ChatGPT 伪造、散布不实信息的现象得不到有效遏制,就会让腐败分子有恃无恐,助长其嚣张气焰，使打击腐败的震慑效果大打折扣。

　　对技术应用的过度依赖可能弱化廉政治理的主观能动性和创造性。一项技术的功能越强大，就越容易让人产生依赖性。当前，ChatGPT 因其超强功能受到全球各行各业的热烈追捧，如果这项技术应用到廉政治理领域，很可能会导致权力监督者对它的过度依赖，从而丧失主观能动性和创造性。一方面，ChatGPT 设计的自主决策算法可能代替反腐败机构工作人员的决策，不利于其自主决策能力的培养和提升；另一方面，人工智能的应用存在着损害决策科学性的隐患。与人脑决策相比，ChatGPT 算法自主决策以大数据作为科学依据，其决策在很多方面都极具优势，但若模型算法不科学、数据质量低劣，大数据的预判和分析等功能就难以实现，从而导致廉政治理决策错误，使反腐败战略策略偏离正确的价值选择，阻碍廉政建设的步伐，造成公共利益的巨大损失。

　　ChatGPT 的广泛应用可能威胁国家安全。安全是科技反腐必须重点考虑的问题，目前来看 ChatGPT 在廉政治理领域的推广应用存在两个方面的安全隐患：一是技术上被"卡脖子"的安全隐患。人工智能技术在经济社会发展过程中的应用越来越广泛，如果我们没有研发出中国版的 ChatGPT，只能用外国的技术，就意味着我国该技术领域的发展在最高层次受阻。二是泄露反腐败信息的安全隐患。如果包括廉政治理在内的各领域都使用国外的 ChatGPT，那么很可能导致政府信息和个人信息的大规模泄露，这将严重威胁国家的廉政治理安全乃至国家安全。

廉政治理应对 ChatGPT 挑战的对策

推进廉政治理数据的有序开放。获取丰富的数据是人工智能技术推动治理变革的前置条件。廉政治理大数据的开放和共享是 ChatGPT 在廉政治理领域发挥有效作用的前提。廉政治理数据可分为直接数据和间接数据：直接数据是指廉政治理理念、廉政治理战略、廉政治理过程（惩治、预防和教育）、廉政治理创新、廉政治理效果等方面的数据，例如，以人民为中心的反腐败理念、一体推进"三不腐"战略、被惩处的违纪违法官员的数量、预防腐败的制度规范、廉洁诚信价值观的宣传、纪检监察体制改革、公众的腐败感知等。间接数据则是营商环境、经济社会发展水平、公共服务质量等与廉政治理非直接相关的数据。廉政数据的开放，本身就是提升政府透明度和公众反腐满意度的过程，是廉政治理现代化的重要体现。因此，国家应大力推进廉政治理数据的有序开放。

充分发挥 ChatGPT 对廉政治理的增效功能。人工智能时代，反腐败工作必须与时俱进，主动拥抱新生事物，有效利用 ChatGPT 推进廉政治理高质量发展。第一，利用 ChatGPT 辅助反腐败决策。反腐败机构应充分发挥 ChatGPT 的决策辅助功能，提升反腐败目标设定、反腐败策略选择、反腐败资源整合的科学性。第二，利用 Chat-GPT 对当下的反腐败制度进行全面的"体检"。廉政治理机构应抢在"想腐者"之前查找出各地各部门各领域存在的制度漏洞，并及时补齐制度短板，完善权力制约与监督程序。监察机关在查处腐败案件后，也可以借助 ChatGPT 分析相关单位存在的问题并提出精准的监察建议。第三，利用 ChatGPT 提升廉洁教育效果。廉洁宣传教育机构应通过 ChatGPT 收集不同群体个性化特征的大数据，发掘不同群体在不同阶段的廉洁教育需求，从而提供极具针对性和有效性的廉洁教育服务，提升公众的腐败认知，降低腐败容忍度。

加速中国版 ChatGPT 的研发。当前，我国在数据、算法、算力三方面均已打下良好基础，特别是我国拥有全世界最大规模的网民数量，有丰富的应用场景，在数据积累方面的优势十分明显。因此，一方面，国家有关部门要进一步解放思想，为从事人工智能技术研究和产品研发的科研机构及高科技企业发展提供更加有力的政策支持，为研究中国人自己的 ChatGPT 保驾护航；另一方面，互联网、大数据、云计算等相关高科技企业，应高度重视对人工智能技术特别是 ChatGPT 的研究开发，投入更多的研究经费，招募和培养更优秀的研发人才，提速研发进程。

强化对人工智能技术的安全审查。鉴于人工智能有可能被违纪违规者、腐败分子所利用，十分有必要加强对 ChatGPT 研发和应用的有效监管。为保障 ChatGPT 在廉政治理领域规范合理地发挥作用，可尽快成立人工智能安全审查评估委员会，对企业提供的人工智能技术进行安全风险点的全方位审查和评估。第一，加强对人工智能的监管，以确保将要投入使用的 ChatGPT 技术安全、可控和公正。第二，推动制定国家层面的人工智能伦理准则，定期对人工智能技术进行伦理风险评估。第三，与时俱进创新安全风险评估方式。在合适的范围内进行适应性评估，根据用户的实际体验感受、情况评估 ChatGPT 的技术风险，并作出相应改进。

■ **参考文献**

杜治洲：《一体推进不敢腐、不能腐、不想腐研究》，人民出版社 2022 年版。

段伟文：《人工智能时代的价值审度与伦理调适》，《中国人民大学学报》2017 年第 6 期。

试析通用人工智能在心理学领域的应用

朱廷劭 *

    人工智能（Artificial Intelligence，简称 AI）这一概念诞生于
1956 年，由约翰·麦卡锡（John McCarthy）及其同仁首次提出，其
核心思想是通过计算机系统模拟人类智能的过程。这一领域的发展
历程跨越了几十年，其间有关 AI 的定义层出不穷，各种解读和理解
不断涌现。然而，最被广泛接受的定义依旧来自麦卡锡，他在 2004
年正式将 AI 定义为"制造智能机器，特别是智能计算机程序的科学
和工程"。这一定义不仅揭示了 AI 的本质，也指出了其发展方向。
近年来，人工智能领域得到了迅猛发展，分化出了众多子领域，这
些子领域的研究成果已经被广泛应用于各个行业和领域。其中，通
用人工智能（Artificial General Intelligence，亦称强人工智能，简称
AGI）这一概念引起了越来越多的关注。AGI 与传统的 AI 有着显著
的区别，它被设计为具有高度自主性的系统，其目标是在大多数产

---

   * 朱廷劭，中国科学院心理研究所研究员、博导，中国科学院行为科学重点实验
室副主任。

生经济价值的工作领域中超越人类的能力。AGI 通常具有强大的理解、学习、适应和实施知识的能力，这使得它能够展现出与人类相似甚至在一定程度上超出人类的认知能力。AGI 的出现为人类的生产和精神活动带来了前所未有的可能性，同时也带来了一系列的挑战。这些挑战不仅涉及技术层面，更涉及伦理、法律等多个领域。因此，深入探究 AGI，理解其在心理学领域中的潜在应用，以及伴随其发展而来的道德和法律风险，就显得至关重要。这不仅需要我们从技术角度出发，更需要我们从心理学、伦理学、法学等多个角度进行深入研究和探讨。

AGI 概述及其法规要求

艾伦·图灵（Alan Turing）曾猜想，如果一台机器能够模拟出人类的认知，那么我们就可以称之为拥有智能。AGI 的出现正是在追求这样一种智能，即一种具有人类级别智能的、能够理解和执行任何认知任务的系统，而不仅仅局限于特定的、有限的任务。AGI 的这一特性与大多数现有的人工智能系统形成鲜明对比，后者通常被设计和训练来执行特定的任务，如图像识别或自然语言处理。具体而言，通用人工智能的设计理念，就是为了克服传统 AI 在未经特定训练的新任务或环境中性能可能会大打折扣的问题，以实现在任何类型的任务中都能理解和学习。近年来，深度学习和图卷积神经网络等先进的技术在处理非欧几里得空间数据等复杂任务中显示出其潜力，这标志着 AGI 的发展已经取得了显著的进步。然而，AGI 仍面临许多挑战，如决策过程的透明性和可解释性，以及在无人监督的情况下保证其行为的道德性和合法性。这些问题都在提示我们，AGI 虽然是人工智能发展的一个重要方向，但其成为一种能够在任何智能任务中表现出人类级别的性能的系统，仍有着漫长的路要走。

在使用 AGI 或任何类型的 AI 的过程中，我们都需要严格遵循现有的伦理准则和法规要求，确保其在服务人类的同时，不会侵犯个人的隐私，保证数据安全，并维持公平性和透明性。例如，欧盟出台《通用数据保护条例》（*General Data Protection Regulation*，简称 GDPR）加强对个人数据的保护，包括数据收集、存储、使用和传输等方面的规定。中国则实施《中华人民共和国个人信息保护法》等法律法规，明确数据主体的权利和数据处理者的义务。除了法律要求，研究者同样需要遵循一系列的伦理准则，以确保 AGI 的使用不会对个人和社会产生不公平或不合理的影响。这些准则包括尊重个人的自主权、保护个人的隐私和数据安全，以及确保 AGI 的决策过程的公平性和透明性。在研究过程中，研究者需要确保研究对象的知情同意，同时在任何的研究报告或文献中，都不能泄露用户的个人隐私信息，以及有可能暴露个人身份的重要线索。

综上所述，无论在欧洲还是在中国，通用人工智能的使用都需要遵循一系列的伦理准则和法规要求。这些准则和要求旨在保护个人的隐私和数据安全，同时也确保人工智能的使用不会对个人和社会造成危害。这正是我们在推进人工智能技术发展的同时，必须遵循的道德和法律原则。

AGI 在心理学领域的潜在作用

通用人工智能在心理学的研究和实践中的潜能是深远且多元的。AGI 的核心目标在于模拟人类的智能和适应性，这使得 AGI 在理解和模拟人类心理过程方面具有无可比拟的优势。在心理学的研究领域，AGI 的应用可以深化我们对复杂人类认知过程的理解。例如，AGI 可以被用作一个强大的工具，模拟人类的决策过程，从而揭示人类是如何在面临不确定性的情况下作出决策的。这种模拟不仅可以帮助我们理解决策过程的机制，还可以揭示人类如何处理信息、评估风险，以及如何在多种可能的选择中作出最佳决策。此外，AGI 还可以模拟人类的学习过程，以研究人们是如何从经验中学习和适应新的环境的。这种模拟可以帮助我们理解学习的机制，包括记忆的形成、知识的获取、技能的发展等。

在心理学的实践领域，AGI 也有可能发挥重要作用。例如，AGI 可以用来开发更有效的心理治疗方法。通过模拟人类的心理过程，AGI 可以帮助心理治疗师更好地理解他们面对的患者，从而提供更个性化和有效的治疗。这种模拟可以帮助治疗师更好地理解患者的心理状态，包括他们的情绪、思想、行为模式等。此外，一些基于 AGI 的聊天机器人已经被应用于心理咨询，帮助人们处理焦虑和压力等问题。这些机器人可以提供及时的反馈，帮助人们更好地管理情绪和应对压力。

AGI 还可以用来开发新的心理评估工具。通过分析人们的面部表情、语音和文本等信息，AGI 可以识别出人们的情绪状态，这对于理解和模拟人类的心理过程具有重要作用。此外，利用 AGI 分析和解释复杂的行为数据，能够提供更准确和详细的心理评估。这种评估可以帮助我们更好地理解人类的行为模式，包括他们的情绪反应、社交行为、决策过程等。

总体来说，AGI 在心理学的潜在作用是广泛的，从基础研究到临床实践，都有可能受益于 AGI 的发展。但正如前述，尽管 AGI 的潜力巨大，但在实际应用中，我们还需要考虑到伦理和法律问题，如数据共享和隐私保护。这些问题需要我们在推动 AGI 应用的同时，保护个人的隐私和权益，确保 AGI 的发展在一个公平、公正和透明的环境中进行。

AGI 的法律限制和面临的挑战

尽管世界各国对于通用人工智能的法律限制和监管体系多种多样，但我们可以发现一种普遍趋势，即法律体系在不断强调个人隐私保护、数据安全，以及保障 AGI 使用的公平性和透明性这些核心原则。然而，由于 AGI 的内在复杂性，以及与其相关的不确定性，对 AGI 的法律界定和对其进行有效监管仍面临着挑战。

首先，对于如何明确界定 AGI 的责任承担，法律界尚未达成统一的共识。传统法律中的责任归属大多是基于个体行为，而 AGI 作为一个无法进行主观认知的机器实体，其行为如何纳入现有的责任框架，无疑是一大挑战。其次，如何确保 AGI 的决策过程具备透明性，也是一个有待解决的问题。由于 AGI 的决策常基于复杂的算法和海量数据，其过程往往难以解析和理解。因此，如何确保 AGI 决策的可审计性和可解释性，是法律面临的重要问题。最后，如何合法、安全地处理跨境数据传输是一个至关重要的问题。AGI 的运作有赖于全球范围内的数据输入，因此，对于跨境数据的传输、存储和使用等方面，都需要明确的法律指引。

就当前而言，诸如 GDPR 和《中华人民共和国个人信息保护法》等法律条例都对数据处理者设定严格的法律责任，要求他们必须确保个人数据的安全和私密性，并且只能在明确、合法的目的下进行数据的收集和使用。这种法规对 AGI 的运作和发展提出了重大的挑战，因为 AGI 的功能发挥基本上依赖于对大量数据的处理和学习，这意味着 AGI 必须在严格遵守数据保护法规的前提下，才能进行有效的数据处理。值得一提的是，这些法律限制不仅关乎数据的处理，也涉及 AGI 的具体应用，因此，需要法律和道德层面的进一步探讨。

AGI 应用于心理学领域的相关建议

通用人工智能在心理学领域的应用既充满机遇，也面临挑战。在推动技术进步的同时，我们要高度重视个人权益的保护以及公众福祉的维护。通过对通用人工智能技术在心理学领域应用的相关问题进行深入探讨，笔者提出以下建议。

建立和增强跨学科合作。随着通用人工智能技术的日益发展和深化，其应用领域不断扩展，心理学自然也囊括其中。但是，这种科技的前沿和复杂性使得单一学科难以全面深入地研究和应用 AGI。

例如，心理学家通常对 AGI 背后的计算机科学理念和技术不够熟悉，而计算机科学家则可能缺乏对人类心理过程和行为的深入理解。此外，AGI 的使用过程中可能涉及一系列法律问题，包括但不限于数据保护、隐私权以及责任归属等，需要法律专业人士的介入和指导。这一点在心理学领域的 AGI 应用中更为重要，由于涉及大量的敏感个人数据，如心理咨询记录、诊断信息、治疗方案等，因此，有必要建立一种跨学科的合作机制，鼓励和引导心理学家、计算机科学家和法律专业人士的全面参与。

建立和增强跨学科合作的预期目标是将各个领域的专业知识和技能有机结合，从而更好地研究和应用 AGI 在心理学领域的可能性。心理学家可以通过他们对人类心理过程和行为的深入理解来帮助计算机科学家构建更为符合实际的模型和算法。例如，心理学可以提供有关心理疾病的诊断和治疗方法，以及人类情绪、动机和行为等方面的研究成果，用以优化 AGI 的心理治疗程序。计算机科学家则可以利用这些理解来改善 AGI 的设计和运行，使其能够更有效地处理和利用心理学数据，从而提高其在心理治疗中的应用效果。与此同时，法律专业人士可以为这种合作提供法律建议，解释相关法规，预防法律风险，以及在出现法律问题时提供解决方案。这样的跨学科合作不仅能够推动 AGI 在心理学领域的研究和应用，也有助于预防和解决可能出现的法律问题，从而确保 AGI 在法律上的合规性和在实际应用中的有效性。

明确界定 AGI 责任归属。随着通用人工智能技术的快速发展和广泛应用，其在诸如心理咨询等领域引发的责任归属问题也越来越突出。具体来说，由于 AGI 系统具有自我学习和自我决策的能力，因此，在 AGI 的行为所导致的问题上，传统"责任归属于制造商或用户"的归责模式可能无法完全适用。例如，如果一个 AGI 系统在提供心理咨询建议的过程中犯了错误，是由制造商、程序员，还是用户承担责任？在一些复杂的情况下，比如，AGI 系统基于用户的输入和环境的反馈进行自我学习与调整，进而导致问题的发生，该如何确定责任？这些都是目前面临的挑战。因此，我们需要建立一个新的、明确的责任框架，来应对 AGI 在心理咨询等领域应用中可能出现的问题。

界定 AGI 开发和使用过程中的责任归属问题的预期目标，是确立一个尽可能明确的责任框架来帮助我们更好地理解和管理 AGI 的使用，特别是在诸如心理咨询等涉及个人隐私和安全的领域。首先，这个责任框架可以为 AGI 制造商、程序员和用户提供明确的指导，即在何种情况下需要承担责任，从而可以更好地遵守法规，并预防和管理风险。其次，明确的责任框架也有利于保护消费者和公众的权益。如果 AGI 的行为导致问题的发生，消费者和公众应该有权知道责任由谁承担，并获得相应的赔偿。再次，明确的责任框架也有助于推动 AGI 的健康发展，因为制造商和程序员会更加重视 AGI 的设计和测试，以避免可能的责任风险。最后，为了实现上述目标，我们可能需要对现有的法律框架进行调整，以适应 AGI 的特性和能力。可能的解决方案包括设立特殊的法律实体来管理 AGI 的责任问题，或者设定一种新的责任归属模式，如共享责任。这些方案都亟须联合立法机构及各界人士进行深入的讨论研究。

提高 AGI 透明度和可解释性。通用人工智能的决策过程通常基于复杂的深度学习模型，如神经网络等，并利用大规模数据进行训练。这些深度学习模型的一个显著特征是"黑箱"，即其决策过程往往难以理解和解释。比如，当 AGI 在提供心理咨询服务时，它可能根据患者的表述和历史信息作出诊断和治疗建议，但具体的决策过程（例如，AGI 如何理解和解释患者的表述、如何基于历史信息作出决策等），通常难以追踪和解释。这种不透明性和不可解释性不仅可能导致误解和疑虑，也会不可避免地带来法律和伦理问题。如果无法理解和解释 AGI 的决策过程，那么确定责任可能会非常困难。因此，提高 AGI 的透明度和可解释性是非常必要的。

提高 AGI 的透明度和可解释性的预期目的是更好地理解与管理其决策过程，从而增加人们对 AGI 的信任，并降低可能的法律风险。具体来说，如果我们能够理解 AGI 是如何作出决策的，那么当其决策出现问题时，我们就可以更容易地找出问题的原因。此外，透明和可解释的决策过程也能够增加人们对 AGI 的信任，人们可以更好地理解 AGI 是如何工作的，而不是简单地接受其决策结果。为了实现这一目标，未来应当致力于研发新的工具和技术，譬如，可解释的机器学习算法，或者对 AGI 决策过程的可视化工具。这些工具和技术可以帮助人们理解 AGI 是如何作出决策的，从而增加人们对 AGI 的信任，并降低由于不透明决策过程带来的法律风险。

完善数据处理和保护规定。通用人工智能的运作依赖于大量的数据输入，因此，需要制定严格的数据处理和保护规定。在数据收集、存储和使用的过程中，都必须尊重和保护个人隐私。此外，数据的使用必须在明确且合法的目的下进行，不能滥用个人数据。为了实现这一目标，一方面，需要借鉴和采纳现有的数据保护法规，例如，GDPR 和《中华人民共和国个人信息保护法》；另一方面，虽然 GDPR 和《中华人民共和国个人信息保护法》等法律条例为数据的保护和使用提供了基本的法律框架，但它们并未针对 AGI 的特殊性进行详细规定。AGI 的功能及其在心理学领域的应用，使其对数据的需求和处理方式产生了特异性，这种特异性在现有的法律法规中并未得到充分的反映。比如，AGI 在进行学习和优化过程中，可能需要处理大量的个人心理健康数据，这些数据往往具有极高的敏感性和隐私性。而现行的 GDPR 和《中华人民共和国个人信息保护法》均未详细规定如何处理此类高度敏感的信息，以及如何在保护隐私的同时，确保 AGI 的有效学习和优化。此外，AGI 的决策过程通常基于复杂的算法和模型，这意味着它的数据处理过程可能难以理解和解释，这在现有的法律框架下也存在明显的挑战。譬如，GDPR 中的"自动决策权"规定，个人有权不受完全基于自动化处理的决策的影响，然而，如何定义和执行这一规定在 AGI 的应用中，尤其是在心理学应用中，仍然存在很大的不确定性和困难。

鉴于此，世界各国需要研究和制定一套针对 AGI 的数据处理和保护规定。这既需要深入理解 AGI 的运作机制和数据需求，又需要充分考虑数据主体的权益和社会公众的利益。在该过程中，我们可以借鉴现行的数据保护法规，但也不得不考虑对这些法规进行扩展和调整，以适应 AGI 的特殊性。具体来说，我们可能需要对如何处理高度敏感的个人心理健康数据进行明确规定，以及对如何在复杂的 AGI 决策过程中确保透明度和可解释性进行详细的指导。这样的规定不仅可以帮助我们保护个人隐私，也可以为 AGI 在心理学领域的应用提供法律依据和指引。

提倡 AGI 在心理学实践中的伦理应用。随着人工智能技术的发展，AGI 将不可避免地应用到心理学实践环节中。例如，一些基于 AGI 的心理治疗系统可能在未来能够高效、自动地为个体提供心理咨询服务甚至是心理治疗方案。然而，AGI 系统的决策可能会受到训练数据的影响，如果训练数据存在偏见，那么 AGI 系统的决策也必然存在偏见。此外，由于 AGI 系统的决策过程是自动化的，因此，可能缺乏对患者自主性的尊重，以及对专业医疗和心理学标准的遵守。

提倡 AGI 伦理安全的预期目的是更好地保护患者的权益，预防伦理问题，以及提高 AGI 在心理学实践中的应用质量。具体来说，我们需要确保 AGI 系统的决策是在尊重患者自主性的基础上进行的。这意味着 AGI 系统在提供心理咨询和治疗等服务时应该充分理解和尊重患者的意愿，如果患者不希望接受某种治疗，那么 AGI 系统应该及时识别并终止该方案。此外，我们也需要确保 AGI 系统的决策是基于最新的科学证据，并且符合专业的医疗和心理学标准。这意味着 AGI 系统在提供心理咨询和治疗服务时，应该根据最新的研究成果和临床实践标准，而不是仅仅依赖于训练数据。为了达到这一预期，亟须建立一套具体的伦理准则和审查机制，以监督 AGI 在心理学实践中的应用。这套伦理准则和审查机制应该涵盖 AGI 系统的设计、开发和应用各个阶段，并且应该由专业人士进行监督和审查，以确保 AGI 系统的决策真正符合伦理准则和医疗标准。

■ 参考文献

A. Veronese, A. Silveira and A. N. L. Espiñeira Lemos, "Artificial Intelligence, Digital Single Market and the Proposal of a Right to Fair and Reasonable Inferences: A Legal Issue Between Ethics and Techniques", *UNIO – EU Law Journal*, 2019, 5 (2).

A. Gündoğar and S. Niauronis, "An Overview of Potential Risks of Artificial General Intelligence Robots", *Applied Scientific Research*, 2023, (2) 1.

N. Azam et al., "Data Privacy Threat Modelling for Autonomous Systems: A Survey From the GDPR's Perspective", *IEEE Transactions on Big Data*, 2023, 9 (2).

U. A. Bhatti et al., "Deep Learning with Graph Convolutional Networks: An Overview and Latest Applications in Computational Intelligence", *International Journal of Intelligent Systems*, 2023, 28 February.

G. Bryce, "Privacy Without Persons: A Buddhist Critique of Surveillance Capitalism", *AI and Ethics*, 2022, 15 August.

D. A. Dourado and F. M. A. Aith, "The Regulation of Artificial Intelligence for Health in Brazil Begins with the General Personal Data Protection Law", *Revista De Saúde Pública*, 2022, 56.

G. Ella, "Ethical Regulation of Artificial Intelligence as a Factor of Financial and Banking Sector Security: China's Experience", *Revista De Saúde Pública*, 2022, 2.

F. Caccavale et al., To Be fAIr: Ethical and Fair Application of Artificial Intelligence in Virtual Laboratories, SEFI 50th Annual Conference of The European Society for Engineering Education, "Towards a New Future in Engineering Education, New Scenarios that European Alliances of Tech Universities Open up", *Barcelona: Universitat Politècnica de Catalunya*, 2022.

I. Kim et al., "Application of Artificial Intelligence in Pathology: Trends and Challenges", *Diagnostics*, 2022, 12 (11).

J. G. Wolff, "The SP Theory of Intelligence, and Its Realisation in the SP

Computer Model, as a Foundation for the Development of Artificial General Intelligence", *Analytics*, 2023, 2 (1).

J. G. Mikkelsen et al., "Patient Perspectives on Data Sharing Regarding Implementing and Using Artificial Intelligence in General Practice – a Qualitative Study", *BMC Health Services Research*, 2023, 23 (1).

Dubiński, "Evidence from Artificial Intelligence in General Administrative Procedure", *Przegląd Prawniczy Uniwersytetuim. Adama Mickiewicza*, 2022, 14.

J. McCarthy, "What is AI? / Basic Questions", http://jmc.stanford.edu/artificial-intelligence/what-is-ai/index.html.

J. Meszaros et al., "The Future Regulation of Artificial Intelligence Systems in Healthcare Services and Medical Research in the European Union", *Frontiers in Genetics*, 2022, 13.

M. S. Abdüsselam, "Qualitative Data Analysis in the Age of Artificial General Intelligence", *Revista De Saúde Pública*, 2023, 7 (4).

N. K. Sørensen and U. Steen, "The Fundraiser's Transfer of Personal Data from the European Union to the United States in Context of Crowdfunding Activities", *Nordic Journal of Commercial Law*, 2022, 2.

P. A. Utami, Z. Zulfan and B. Bahreisy, "Enforcement of Restrictions on Community Activities (PPKM) for the Emergency Period of Covid-19 (Certificate of Vaccination Identification with Artificial Intelligence) in Terms of Indonesia's Criminal Justice System", *Proceedings of Malikussaleh International Conference on Law, Legal Studies and Social Science (MICoLLS)*, 2022, 2.

S. Irshad, S. Azmi and N. Begum, "Uses of Artificial Intelligence in Psychology", *Journal of Health and Medical Sciences*, 2022, 5 (4).

A. M. Turing, "Computing Machinery and Intelligence", In R. Epstein, G. Roberts and G. Beber, (eds.), *Parsing the Turing Test: Philosophical and Methodological Issues in the Quest for the Thinking Computer*, Springer Netherlands, 2009.

T. Voloshanivska, L. Yankova and O. Tarasenko, "About Data Protection Standards and Intellectual Property Regulation in the Digital Economy: Key Issues for Ukraine", *Baltic Journal of Economic Studies*, 2022, 8 (4).

T. Zhang and C. Fu，"Application of Improved VMD-LSTM Model in Sports Artificial Intelligence"，*Computational Intelligence and Neuroscience*，14 July; R. Woroniecki and M. L. Moritz，2023a，"A Critical Reflection on Analytics and Artificial Intelligence Based Analytics in Hospitality and Tourism Management Research"，*International Journal of Contemporary Hospitality Management*，2022，(35) 8.

R. Woroniecki and M. L. Moritz，"Investigating the Human Spirit and Spirituality in Pediatric Patients with Kidney Disease"，*Front Pediatr*，2023，11.

J. Zhao et al.，"Cognitive Psychology-based Artificial Intelligence Review"，*Front Neurosci*，2022，16.

全球未来产业变革趋势及政策跃迁

陈　志*

人工智能是引领这一轮科技革命和产业变革的战略性技术，具有溢出带动性很强的"头雁"效应。在移动互联网、大数据、超级计算、传感网、脑科学等新理论新技术的驱动下，人工智能加速发展，呈现出深度学习、跨界融合、人机协同、群智开放、自主操控等新特征，正在对经济发展、社会进步、国际政治经济格局等方面产生重大而深远的影响。加快发展新一代人工智能是我们赢得全球科技竞争主动权的重要战略抓手，是推动我国科技跨越发展、产业优化升级、生产力整体跃升的重要战略资源。

——2018 年 10 月 31 日，习近平在中共中央政治局第九次集体学习时强调

在科技革命和产业变革加快演进的背景下，全球主要国家纷纷在

---

*　陈志，中国科学技术发展战略研究院研究员。

人工智能、量子科技、生命健康等领域加强布局。虽然战略背后的驱动因素、着力方式存在差别，但未来产业可能会引发技术经济范式的转变，带来生产生活方式和社会形态的巨大变迁，各国决策者实际上都将这些政策议题纳入视野，科技与产业政策等都面临重大转型的现实需求。

未来产业：从概念到实践

未来产业与战略性新兴产业、基础研究一样，都是政策性概念，所以各国、各界都没有形成统一的概念。关于未来产业，学界讨论得比较早，亚历克·罗斯 2016 年出版的《未来产业》一书把"未来产业"概念推广到全球。我国学者也进行了很多研究，例如余东华（2020）认为，未来产业是"重大科技创新产业化后形成的、代表未来科技和产业发展的新方向、对经济社会具有支撑带动和引领作用的前瞻性新兴产业"。李晓华等（2021）提出，未来产业是"由处于探索期的前沿技术所推动、以满足经济社会不断升级的需求为目标、代表科技和产业长期发展方向，会在未来发展成熟和实现产业转化并形成对国民经济具有重要支撑和巨大带动，但当前尚处于孕育孵化阶段的新兴产业"。

虽然各种理解和定义存在一定差异，但是学界关于未来产业的主要特征已有基本共识：一是未来产业是由科技创新驱动的。科技属性是未来产业区别于传统产业的主要特征，核心资源是知识要素、智力要素、数据要素等新要素，动力来自科学发现，也来自新兴技术、前沿技术甚至颠覆性技术的涌现。二是未来产业处于产业生命周期的早期，主要在萌芽期。很多学者认为它是新兴产业的一种早期形态。这样，未来产业与主导产业、支柱产业、战略性新兴产业建立了依次递进的联系。随着技术的成熟、扩散进入高速增长期，未来产业在未来的某个时期（有学者认为可能为 15—30 年）会成为对经济具有较强带动作用的主导产业；如果其产业规模能够进一步扩大，就会成为支柱产业。三是具有较强的不确定性与外部性。未来产业往往还未形成确定的技术路线，发展进程与偶然性的技术突破密切相关，应用场景和市场前景也不确定，需要高额研发投入，并面临高昂的试错成本。四是对经济体系与社会变迁有关键性、支撑性和引领性作用。未来产业的发展与壮大，会引发产业体系的变革，进而对生产生活方式产生重大影响。当然，这种影响是复杂的，有两种基本路径：一种是"产业的未来"，已有技术群的演进、迭代、融合会改变产业的面貌，例如集成电路产业发展基本遵循了"摩尔定律"；另一种是"未来的产业"，这指的是技术轨道的变化，甚至是"技术制度"（technological regime）的变化，这就意味着随着技术革命的发生，科学知识、工程技术、制造技术和流程、人力资本、管理和治理、基础设施等复杂的综合系统要发生重大变化。

当然，未来产业更多来自世界各国和地方政府的产业发展实践。2017 年美国科技政策办公室提出未来产业包括人工智能、量子信息科学、先进通信 /5G、先进制造和生物技术等前沿技术和新兴领域，强调这类技术和产业将给通信、教育、医疗等带来革命性变化，并为解决科技、经济、社会难题提供新技术新工具。日本在 2016 年《科学技术基本计划》中提出了"社会 5.0"的概念,并在此愿景下,对未来产业的前沿技术持续进行部署。日本 2020 年制定的《科学技术创新综合战略 2020》,则明确提出了面向未来产业及挑战社会变革的人工智能、超算、大数据、卫星、清洁能源、生物技术等领域。虽然具体内容各有不同,但发达国家政府部门和智库机构所关注的未来产业主要集中在信息、生物、能源、新材料等领域,具体包括人工智能、物联网、VR(虚拟现实)和 AR(增强现实)、纳米材料及新型材料、精准医疗、基因工程、新能源和节能技术、太空科技、自动驾驶汽车、人体增强等。

我国"十四五"规划指出,在类脑智能、量子信息、基因技术、未来网络、深海空天开发、氢能与储能等前沿科技和产业变革领域,组织实施未来产业孵化与加速计划,谋划布局一批未来产业。各地方政府也积极谋划未来产业并出台了众多专项政策,多个省市明确了未来产业的发展方向。例如,安徽省提出发展量子科技、生物制造、先进核能、分布式能源、类脑科学、质子医疗装备等未来产业;北京市提出重点发展量子信息、新材料、人工智能、卫星互联网、机器人等未来产业;广东省提出重点布局区块链、量子通信、人工智能、信息光子、太赫兹、新材料、生命健康等未来产业。2022 年发布的《深圳市培育发展未来产业行动计划(2022—2025 年)》将未来产业划分为两类:一类是 5 至 10 年内有望成长为战略性新兴产业,如合成生物、区块链、细胞与基因、空天技术等四个未来产业;另一类是 10 至 15 年内有望成长为战略性新兴产业,包括脑科学与类脑智能、深地深海、可见光通信与光计算、量子信息等四个未来产业。

未来产业发展焦点与趋势：从技术革命到产业变革

　　未来产业最直接的影响是对原有产业体系的冲击与改变，这需要从更宏大的技术经济周期视角来把握发展大势。从实践看，各国政府都希望在新的科技革命和产业变革中找到"根技术"，控制"根产业"，这就要求在探寻执未来产业之"牛耳"者的过程中，牢牢把握技术革命与产业革命的潜在方向。

　　产业的本质是通过利用能量，实现对物质形态的改变，满足人类的发展需求。如果这个过程的三大要素——主导技术、物质及能源利用、生产方式都发生了根本变化，产业革命就会发生。工业革命以来，每次产业革命约百年，包括两次技术革命。从长波周期规律看，我们仍然处于第五次技术革命，也就是信息技术革命的深度扩散融合时期。但是21世纪人类面临的资源环境约束更为严峻，人类追求健康生活的诉求更为迫切。新一轮长波周期的核心驱动力极有可能超越以往周期相对单一的主导技术牵引，转而表现为智能、健康、绿色三大主导技术群融合突破与协同支撑。一是信息技术对经济体系深入扩散与覆盖，人工智能向通用人工智能发展将更多替代人类劳动力，扩充人类能力的边界。二是延长生命是推动人类进步进化的重要动力，生物技术群在不断突破的基础上，与信息技术、脑科学、新材料等领域大融合，有望延长人类寿命，塑造生物经济这一新经济形态。三是能源革命是技术革命与产业革命的基础与先导，新能源、信息技术等的融合，不仅仅是替代以化石能源为基础的工业经济范式的基础底座，同时还将实现能源供需双方的动态高效匹配。总体看，全球未来产业发展正紧密围绕这三大主导技术群，争夺空天海洋等战略空间，不断推动产业变革，拓展网络空间、生命空间与生存空间。

新一代信息技术产业。以人工智能、量子信息、未来网络与通信、物联网、区块链为代表的新一代信息技术加速突破应用，成为全球未来产业最火热的赛道。在人工智能领域，专用智能走向通用智能，场景创新成为驱动人工智能创新的重要方式。超大规模预训练模型竞赛持续进行，生成式人工智能爆发性增长，人工智能加速向生产工具迈进。2022 年 11 月，OpenAI 推出的 ChatGPT 席卷了整个行业。2023 年 1 月，全球每天约有 1300 万独立访问者使用 ChatGPT。美国、英国、日本、韩国、法国等主要国家都加快了人工智能产业的顶层设计与部署，例如 2018 年欧盟发布《人工智能协调计划》，提出了 7 项具体行动，2021 年 4 月，则进一步提出《人工智能法案》条例草案。我国近年人工智能产业已取得长足进展。根据中国信息通信研究院测算，截至 2022 年底，我国人工智能企业已达 4227 家。2022 年，我国人工智能核心产业规模达 5080 亿元，同比增长 18%。在量子信息领域，量子计算机多种技术路线并行发展，量子密钥分发领域科研活跃。美国、英国、日本等均颁布了量子国家战略和系列举措，国际商业机器公司、谷歌、英特尔和微软等科技巨头持续布局，量子信息领域的投融资呈现爆发式增长。根据麦肯锡公司数据，2020 年和 2021 年投资金额分别为 7 亿美元和 14 亿美元。波士顿咨询（BCG）预测，到 2030 年，在制药行业，量子计算市场规模将达 200 亿美元，化学、材料科学等规模将达 70 亿美元。在未来网络与通信领域，人网物深度融合、架构开放化演变、连接巨量泛在化、空天地海立体化仍在延续，人类行为逐渐向网络空间迁移，万物互联成为新的发展趋势。2020 年 2 月，国际电信联盟（ITU）正式启动面向 2030 及 6G 的研究工作，美国、欧盟、日本、韩国等均建设了国家级的网络创新试验环境，并制定了大量战略和计划布局未来网络产业，美国电话电报公司、谷歌、微软、亚马逊、思科等运营商、互联网公司、设备厂商均已在此方向加强布局。我国运营商、设备商依托各自技术优势开展 6G 技术、标准预研。2021 年 4 月，中国国家知识产权局公布的《6G 通信技术专利发展状况报告》显示，在全球申请专利的约 3.8 万项 6G 技术中，中国以 35% 的占有率居首位。

生物技术产业。以基因编辑、脑科学、合成生物学、再生医学等为代表的生命科学领域孕育新的变革，生物技术与信息深度融合已成必然，精准医疗、智慧医疗等成为发展热点。在基因技术领域，第三代和第四代基因测序技术占据产业制高点，基因编辑技术催生了基因治疗方法和相关药物。以细胞系改造、遗传工程、诊断和治疗应用等为重点的基因编辑产业链逐步成形，主要企业总部均在美国。中国相关企业有几十家，多处于产业链的中游，以试剂盒开发和技术支持为主。但我国在基因检测服务方面快速发展，已经形成一定的国际竞争力。在类脑智能领域，神经网络模型正催生神经计算、类脑芯片、类脑智能机器人等技术和产品，神经科学利用认知计算等修复或增强大脑功能，加速脑机接口技术的发展。脑科学已成为美国、欧盟、日本等国家和地区的未来战略重点，这些发达经济体都推出了类似的"脑计划"。类脑智能目前整体处于实验室阶段，脑机接口技术是类脑领域目前唯一产业化的领域，产品主要用于恢复或替代肌萎缩侧索硬化症、中风、脑瘫或脊髓损伤等疾病患者的功能。据 Strategic Market Research 估计，2030 年全球脑机接口（包括侵入式和非侵入式脑机接口）市场规模将达到 53 亿美元。我国产业界逐步推出产品，如科斗脑机、海天智能等公司研发生产出植入式脑微电极、脑控智能康复机器人等产品。

绿色低碳产业。作为全球未来能源的重要支撑，氢能、储能、太阳能、核能和其他低碳能源的开发利用，结合智能电网技术等，正在改变能源结构。氢能，主要在氢制备与储运、分布式加氢站网络建设、氢能安全性技术等方面进行突破。围绕氢能的全球竞争已然开始，美国制定了三步走的战略，规划到 2035 年氢能进入平价无补贴发展阶段。欧盟氢能战略的目标是到 2050 年在可再生氢能方面累计投资 2000 亿美元至 5000 亿美元。国际氢能委员会预计，到 2030 年全球燃料电池乘用车将达到 1000 万辆至 1500 万辆。丰田、本田的燃料电池汽车已经实现了商业化量产。我国已是世界上最大的制氢国，氢气年产量约 3300 万吨。"十四五"期间，各地规划氢燃料电池电堆的总产能已高达 3000 兆瓦，规划的燃料电池汽车总产能超过 10 万辆。先进储能方面，近年来电化学储能技术发展十分迅猛，主要集中在中长时间尺度储能技术、短时高频储能技术、超长时间储能技术等方向。根据中关村储能产业技术联盟数据，截至 2021 年底，全球已投运储能项目累计装机规模达到 209.4 吉瓦，同比增长 9.6%。随着固态电池和液流电池等关键技术实现商业化，储能行业的规模将大幅增加。国家发展改革委、国家能源局于 2022 年 3 月 21 日印发了《"十四五"新型储能发展实施方案》，明确提出，到 2025 年新型储能由商业化初期步入规模化发展阶段，具备大规模商业化应用条件；到2030年新型储能全面市场化发展。

战略空间产业。当代科技的重要方向就是朝深空、深海、深地进军，这些战略空间科技与产业发展逐步走向"整体统一"的地球系统时代。在空天领域，"太空＋互联网"跨界融合，新兴航天企业蓬勃发展，私有资本纷纷涌入，全球进入以全面商业化、军民融合为特征的新太空时代。各国纷纷布局卫星互联网产业，特别是利用低轨通信卫星星座为全球提供互联网接入服务，其中以SpaceX公司推出的"星链"计划进展最快。截至2023年5月，"星链"计划已有4000颗卫星在轨运行，该系统已向北美、欧洲、拉丁美洲等地区提供服务，正式进入商用阶段。在海洋领域，海洋资源能源开发利用、海洋工程装备制造、海洋生物医药是产业发展的重点。在海洋油气资源方面，美欧科技强国投入巨大，掌握全球最先进勘探开发技术和装备，油气开发井最大水深已超过3400米，钻进深度超过9000米，形成巨大产能。美国是全世界唯一拥有体系化深海采矿（约6000米水深）技术、装备和经验的国家。我国海洋技术创新和产业综合水平快速提升，已具备浅海区常规油气开发能力，但深水深层油气勘探开发刚刚起步，仍处在第二梯队。

变革的影响：从政策适应到政策跃迁

未来产业始于基础科学的突破，完成于经济学意义上的"创新"。在发展道路上，三种类别的创新——渐进型创新、破坏型创新和激进型创新相互交织、相互强化，激进型创新是技术制度的整体变化，意味着新的技术革命。因此，未来产业对全球经济社会发展的影响是复杂的、综合的，甚至会带来技术—经济—社会的整体性、系统性转变。

对知识与技术体系产生颠覆性影响。量子计算机能够更快地解决硬优化问题，甚至能够解决当今完全无法解决的问题，强大的量子计算机还会破坏现有的依赖大数分解的加密协议。以人工智能为代表的新一代信息技术正改变科学实践，大数据和智能化成为科研新范式，"基于人工智能的科学"（AI for science）正推动科学发现全面加快。

对产业的结构、生产与组织方式产生重大影响。万物互联和智能化推动产业结构形态从线性产业链向智能生态群演进。数据成为重要生产资料，在人工智能的推动下，智能设备、人和数据连接起来，并以智能方式利用数据。具体来讲，ChatGPT在技术上激发人工智能体的主动化和主体化，各类产业和职业形态有望朝着软件和硬件深度融合的方向发展。微软正将旗下所有产品与ChatGPT全面整合，人工智能技术与生产力产品的结合有望进一步深入，进一步提升生产效率。工业互联网的发展必然导致制造业出现平台化趋势，催生分布式制造，规模经济和范围经济都将达到一个全新的高度。

物质基础设施会迎来规模巨大的更新。氢能、核聚变等未来产业将把整个能源循环阶段的环境负担减到最小，也将对能源生产、储存、分配、使用进行整体改变，这需要进行数量难以预测的巨大投资。分布式的可再生能源采集系统、存储系统与智能电网的融合将构成绿色的能源体系，能源需求方也成为能源采集载体。

社会结构与伦理问题冲突加剧。新技术新产业肯定会造成失业失能等社会摩擦。元宇宙实现虚拟空间与实际空间的融合，产生所谓的"超关联社会"。ChatGPT 的兴起则使得未来超级 AI 对人类的威胁相关议题突然变得紧迫起来。生物技术发展触及人类伦理极限，未来不断扩展人类寿命、健康、认知和能力的界限，伦理道德问题变得至关重要。人类需要从个体与集体的不同角度来思考怎样应对寿命延长、记忆提取等诸多问题。

为应对以上多重影响，特别是智能、健康、绿色三大技术群的融合会产生激进型创新，带来技术制度的整体变化，被动适应性的政策调整将不能满足需要，未来产业的公共政策需跃升到更高层面进行体系化变革，政府需要统筹科技、教育、产业、金融、能源、社会等各领域改革与政策举措，激发企业、高校、科研机构等各主体的创新潜力与积极性。

加强对基础研究和关键共性技术的预见、聚焦与持续支持。培育和壮大未来产业必须将基础研究提高到更加重要的地位，坚持自由探索和应用牵引"两条腿"走路，稳步提高基础研究经费投入，建立长周期资助与评价机制，开辟引领性方向，弄通未来产业关键技术背后的基础理论和技术原理。加强技术预见，研判未来产业重点领域与发展方向，重点聚焦信息、生物、能源三大主导技术群，加强基础研究、应用研究、技术创新的一体化布局。加强相关国家科技重大专项接续，围绕未来产业组织实施面向 2035 年新的重大科技项目。

加强未来产业创新体系建设。未来产业需要长期高风险的创新投资，有多种研发路径，需要充分发挥企业的科技创新主体作用，政府重点解决创新体系中的主体缺位、协调不畅等问题。不断完善企业创新政策体系，强化对企业的激励，支持企业前瞻布局基础与前沿研究。在未来产业领域布局或支持一批产业技术研究机构，作为全产业链创新平台，开展前沿技术、交叉融合技术和共性技术研发，实施产业跨界融合示范工程，为开辟新赛道、创造新产业提供支撑。

培育完善未来产业发展生态。由于未来产业存在高度的不确定性，需要强化人才、风险投资、数据与算力等创新要素向企业的汇集与开放，特别是向创新型中小企业集聚，培育形成初创企业、"小巨人"企业、领军企业梯次接续的企业群体。要充分发挥科技领军企业规模大、科技创新资源丰富等优势，为中小微企业提供资金、科研基础条件等，加强大中小企业融通创新，支持大企业内部创业。加强基础设施、配套技术、技术标准建设，发挥政府采购、消费者补贴等需求面政策对创新产品的拉动作用，组织实施未来产业应用场景工程，为前沿技术的集成、迭代、转化与市场实现提供条件。

加强新技术经济范式的敏捷治理体系建设。针对未来产业发展，政府需改变治理思路，采用敏捷治理方式，在生物安全、科技伦理等方面完善法律法规，推动基础性体制机制改革，强化国家、企业、科研机构等各主体在未来产业治理上的定位与功能发挥。改进新技术新产品新商业模式的准入机制和管理方式，破除不合理准入障碍，建立激励创新、审慎包容的市场监管体系。加快建立和完善针对平台型企业的新型治理与监管模式。积极参与全球规则与标准制定，构建与国际通行规则相衔接的政策体系和监管模式。

■ 参考文献

余东华：《"十四五"期间我国未来产业的培育与发展研究》，《天津社会科学》2020 年第 3 期。

李晓华、王怡帆：《未来产业的演化机制与产业政策选择》，《改革》2021 年第 2 期。

陈志：《应对气候变化的技术创新及政策研究》，《气候变化研究进展》2010 年第 2 期。

[英] 克里斯·弗里曼、[葡] 弗朗西斯科·卢桑：《光阴似箭：从工业革命到信息革命》，沈宏亮译，中国人民大学出版社 2007 年版。

杨丹辉：《未来产业发展与政策体系构建》，《经济纵横》2022 年第 11 期。

中国科学院科技战略咨询研究院：《构建现代产业体系：从战略性新兴产业到未来产业》，机械工业出版社 2023 年版。

人工智能发展及治理：
进一步探讨

人工智能是新一轮科技革命和产业变革的重要驱动力量，加快发展新一代人工智能是事关我国能否抓住新一轮科技革命和产业变革机遇的战略问题。要深刻认识加快发展新一代人工智能的重大意义，加强领导，做好规划，明确任务，夯实基础，促进其同经济社会发展深度融合，推动我国新一代人工智能健康发展。

　　——2018 年 10 月 31 日，习近平在中共中央政治局第九次集体学习时强调

人机融合智能的若干问题探讨

刘　伟[*]

引　言

"非存在的有"是一种哲学概念，通常被用于对应"存在"的概念。它指的是那些不存在于我们所熟知的现实中，但却具有某些潜在的存在性的事物或概念。这些"非存在的有"可能是抽象的、理论的、想象的、虚构的等。例如，数学中的虚数是一种"非存在的有"，因为它们不存在于实际的物质世界中，但在数学上却是有用的，可以用来解决某些问题。同样地，幻想中的形象，如孙悟空、圣诞老人、独角兽、龙等，也是"非存在的有"，它们并不存在于我们的现实世界中，但却在文学、艺术和文化中有一定的存在。简而言之，"非存在的有"不存在于我们所知道的现实中，但是可能存在于其他维度，例如，我

---

* 刘伟，北京邮电大学人机交互与认知工程实验室主任、博导，媒体融合生产技术与系统国家重点实验室特聘研究员。

们的想象之中。

智能是指一种能力或者能够表现出某种智能的实体或系统。"非存在的有"和智能之间没有直接的关系，然而智能可以被用来探索"非存在的有"。人类的智能可以用来推理、创造、想象和研究一些不存在于我们现实世界中，但却具有潜在存在性的事物或概念。例如，科学家们利用智能推理和创造力来研究黑洞、暗物质、多元宇宙等一些"非存在的有"。

人工智能也可以被用来研究"非存在的有"。例如，通过虚拟现实技术，人工智能可以创造出一些虚拟的世界和生命形式，来探索和研究那些不存在于我们现实世界中，但却具有潜在存在性的事物或概念。

人机功能分配是指将任务和功能分配给人类与机器人的过程。"非存在的有"和人机功能分配之间没有直接的关系，然而人机功能分配可能会受到"非存在的有"的影响。例如，在某些任务中，机器人可能需要具备一些超出我们现实世界已经存在的能力，这些能力属于"非存在的有"。在这种情况下，我们需要通过创新和发展来扩展机器人的能力，从而使其能够适应更加复杂的任务和环境。

情感与人机

情感的本质是人类感知和体验世界的一种基本方式，是一种主观、内在的体验和反应。情感涉及人类的情感体验、情绪反应、情感表达和情感调节等方面。情感的本质是由生理机制、个体生命经历、文化和社会背景等多种因素决定的。情感可以是积极的，如喜悦、兴奋、爱、幸福等，也可以是消极的，如愤怒、恐惧、忧虑、悲伤等。情感可以对人的行为产生影响，影响人的选择、决策等。情感也是人类交往和社会关系的重要因素，情感的表达和理解是人类沟通和交流的基础。总的来说，情感是人类生命和文化的重要组成部分，对人类的生存和发展具有重要意义，对人机功能有效分配也具有不可忽视的作用。

情感与人机功能分配关系紧密。情感是人类与环境交互的重要组成部分，包括情绪、态度、信念等方面。在人机交互中，情感的存在对于用户体验和使用效果有着重要影响。因此，人机功能分配需要考虑情感因素，以便更好地满足用户需求和期望。例如，情感识别和情感生成技术可以帮助计算机更好地理解和回应人类的情感需求，从而提高用户体验。同时，在人机交互中，人类和计算机的功能分配也需要考虑情感因素，以便更好地满足人类的情感需求。因此，情感与人机功能分配是相互影响、相互促进的。

情感可以影响人类理性的判断和决策，主要表现在以下几个方面：其一，信息选择偏差。情感会使人们更倾向于选择与自己情感偏好相符的信息，而忽略其他信息。例如，一个人对某个品牌有好感，就容易忽略该品牌的缺点，且对同类竞品的优势视而不见。其二，认知偏见。情感会影响人们对信息的认知和理解，使其产生认知偏见。例如，一个人对某个人有情感偏见，就容易将该人的行为解释为支持自己观点的证据，而忽略其他解释。其三，决策偏差。情感会影响人们的决策偏好和风险承受能力。例如，一个人对某项投资有情感偏好，就容易将该投资看作低风险、高回报的选择，忽略其潜在的风险和不确定性。其四，行为反应。情感会影响人们的行为反应，使其作出不合理的行为。例如，一个人因情感上瘾，就可能不顾后果地追求某种行为或物质，而忽略自己的健康和生活质量。因此，情感与人类理性之间的关系需要相互协调和平衡，才能使人作出更明智的判断和决策，从而使情感对人机功能分配起正向调节作用。

道德物化与人机

道德物化的本质是将道德概念或价值视为实体化、有形化的实际物体或物品，为其赋予实物的属性和价值。这种物化过程可能导致人们将道德价值看作是一种可以交易、买卖、占有或控制的商品或资源，从而削弱或扭曲了道德本身的意义和价值。道德物化可能会使人们在道德决策和行为中更多地考虑利益和权力的因素，而忽视道德的本质和目的，从而导致不良后果。道德物化的本质是一种对道德概念和价值的误解和扭曲，需要通过教育和宣传等途径加以纠正和避免。

若将人道德物化，看作物品或工具，则忽视了人作为个体的尊严和价值。人机功能分配是将人和机器分别赋予不同的任务和功能，以实现更高效的生产和服务。道德物化与人机功能分配的关系在于，当人机功能分配不当或不合理时，就可能导致道德物化的问题。例如，将人仅仅看作机器的一部分来完成某项任务，忽视了其作为有感情、有思维、有尊严的人的本质。因此，正确的人机功能分配应该考虑人的尊严和价值，避免道德物化的问题。

人机的主客观混合输入过程

实现客观事实与主观价值的混合输入，需要采用一些特定的技术和方法。其一，自然语言处理技术。自然语言处理技术可以帮助机器理解人类语言的含义和语境，识别其中的实体、情感和观点等，并将其转换成结构化的数据形式。其二，机器学习和深度学习技术。机器学习和深度学习技术可以通过训练模型来识别和理解人类语言中的含义和情感。其三，人机交互界面设计。在人机交互界面设计中，可以采用一些交互式的方式，如问答、评分、评论等，让用户输入他们的主观评价和观点。其四，数据可视化技术。通过数据可视化技术，可以将客观事实和主观价值以可视化的方式呈现出来，让用户更容易理解和分析数据。例如，使用图表、热力图等方式来展示数据等。

客观事实与主观价值的混合输入，需要结合自然语言处理技术、机器学习和深度学习技术、人机交互界面设计和数据可视化技术等多种技术和方法。在人机功能分配过程中若处理不好主客观混合输入，则极易产生数据来源不可靠、数据处理不当、数据缺乏背景信息、数据过于庞大或数据分析不到位等现象，进而可能造成"数据丰富，信息贫乏"的不足与缺陷。

人机的主客观混合处理过程

实现基于公理的处理与基于非公理的处理融合，同样需要采用一些特定的技术和方法。其一，逻辑推理技术。逻辑推理技术可以用于实现基于公理的处理，通过推理得到新的结论，并在此基础上进行决策。逻辑推理技术可以利用公理化语言描述问题，并通过逻辑规则进行推理，从而实现基于公理的处理。其二，机器学习和深度学习技术。机器学习和深度学习技术可以用于实现基于非公理的处理，通过学习数据和模式识别来进行决策。机器学习和深度学习技术可以利用数据驱动的方式进行推理，从而实现基于非公理的处理。其三，规则库管理。规则库管理可以用于管理基于公理的处理的规则库。规则库包含一组规则，用于对问题进行描述和解决。规则库管理可以对规则库进行维护、更新和扩展，以适应不同的问题和应用场景。其四，集成算法。集成算法可以将基于公理的处理和基于非公理的处理融合起来，利用不同的算法进行集成，从而得到更准确的结果。集成算法可以利用不同的处理方法来解决问题，从而提高处理的准确性和效率。

恰如其分地实现基于公理与基于非公理的处理融合，需要结合非逻辑/逻辑推理技术、机器学习和深度学习技术、规则库管理、集成算法、人类有效的"算计"（谋算）等多种技术和方法。这样可以充分利用不同的处理方法来解决问题，从而得到更准确的结果。

人机的主客观混合输出过程

实现人机融合的输出，需要考虑人类与机器之间的交互和决策融合。基于逻辑的决策通常是基于规则的，例如，机器学习模型的预测结果。相对应，基于直觉的决策则更多是基于个人经验和感觉的，例如，医生根据病人的症状和体征作出的诊断。针对这两种不同的决策方式，可以采用以下方法实现人机融合的输出。

其一，将逻辑决策和直觉决策进行分离，分别由机器和人类进行处理和决策，然后将结果进行融合。这种方法需要一个可靠的决策融合算法，以确保最终的输出结果是准确和可信的。其二，将逻辑决策和直觉决策进行融合，让人类和机器一起进行决策。这种方法需要一个可以协同工作的系统，以便人类和机器可以共同分析和决策。例如，可以使用机器学习算法来分析数据，然后将结果呈现给人类，让后者作出最终的决策。其三，将逻辑决策和直觉决策进行交替使用，让人类和机器轮流进行决策。这种方法可以提高决策的多样性和灵活性，以适应不同的情况和环境。例如，可以让机器先进行分析和决策，然后将结果呈现给人类，让后者进行进一步的分析和决策。

总的来说，基于逻辑的决策和基于直觉的决策都有优点，也存在局限性。将它们融合起来，可以充分利用人类和机器的优势，提高决策的准确性和效率。

人机的主客观混合反思 / 反馈过程

在人机混合智能中，人和机器的反思与反馈可以通过多种方式融合，从而实现更加智能化和高效化的决策与行为。人的反思和机器的反馈可以通过以下方式融合。

数据分析。机器可以通过分析大量数据，提供反馈和建议；人可以通过分析这些反馈和建议来反思自己的决策与行为，从而不断优化自己的决策和行为。

交互式学习。人和机器可以通过交互式学习来相互补充和提高，机器可以通过学习人的反思和决策，提供更准确和有效的反馈与建议，人可以通过学习机器的反馈和建议，不断提升自己的决策和行为能力。

反馈循环。人和机器可以建立反馈循环，通过不断的反馈和调整，实现最优化的决策和行为。人可以通过反思机器的反馈和建议，作出相应的调整和改进；机器也可以通过分析人的反馈和行为，提供更加精准和有效的反馈与建议。

人机与深度态势感知

人类的态势感知能力是通过大脑感知、处理和解释来自外界的各种信息形成的。这些信息包括视觉、听觉、触觉、嗅觉、味觉等感官信息以及周围环境的温度、湿度、气压等物理信息。大脑的神经元通过对这些信息的处理与组合，形成了对周围环境和自身状态的认知与理解，从而使人类具备了对不同情境的适应能力和决策能力。这种能力与人类的生存和社会交往密切相关，因此在人类的进化过程中逐渐发展和完善。

机器的态势感知能力是通过传感器、计算机视觉、语音识别、自然语言处理等技术来实现的。传感器可以收集外部环境的物理量，如温度、湿度、气压、光线等，同时也可以收集机器自身状态的信息，如速度、位置、姿态等。计算机视觉可以通过图像处理技术对图像和视频进行分析，从而识别物体、人物、场景等信息。语音识别和自然语言处理可以将语音与文本转化为可处理的数据，从而实现对语音和文本的理解和分析。通过这些技术的组合，机器可以对周围环境和自身状态进行感知、判断和分析，从而实现对各种情境的适应。这种能力在自动驾驶、智能家居、智慧城市等领域中有广泛的应用。

人机融合中的态、势、感、知四个过程是相互关联的，它们之间是不断转换的。其转换过程如下。

态 → 势：态是指人的状态、状况，势是指实现这个态的动作趋势或操作取向。在人机交互中，用户的态被转换成了对软件或设备的操作势，比如，用户想要打开一个应用程序，这个态就被转换成了对鼠标或键盘的操作势。

势 → 感：势可以产生反馈，这个反馈就是感。用户的操作势会产生与之对应的感，比如，在点击鼠标时，会感觉到鼠标下面的按钮被按下了。

感 → 知：感是指感觉和感知，知是指理解和认知。用户的感觉和感知会被转换成对软件或设备的理解与认知，比如，用户通过触摸屏幕感知到了应用程序的界面，然后对这个界面进行理解和认知。

知 → 态：知是指对事物的认知和理解，态是指人的意图或目的。用户对软件或设备的认知和理解会影响他们的意图和目的，从而形成新的态。比如，用户在对应用程序进行认知和理解后，可能形成了新的意图和目的，在应用程序中添加一些新的功能。

概而言之，人机融合中的态、势、感、知四个过程是相互关联的，通过不断的转换和交互，用户可以与软件或设备进行有效的交互和沟通。

综上所述，"非存在的有"指的是想象中的不存在于物理世界的事物。对于人机融合智能来说，这个概念的出现和想象可能会促进人类对科技和自身的思考与探究；可能会激发人类对机器智能和人类智能的探讨和对比，从而促进科技创新和发展。此外，人们对于人机融合智能的想象也可能会影响人们对于未来的展望和期待，进而可能会产生各种不同的社会和文化影响。虽然"非存在的有"本身并没有直接的影响，但是它可能会激发人们的想象和创造力，推动科技的发展和人类的进步。

人机与伦理困境

人机混合智能中，AI 的潜在危害包括以下方面：首先，由于 AI 系统的复杂性，一旦出现故障或错误，可能导致系统失控，甚至产生灾难性后果；其次，AI 技术的发展可能导致许多工作被机器人或软件程序替代，从而导致失业率上升和社会不稳定因素；再次，AI 技术可能会收集和分析大量个人数据，存在侵犯个人隐私的风险，并可能导致数据泄露和网络攻击；又次，人工智能武器可能会导致无法预测的后果，从而对人类和环境造成损害和破坏；最后，AI 系统可能会受到人为因素的影响，例如，偏见和歧视，从而导致不公平和不平等。具体到当前以 ChatGPT 为代表的人机混合智能，有三个方面的伦理问题需要特别予以关注。

一是人工智能可从大量数据中学到意想不到的行为。这主要是通过机器学习算法来实现的。机器学习算法可以从大量数据中提取出规律和模式，然后根据这些规律和模式来预测、分类、聚类等。在这个过程中，如果数据集足够大并且具有代表性，那么 AI 就可以从中学习到新的、以前没有预料到的行为或模式。这种能力被称为"数据驱动的创新"，可以让 AI 在处理数据时自主发现新的知识和洞见，并且可以将其应用到更广泛的领域中。

二是人工智能生成技术的不断突破，可能导致普通人难以辨别信息真伪。人工智能生成技术可能使得虚假的照片、视频和文字充斥世界，从而带来严重的后果和影响，如虚假信息会让人们对社会和政府的信任降低，从而导致社会信任危机；虚假信息可能会被用来操纵选民的思想和行为，从而影响政治选举的结果；虚假信息可能会让消费者作出错误的决策，从而影响企业和市场的运作；虚假信息可能会被用来实施诈骗，从而导致个人隐私泄露和财产损失。因此，我们需要采取措施来防止虚假信息的传播，比如，开发更加高效的辨别虚假信息的技术，建立更加严格的信息监管机制，等等。

三是许多技术大厂将因为竞争被迫加入一场无法停止的技术争斗。技术竞争既有积极的推动作用，也可能产生一些负面的影响，可能会导致以下局面：其一，不断扩大投资。为了保持竞争优势，技术公司需要持续地投资于研发和创新，不断推出新产品和服务。这将导致公司不断增加投资，财务风险亦随之增加。其二，技术附庸风雅。某些技术公司可能会过度关注竞争对手的动向，而忽视了自身的技术优势和发展方向。其三，技术标准化。竞争激烈的技术市场可能会导致技术标准的分裂，从而引发产品之间的兼容性问题。其四，用户体验下降。某些技术公司为了赢得竞争，不断推出不成熟的产品和服务，从而导致用户体验下降。

ChatGPT：一个人机智能的初级产品

从人机环境系统智能的角度看，ChatGPT 就是一个还没有开始"上道"的系统。"一阴一阳之谓道。"ChatGPT 的"阴"（默会隐性的部分）尚无体现，而"阳"（显性描述的部分）也还停留在人类与大数据交互的浅层部分。简而言之，ChatGPT 基本无"道"可言。暗知识、类比、隐喻等这些看似不严谨、无逻辑的东西绝非仅凭理性思维推理就可以得到，而这些非逻辑、超逻辑（至少当前逻辑很难定义）的东西恰恰是构成人类智能的重要组成部分。或许，这也不仅仅是 ChatGPT 的缺点，整个人工智能领域又何尝不是如此呢？

粗略地说，人工智能技术就是人类使用数学计算模拟自身及其他智能的技术，最初是使用基于符号规则的数学模型建立起的机器智能（如专家系统），其后是借助基于统计概率的数据连接处理实现机器学习及分类，下一步则是试图借助有/无监督学习、样本预训练、微调对齐、人机校准等迁移方法实现上下文感知行为智能系统。这三类人工智能技术的发展趋势延续了从人到机再到人机、人机环境系统的研究路径（符号—联结—行为融合主义路径），其中最困难的部分（也是 ChatGPT 的瓶颈）是智能最底层的一个"神秘之物"——指称的破解问题，这不仅是自然语言与数学语言的问题，更是涉及思维（如直觉、认知）与群体等"语言"之外的问题。

　　智能领域研究中最困难的不是如山一般堆积的各种数学公式，而是最基础最原始的概念剖析和理解，这与黎曼、戴德金、高斯强调"以思想代替计算"的数学原则，即数学理论不应该以公式和计算为基础，而应该总是以表述清楚的一般概念为基础，并把解析表达式和计算的工具推给理论的进一步发展，有着异曲同工之妙。鉴于此，分析 ChatGPT 也不例外，下面将从数据、推理（算法）、指称的交互等方面分别阐述。

　　从数据的角度看，ChatGPT 不具备智能的本质特征。小样本小数据解决大问题，才是智能的本质。在许多场景中，交互双方的意图往往是在具有不确定性的非完备的动态小数据中以小概率出现并逐步演化而成的，充分利用这些小数据，从不同维度、不同角度和不同颗粒度猜测对手的意图，从而实现"知己（看到兆头苗头）、趣时（抓住时机）、变通（随机应变）"的真实智能，这完全不同于机器智能所擅长的对于大数据可重复、可验证规律的提取。人类智能还擅长使用统计概率之外的奇异性数据，并能够从有价值的小数据中全面提取可能的需要意向，尤其是能够打破常规、实现跨域联结的事实或反事实、价值或反价值的猜测。ChatGPT 中的 GPT 代表生成式（G）—预训练（P）—变换模型（T），就是一种大数据＋机器学习＋微调变换＋人机对齐的程序模式，该智能体行为的依据是数据的事实性泛化，但其实完全忽视了泛化形成的行动价值，而这种泛化形成的行为结果常常是错误的乃至危险的，例如，在对话中出现各种无厘头"胡说"现象，而想要准确翻译相声、莎士比亚的笑话，甚至指桑骂槐、意在言外就更不可能做到了。

从推理（算法）逻辑的角度看，ChatGPT 不具备智能的本质特征。把智能看成计算，把智能看成逻辑，这两个错误是制约智能发展的瓶颈和误区。事实上，真实的智能不但包括理性逻辑部分，也包括非 / 超逻辑的感性部分，而构成人工智能基础的数学工具只是基于公理的逻辑体系部分。ChatGPT 的核心就是计算智能、数据智能，其所谓的感知、认知"能力"（准确地说应该是"功能"）是预训练文本（以后或许还有音频、视频、图像等形式）的按需匹配组合，既不涉及知识来源的产权，也不需要考虑结果的风险责任，虽然 ChatGPT 算法中被设置了伦理道德的门槛约束，但其可能带来的专业误导危害依然不容小觑，尤其是在对未知知识的多源因果解释、非因果相关性说明方面。

ChatGPT 系统的"自主"与人类的"自主"不同。一般而言，ChatGPT 的自主智能是在文本符号时空里进行大数据或规则或统计推理过程，这种推理是基于数学计算算法"我"（个体性）的顺序过程；而人类的自主智能则是在物理 / 认知 / 信息（符号）/ 社会混合时空里基于小数据或无数据进行因果互激荡推导或推论过程，这种因果互激荡是基于"我们"（群体性）的过程。西方的还原思想基础是因果关系，东方的整体思想基础是共在关系（共时空、共情）。进一步而言，ChatGPT 的计算是因果还原论，其知识是等同的显性事实知识；算计是共在系统论，其知识是等价的隐性价值知识。这里的推导 / 推论包含推理，等价包含等同，价值包含事实但大于事实。

智能的关键不在于计算能力，而在于带有反思的算计能力。算计比计算强大，在于其反事实、反价值能力，如人类自主中常常就包含有反思（事实反馈＋价值反馈）能力。事实性的计算仅仅是使用时空（逻辑），而价值性的算计是产生（新的）时空（逻辑）；计算是用符号域、物理域时空中的名和道实施精准过程，而算计则是用认知域、信息域、物理域、社会域等混合时空中的非常名与非常道进行定向。

从指称的角度看，ChatGPT 不具备智能的本质特征。ChatGPT 这类生成式 AI 不同于以往大多数的人工智能，此前大多数 AI 只能分析现有数据，但是生成式 AI 可以创作出全新的内容，例如，文本、图片，甚至是视频或者音乐。但与人类相比，ChatGPT 的局限性包括：有限的常识和因果推理（偏向知识而非智力）、有限的自然语言和逻辑推理、缺乏在现实世界中的基础（没有视觉输入或物理交互）、性能不可靠且无法预测等，其中最主要的一个缺点就是不能实现人类的"指称"。

维特根斯坦在其第一部著作《逻辑哲学论》中对世界和语言进行了分层描述和映射，即世界的结构是对象—事态—事实—世界，而人类语言的结构是名称—基本命题—命题—语言，其中对象与名称、事态与基本命题、事实与命题、世界与语言是相互对应的。比如，一个茶杯，在世界中是一个对象，在语言中就是一个名称；"一个茶杯放在桌子上"，在世界中是一个事态，反映茶杯与桌子两个对象的关系，在语言中就是一个基本命题，该基本命题是现实茶杯与桌子的图像；"一个茶杯放在桌子上，桌子在房间里面"，在世界中是一个事实，反映茶杯与桌子、桌子与房间两组对象的关系，在语言中就是一个命题，该命题是现实茶杯与桌子、桌子与房间的图像。世界就是由众多的事实构成的，语言是由命题构成的，这样世界的结构就与语言的结构完美地对应起来了。但是后来，维特根斯坦发现这个思想有问题，即仅仅有世界与语言的对应结构是很难反映出真实性的。于是在他去世后发表的另一本著作《哲学研究》中又提出了三个概念，即语言游戏、生活现象、非家族相似性，这三个概念提出了在逻辑之外的"指称"问题，也就是他所谓的"不可言说的""应保持沉默"之物。实际上，他发现了人类思维中存在着"世界""语言"之外物：言外之意、弦外之音。这与爱因斯坦描述逻辑与想象差异的名言——"Logic will get you from A to B. Imagination will take you everywhere"（逻辑会把你从 A 带到 B。想象力会把你带到任何地方）一语极其相似。同时，从人机环境系统的角度来看，这也印证了极具东方智慧的一句名言——"人算不如天算"，也即，人只有智能的一部分，而不是全部。

对于人类智能的不足，维特根斯坦虽然意识到了，但没有提出恰当的解决办法——他的学生和朋友图灵却想到了一个办法，若把人类的理性逻辑与感性指称进行剥离，那么就可以通过数学的形式化系统对人类的智能进行模拟。当然这种模拟会丢失很多东西，比如，感性、直觉等，但为了实现初步的人工智能体系，也只好忍痛割爱了。这样一来，在有规则、复合逻辑的领域（如围棋对弈、文本浅层处理等），人工智能与机器就可以代替人类。

从意识的角度看，ChatGPT 不具备智能的本质特征。ChatGPT 在词语的打标基础上实现了篇章上下文的打标、不少逻辑的打标、人机共同的打标，其核心在于依赖自注意力机制来计算其输入和输出的表示的 Transformer 转换模型，实现了更快、更强的计算，但它依然没有触及人类大脑最深奥的问题：如何产生意识？或许，某种意义上说，意识就是"交互"，无论内在的交互，还是外在的交互，都是人机环境系统的态势感知事实与价值的算计，而不仅仅是简单的事实打标计算。事实常常是一阶的，而价值往往是二阶或高阶的；一阶对的，在二阶或高阶里面却不一定对，比如，"地震了就跑"这个事实是对的，但如果具体到老师，那么"地震了要先组织学生跑"才是正确的，只顾自己跑就是不对的。世界上所有的知识都是有范围和背景的，离开这些范围和背景，知识的内涵外延会发生很大的变化，甚至可以相反。我们不但需要在已知中发现未知，有时候还需要在未知中发现已知，在这些方面 ChatGPT 基本上还无能为力，更进一步讲，数字人（如电影《流浪地球 2》中的 Moss）能够通过摄像头对客观事实环境进行感知、识别、反应是可能的，但能否产生主观价值是以目前科技和数学工具水平还远远解决不了的难题。能否实现以有限反映无限、以应然反映必然、以客观反映主观应是检验一个系统智能高低的标志之一，ChatGPT 也不例外。

智能中的"意识"不是一个物理概念，不是一个数理概念，也不是一个单纯社会学概念，而是一个依靠客观事实与主观价值共同建构起来的思想层面的文化交互概念产物。我们在物理意义上生活在同一个空间里，在社会学意义上生活在相互交往的网络中，但并不意味着我们生活在同一个文化意义体系中。从西方二元对立的形而上学哲学转向二元互动的形而中学思想，从而将世界真理的基点从绝对上帝或存在（being，客观的"是"）转向生成变化、生生不息的道体（should，主观的"义"），这无疑将成为中国学术界为"地球村"探索智能基础的新开端。总之，智能不是人工智能，也不仅仅是西方科技计算能够实现的，需要加入东方智慧中的算计，才能形成具有深度态势感知的人机环境系统智能体系——属于人类的文明财富。

只有把情感注入某个事情中，才能看到灵魂，对于人如此，对于智能体而言，也很类似。毕竟文明不但需要科学技术的进步，还需要人文艺术的滋养。目前来看，ChatGPT 中显露出的情感成分还仅是与之交互者在特定对话环境下自发内生出来的情感因素。

再识人机智能，倡导"智能向善"

2023 年以来，ChatGPT 再次掀起了人工智能的研究热潮。但在现有数学体系和软硬件的设计模式基础之上，人工智能在智能水平和能力范围上与人类智能相比仍存在极大差距。究其原因，人类智能和机器智能之间还存在无法跨越的界限：人工智能是逻辑的，人类智能却未必是逻辑的。依赖于"符号指向对象"的机器只能在封闭环境进行形式化计算，人类却可以实现开放环境中的意向性算计。在这种背景下，实现人机优势互补、倡导"智能向善"显得尤为重要。

哲学家休谟认为："一切科学都与人性有关，对人性的研究应是一切科学的基础。"任何科学都或多或少与人性有些关系，无论学科看似与人性相隔多远，它们最终都会以某种途径再次回归到人性中。从这个角度来看，人工智能"合乎伦理的设计"很可能是黄粱一梦。伦理对人而言都还是一个很难遵守的复杂体系，对机器而言就更加难以理解。在人工智能领域，"合乎伦理的设计"或许是科幻成分多于科学成分、想象成分多于真实成分。

当前的人工智能及未来的智能科学研究存在两个致命的缺点，即把"数学等同于逻辑"和"把符号与对象混淆"。人机混合的难点和瓶颈也因此在于（符号）表征的非符号性（可变性）、（逻辑）推理的非逻辑性（非真实性）和（客观）决策的非客观性（主观性）。

智能领域真正的瓶颈和难点之一是人机环境系统失调问题，具体体现在跨域协同中的"跨"与"协"如何有效实现的问题，这不仅关系到解决各种辅助决策系统中"有态无势"（甚至是"无态无势"）的不足，还涉及许多辅助决策体系"低效失能"的溯源。也许需要尝试把认知域、物理域、信息域构成的基础理论域与陆海空天电网构成的技术域有机地结合起来，才能为真实有效地实现跨域协同打下基础。

智能不是人脑（或类脑）的产物，也不是人自身的产物，而是人、物、环境系统相互作用的产物。正如马克思所言："人的本质不是单个人所固有的抽象物，在其现实性上，它是一切社会关系的总和。"事实上，真实的智能同样也包含着人、物、环境这三种成分，而随着科技的快速发展，其中的"物"逐渐被人造物——"机"所取代，简称为人机环境系统。平心而论，人工智能要超越人类智能，在现有数学体系和软硬件的设计模式基础之上，基本上不太可能，但在人机一体化或人机环境系统中却是有可能的。人工智能是逻辑的，智能则不一定是逻辑的。智能是一个非常辽阔的空间，可以随时打开异质的集合，把客观的逻辑与主观的超逻辑结合起来。

未来数字世界中，人与机器如何分工？人与机器的边界又将如何划分呢？实际上，当前人机关系主要是功能分配，人把握主要方向，机处理精细过程，而未来的人机关系可能是某种能力的分工，机也可以把握某些不关键的方向，人也可以处理某些缜密的过程。

人机混合智能是人工智能发展的必经之路，其中既需要新的理论方法，也需要对人、机、环境之间的关系进行新的探索。随着人工智能的热度不断加大，越来越多的产品走进人们的生活之中，但是，强人工智能依然没有实现。如何将人的算计智能迁移到机器中去，这是一个必然要解决的问题。我们已经从认知角度构建认知模型或者从意识的角度构建计算—算计模型，这都是对人的认知思维的尝试性理解和模拟，期望实现人的算计能力。计算—算计模型的研究不仅需要考虑机器技术的飞速发展，还要考虑交互主体即人的思维和认知方式，让机器与人各司其职、混合促进，这才是人机混合智能的前景和趋势。

科技向善对西方而言是个有问题的提法，科技是物质世界的客观存在，向善则是伦理道德的必然要求，从客观存在能否推出必然要求，这是西方目前仍在争议的话题。

科技本身没有对错善恶之分，能利人利己，也能害人害己；而设计、开发、使用、管理、维护、运行的人会有对错善恶之分。科技向善本质是指"人"的向善。故在监管上需要坚持伦理先行的理念，建立并完善人工智能伦理问责机制，明确人工智能主体的责任和权利边界；在研发上需要确保先进科技手段始终处于负责可靠的人类控制之下，预防数据算法偏见产生，使研发流程可控、可监督、可信赖；在使用上需要确保个人隐私和数据安全，预先设立应急机制和兜底措施，对使用人员进行必要的培训；等等。

党的二十大报告指出，中国积极参与全球治理体系改革和建设，践行共商共建共享的全球治理观，坚持真正的多边主义，推进国际关系民主化，推动全球治理朝着更加公正合理的方向发展。作为人工智能领域的先驱者之一，中国正在用实际行动为人工智能全球治理体系注入东方智慧，展现了大国形象和担当。2021年9月，中国国家新一代人工智能治理专业委员会发布了《新一代人工智能伦理规范》，强调应将伦理融入人工智能全生命周期，并针对人工智能管理、研发、供应、使用等活动提出了六项基本伦理要求和四方面特定伦理规范。2022年3月，中共中央办公厅、国务院办公厅印发《关于加强科技伦理治理的意见》，提出应加快完善科技伦理体系，提升科技伦理治理能力，有效防控科技伦理风险，不断推动科技向善、造福人类，实现高水平科技自立自强。2022年11月，中国裁军大使李松向联合国提交《中国关于加强人工智能伦理治理的立场文件》，从构建人类命运共同体的高度，系统梳理了近年来中国在人工智能伦理治理方面的政策实践，积极倡导以人为本、智能向善理念，为各国破解人工智能发展难题提供了具体解决思路，值得国际社会高度重视与深入研究。

■ 参考文献

金观涛：《系统的哲学》，鹭江出版社2019年版。

刘伟：《ChatGPT：一个人机环境系统交互的初级产品》，《中国社会科学报》2023年3月7日。

刘伟：《人机融合——超越人工智能》，清华大学出版社2021年版。

刘伟：《追问人工智能：从剑桥到北京》，科学出版社2019年版。

B. Manuel，B. Lenore，"A Theoretical Computer Science Perspective on Consciousness"，*Journal of Artificial Intelligence and Consciousness*，2020，18.

D. Lee，*Birth of Intelligence: From RNA to Artificial Intelligence*，UK: Oxford University Press，2020.

L. Segal，*The Dream of Reality: Heinz VonFoerster's Constructivism*，Berlin: Springer Science & Business Media，2001.

M. A. Boden，*AI: Its Nature and Future*，UK: Oxford University Press，2016.

R. Collobert，J. Weston，L. Bottou，M. Karlen，K. Kavukcuoglu，P. Kuksa，"Natural Language Processing（almost）from Scratch"，*Journal of Machine Learning Research*，2011，12.

S. Wintermute，*Abstraction*，*Imagery*，*and Control in Cognitive Architecture*，Michigan: University of Michigan，2010.

通用人工智能：是"赋能"还是"危险"

吴冠军[*]

人工智能比人类更懂策略、更有知识、更会创作

2022 年 11 月，前身为"脸书"的"元"（Meta）在《科学》杂志上发表了一篇题为《在〈外交〉游戏中将诸种语言模型同策略性推理结合的人类水准游戏》的论文。《外交》是由美国玩具公司孩之宝（Hasbro）于 20 世纪 50 年代开发的一款七人制经典策略游戏。通过对 20 世纪初欧洲七大国的"扮演"，玩家需要与其他选手建立信任、谈判和合作，并尽可能多地占领领土。这要求玩家制订复杂的计划并及时调整，理解他人的观点乃至看破其背后的动机，然后应用语言与他人达成合作，最后说服他们建立伙伴关系和联盟等。在游戏时玩家可以遵守或违反对其他参与者的承诺，亦可以私下交流、讨论潜在的

* 吴冠军，华东师范大学二级教授、政治与国际关系学院院长，教育部长江学者特聘教授。

协调行动。

"元"的研究人员开发了名为"西塞罗"（Cicero）的人工智能算法模型，并于 2022 年 8 月至 10 月匿名参加了 webDiplomacy.net 组织的 40 场线上《外交》比赛。"西塞罗"的成绩在所有参赛者中高居前 10%，它的平均得分为 25.8%，是其 82 名对手平均得分（12.4%）的两倍还多。要知道，《外交》这款游戏完全不同于围棋、国际象棋等游戏，后者的游戏只需要遵照规则进行，而前者则需要在规则之上同其他玩家进行大量沟通，建立信任（抑或背后捅刀）。玩家不仅要懂策略，还需要擅长谈判、说服、结盟、威胁乃至欺骗。人工智能要玩好《外交》，不仅要有强大的策略推理能力，而且要有一流的交流沟通能力。

"西塞罗"算法模型主要由两部分组成，分别是"策略推理"和"自然语言处理"。两项技术的整合使"西塞罗"能够针对其他玩家的动机进行推理并制定策略，然后使用自然语言进行交流，达成一致以实现共同目标，形成联盟并协调计划。"西塞罗"会与另一位玩家协商战术计划，向盟友保证其意图，讨论游戏中更广泛的战略动态，甚至只是进行随意的闲聊——包括几乎任何人类玩家可能会讨论的内容。在实际的比赛过程中，"西塞罗"的对手们几乎都未能将它与其他人类玩家区分开来（只有一位玩家有所怀疑）。

"西塞罗"使用了此前 webDiplomacy.net 上 4 万多场《外交》游戏的数据集进行了预训练，这些数据中还包含玩家之间交流时产生的超过 1290 万条消息。在达成合作、谈判和协调上，"西塞罗"已经超过绝大多数人类玩家。这意味着人工智能在自然语言处理领域取得了里程碑式的成就，甚至意味着向通用人工智能（Artificial General Intelligence，AGI）的一大迈进。"西塞罗"的成绩标识出，人工智能已经能参与并且比绝大多数人类更好地完成以前被视作"政治"的事务。

同样在 2022 年 11 月，人工智能研究公司 OpenAI 推出了一个叫作"ChatGPT"的人工智能聊天机器人程序，该程序使用基于"GPT-3.5"架构的大型语言模型，并同时通过"监督学习"（supervised learning）与"增强学习"（reinforcement learning）进行训练。ChatGPT 具有极其强大的自然语言能力：它不但可以同人进行谈话般的交互，并能够记住同该用户之前的互动，甚至会在连续性的对话中承认自己此前回答中的错误，以及指出人类提问时的不正确前提，并拒绝回答不适当的问题。在对话中很多用户发现，它还会编程写代码、写学术论文、给企业管理开药方……有不少人工智能专家认为，ChatGPT 已到了突破"图灵测试"的边界。2022 年 2 月成为美国国家工程院院士并坐上世界首富宝座的埃隆·马斯克在推特上写道："ChatGPT 好到吓人（scary good），我们离危险的强人工智能不远了。"

GPT 将 AIGC（AI Generated Content，人工智能所生成内容）热潮推上新的顶点。当下，人工智能撰写出来的论文、剧本、诗词、代码、新闻报道……以及绘画、平面设计、音乐创作、影像创作方面的作品，其质量已然不输于人类创作者——如果不是已经让后者中的绝大多数变成冗余的话。实际上，大量当代创作者明里暗里已经开启人工智能"代写"模式。最近在国内火爆出圈的科幻全域 IP《人类发明家：Ashes of Liberty》的创作者 Enki 曾说道："在 Runway 和 Stable Diffusion 的加持上，《人类发明家》完成了角色的表达、场景的表达、

电影海报的表达、logo 图标的表达、整个内容文本的相关绘制、NFT
的制作、游戏场景的绘制等。这些工作如果以传统的方式是很难一个
人完成的，但是由于 AI 的强大，作者仅仅使用业余的时间，从 8 月
份到 12 月份，短短 4 个月基本完成了所有的内容，这是在以前不敢
想象的。"

人类创作者，竟越来越深度地倚赖人工智能来进行"创作"（有
意思的是，他们自我冠名为"人类发明家"）。诚然，这在"以前"——
"人类主义"（humanism，汉语学界通常译为"人文主义"）时代——
是难以想象的。

并且，人工智能正在从文本、语音、视觉等单模态智能快速朝着
多模态融合的方向迈进；亦即，人工智能能够在文字、图像、音乐等
多种模态间进行"转换型 / 生成型"创作。人工智能生成的作品，越
来越好，"好到吓人"。人工智能的能力越来越强，强到令人"不敢想
象"。人工智能之"智"，正在使人（"智人"）变得冗余。

人类正在进入这样一个世界，在这个世界中，人工智能比人类更
懂策略，更有知识，并且更会创作。这个世界，诚然是一个"后人类"
的世界。

人类主义框架无所不在，我们还用这个框架来评价自身，人类被放置在宇宙的中心

人工智能，激进地击破近几百年根深蒂固的"人类例外主义"
（human exceptionalism）。人类在物种学上将自身称作"智人"（homo

sapiens），然而，这个自我界定（实则颇有点自我贴金的意味）在人工智能兴起的今天，恰恰遭遇了前所未有的挑战。

"人类例外主义"另一个更为人知的名字，就是"人类主义"——这是一个直接以"人类"为主义的思潮。"人类主义"（"人类例外主义"）尽管可以追溯到卡尔·雅斯贝尔斯笔下的"轴心时代"（即公元前 800 年至前 200 年），从古希腊的"人是万物的尺度"到中国的孟子"人之异于禽兽者几希"，都是人类例外主义者。

在人类主义框架下，人类被放置在宇宙的中心，当"仁"——亦即"人"——不让地占据着舞台的"C 位"。是故，人类主义亦可称作"人类中心主义"（Anthropocentrism，"C 位"即是"中心"之意）。近数百年来，人类主义是如此根深蒂固，乃至于当一个人被评论为"人类主义者"（汉语语境里的"人文主义者"）时，他／她会很清楚，这是对自己的极大褒扬。而一个人能犯下的最大的罪，恐怕就是"反人类罪"了——阿道夫·希特勒就是被视作犯下了"反人类罪"。

在人类主义框架下，"人"被设定可以同其他"对象"根本性地分割开来，并且因为这个可分割性，后者能够被对象化与效用化为"物"（things），亦即，根据其对于人的有用性确立其价值。人类主义用"人类学机器"（anthropological machine，吉奥乔·阿甘本的术语），确立起一个"人"高于其他"物"（动物—植物—无机物）的等级制。

近数百年来，人类主义框架已然无所不在，我们用它评判所有"非人类"（nonhumans）——说它们有用或者没用（譬如"益虫""害虫"），断定是不是"类人"。更进一步，我们还用这个框架来评价自身。当我们确定把理性的人（乃至西方还曾经把白人）定义为一种典范性的"人"时，那么其他所有不符合这个范式的人，就变成了"亚人"（sub-human）。犹太人、黄种人、印第安人、黑人、拉美人（如唐纳德·特朗普口中都是强奸犯的墨西哥人。在 2016 年总统竞选期间特朗普曾公开声称："墨西哥送来美国的人都不是好人，他们送来的都是问题人员，他们带来毒品，带来犯罪，他们是强奸犯"，"应该全面禁止穆斯林入境美国"……这些言论非但没有影响特朗普当年一路过关斩将突进到共和党总统候选人位置上，并且在当时每次都使其支持率不降反升）、女人以及最近的 LGBTQ……针对他们的各种残忍的政治性操作（典型如纳粹的"最终方案"），就可以在所谓捍卫"人类"（"人性""人道"）的名义下展开。在人类主义的话语框架里面，这些"人"实际上处在"边缘"乃至"外部"的位置上——他们并非没有位置，而是结构性地处在以排斥的方式而被纳入的位置上（他们恰恰是以被排斥为"亚人"的方式而被归纳为"人"）。

人类主义框架正在遭遇以人工智能为代表的"技术对象"的严峻挑战，面对人类主义所铸造的这台动力强悍的"人类学机器"，存在着两种抗争方式

在人类社会中根深蒂固的人类主义框架，正在遭遇以人工智能为代表的"技术对象"（technic object）的严峻挑战。技术发展到 21 世纪，在以雷·库兹韦尔为代表的技术专家眼里，很快将把人类文明推到一个"技术奇点"（technological singularity）上，在抵达该点之后，一切人类主义叙事（价值、规则、律令……）都将失去描述性—解释

性—规范性效力。人工智能这个名称中被贴上"人类"标签的"技术对象"，却正在将其创造者推向奇点性的深渊。

在物理学上，奇点指一个体积无限小、密度无限大、引力无限大、时空曲率无限大的点，"在这个奇点上，诸种科学规则和我们预言未来的能力将全部崩溃（break down）"（史蒂芬·霍金语）。奇点，标识了物理学本身的溃败（尽管它涵盖在广义相对论的理论推论之中）。与之对应地，技术奇点，则标识了人类文明自身的溃败（尽管它涵盖在人类文明进程之中）。

在面向奇点的境况下，人类主义正在遭受前所未有的挑战。由HBO（美国鼎级剧场）推出的以人工智能为主题的科幻美剧《西部世界》（从 2016 年到 2022 年共播出四季），显然就不是一部人类主义作品。该剧中很多主角（人工智能机器人）似乎都明目张胆地犯下了"反人类罪"。该剧讲述了在遥远的未来，一座巨型高科技成人乐园建成，乐园中生活着各种各样的仿生人接待员，人类游客可以在乐园中为所欲为，杀害和虐待仿生人是该乐园的主要卖点，然而这座巨大机械乐园渐渐失去了对仿生人的控制，人类游客被仿生人杀死。可以说，该剧很不合时宜地展示了那些遵守伦理准则、通晓"科技以人为本"的人工智能的前景。

在以人工智能为代表的"技术对象"正在激进地刺破人类主义框架的今天，我们则有必要反思性地探讨"后人类境况"(the posthuman condition)。我们也要看到，在该境况下，人类主义亦正在全力开动"人类学机器"，包括给人工智能制定"伦理"准则（比如，不能伤害人类），让它懂得谁是"主人"，知晓"科技以人为本"的道理。

面对人类主义所铸造的这台动力强悍的"人类学机器",存在着两种抗争方式。第一种反抗的进路,我称之为"新启蒙主义"进路:要通过抗争去争取的,是让更多的人进入到人类主义范式上的"人"的范畴里面来。这个进路实际上的反抗方式,是反内容不反框架,其隐在态度便是:既然人类主义话语是个典范,在这个典范内有那么多的好处,那么我得挤进来成为其中一员。它反的是关于"人"的具体内容(如白人、男人等),而诉求是把各种被忽略、被排斥的"亚人"都拉进来——通过各种各样平权运动、女性运动、LGBT 运动、Queer 运动等,把这些"下等人""奇奇怪怪的人"都拉进来。

值得指出的是,这个进路确实具有一定的批判性强度,用纳入的方式来将更多被排斥在"典范"之外的"亚人"包容进来。这些斗争运动是有社会性与政治性价值的。但与此同时,这一进路恰恰亦是在确认人类主义框架本身,或者说它没有影响该框架,其努力不过是多拉一些人进入到这个框架中,把一些以前被嫌弃与抛弃的人也弄进来。所谓"包容"只是包容更多的"人",就像于尔根·哈贝马斯所说的"包容他者",这个"他者"必须是可以沟通与对话的、具备"沟通理性"(communicative rationality)的。

进而,"新启蒙主义"进路的根本性局限,恰恰就在于:总会有结构性的"余数"(remainder)。"我"进来了以后,总还会有其他的"他者"在外面,成为人类主义框架下的"余数生命"。这就是所谓"身份斗争"的尴尬。就算 LGBT 进来了,Q(Queer)也进来了,总还会有这个视域里没被看到或者看不到的在外面。而且形式上进来了后,是否真正被实质性接纳,也是一个根本性的社会政治问题。2020

年的"黑命亦命"（Black Lives Matters）抗争标识出：哪怕 20 世纪 60 年代黑人民权运动取得了巨大的社会性影响，直到 60 年后的今天，黑人也仍然没有真正摆脱"亚人"的地位。"黑命亦命"刺破了现代自由主义—多元主义社会的"所有命皆命"（All Lives Matters）的陈词滥调。

第二种反抗的进路，可以被称为"后人类主义"的进路。较之"新启蒙主义"进路，这条进路在批判的向度上要激进得多。那是因为，它针对的是框架而非内容——不是哪些人可以进入这个人类主义框架中，也不是要"包容"更多的人；而是去质疑，凭什么这个框架本身就一定是合理的。在人类主义者眼里，后人类主义者笔下各种彻底溢出人类主义框架的论述，总是极其怪异的，比方说他们会讨论动物、怪物、杂交物（半人半动物抑或半人半机器）。

唐娜·哈拉维在 1985 年就以宣言的方式，把"赛博格"（半人半机器）视作政治主体，当时震惊了很多学者，而现在则成为了后人类主义的经典文本之一。哈拉维本来是个女性主义理论家，但在她看来，"赛博格"这个概念恰恰具有着可以涵盖女性主义斗争但又进一步越出其视域的激进潜能——"赛博格"打破了"自然／文化""有机物／机器""人／动物"这些二元对立框架，"混淆"了现代性的诸种边界。这就冲破了女性主义框架，亦即，我们是女人，所以我们为女人被纳入而斗争。当哈拉维宣布"我们都是赛博格"时，人类主义框架本身受到了挑战。

这就是后人类主义在思想史上的关键价值之所在，尤其是在新启蒙主义进路构成了主流的社会—政治方案的当代，"后人类"（并不仅仅只是"赛博格")激进地刺出了人类主义框架。真正的批判，永远是对框架本身的挑战，而不是对内容的增减。"后人类主义"确立起一个新的开放式框架，在其中人类不再占据"C 位"。"后人类"指向一个开放性的范畴，换言之，并不存在定于一尊的"后人类"；它更像是一份邀请函，邀请各种在人类主义框架下没有位置的亚人、次人、非人（……）来加入到"后人类—主义"的聚合体（assemblage）中。

人工智能所带来的"全面赋能"，和 19 世纪的"机器入侵"全然不同，全方位地将人类"驱赶"出去

在我们的现实世界中，人工智能亦一次次地刷新人们对"智能"的认知，以至于马斯克于 2017 年就曾联合一百多位人工智能领域专家发出公开信，呼吁限制人工智能的开发。他曾在推特上声称：人类的第三次世界大战，将会由人工智能开启。马斯克甚至于 2019 年 2 月宣布退出了他与萨姆·奥尔特曼于 2015 年 12 月共同创立的 Ope-nAI，并高调宣称"我不同意 OpenAI 团队想做的一些事，综合各种因素我们最好还是好说好散"。马斯克转而投资脑机接口项目，旨在使人（至少是一部分人）能够在智能上驾驭住人工智能。现在，人们眼里不再只有人。人类主义框架，被尖锐地撕开了一道缺口。

让我们再次返回到近期人工智能这一轮新的爆发上。人工智能，正在激进地冲击着"智人"的自我界定。"西塞罗"算法模型与 Chat-GPT 大语言模型，已然使得通用人工智能不再遥不可及、不可想象。

"西塞罗"能够在高度复杂的主体间性（intersubjectivity）——可以是人际（interpersonal）或国际（international）——环境中达成合作、谈判和协调。而 ChatGPT 能编程、写学术综述、创作诗词、创作剧本、设计广告文案、进行多语种翻译，能做医疗诊断，能帮助企业进行战略分析与管理，能做数据分析与进行预测，能以某知名人物的口吻来表述观点或风格来进行创作……人工智能越来越成为没有能力短板的"全职高手"，它能做很多事，而且做得相当好，极其好，"好到吓人"。

对于正在从事相应工作的职场人士、专业人士而言，职场的大门还能打开多久？此前是 A 译者被能力更强的 B 译者所取代，C 设计师被更具创意的 D 设计师取代，现在是所有的人类从业者都将被"生成型预训练变形金刚"（孩之宝公司超级 IP"变形金刚"便是"Transformer"）取代——与后者相较，能力尽皆不足，并且管理成本高昂的前者将全面不被需要。

人工智能所带来的"全面赋能"，和 19 世纪的那次"机器入侵"全然不同——当时大量被称为"卢德分子"的纺织工人声称新技术将毁灭世界，并动手摧毁棉纺机器。人工智能的赋能，不只是针对人类的身体能力，并且针对其认知能力。那就意味着，人工智能绝对不只是用机器（智能机器）将工人从工厂车间中"驱赶"出去，绝对不只是针对所谓"低技能岗位""体力劳动"，而是全方位地将人类"驱赶"出去，包括医生、翻译家、教师、律师、平面设计师、广告文案、理财经理、企业管理顾问、战略分析师等这类主要建立在认知能力之上的"高层次人才"。那么，实际上陷入全面无事可做的数量庞大的人，将何去何从?

人类正在步入后人类境况中:人类文明将陷入技术奇点。代之以今天媒体专家们所热衷讨论的哪些领域和岗位会受人工智能影响,我们需要讨论人全面"不被需要"的问题:前者只是策略性的讨论(个体策略),而后者才能激活文明性的思考(文明转向)。

在最根本性的层面上,我们有必要追问:在后人类境况下,失去人类主义框架的人类,将何以自处?

凯瑟琳·马勒布的说法值得我们仔细品味。她说,面对人工智能的指数级发展,作为一个事实,人类已经在逐渐丧失原有的控制;而关键在于,"去智能地丧失对智能的控制"(to lose control of intelligence intelligently)。这也许就是后人类境况下人类的首要任务。

■ 参考文献

马春雷、路强:《走向后人类的哲学与哲学的自我超越——吴冠军教授访谈录》,《晋阳学刊》2020 年第 4 期。

吴冠军:《神圣人、机器人与"人类学机器"——二十世纪大屠杀与当代人工智能讨论的政治哲学反思》,《上海师范大学学报(哲学社会科学版)》2018 年第 6 期。

Stephen W. Hawking, *A Brief History of Time: From the Big Bang to Black Holes*, New York: Bantam, 2009.

吴冠军:《陷入奇点:人类世政治哲学研究》,商务印书馆 2021 年版。

Hannah Arendt, *The Human Condition*, *2nd edition*, Chicago: The University of Chicago Press, 1998.

[德] 尤尔根·哈贝马斯著:《包容他者》,曹卫东译,上海人民出版社

2002 年版。

吴冠军：《健康码、数字人与余数生命——技术政治学与生命政治学的反思》，《探索与争鸣》2020 年第 9 期。

吴冠军：《爱、谎言与大他者：人类世文明结构研究》，上海文艺出版社2023 年版。

Catherine Malabou, *Morphing Intelligence: From IQ Measurement to Artificial Brains*, trans. Carolyn Shread, New York: Columbia University Press, 2019.

从认知科学看人工智能的未来发展

蔡曙山 *

人工智能近年来的发展颇有些令人眼花缭乱，从 AlphaGo、通用人工智能和生命 3.0 到 ChatGPT 等等，发展热潮一浪高过一浪。在这个过程中，一些人似乎忘记了人工智能的本质和定义——人工智能是人类创造的机器智能，是机器模仿人类心智所产生的智能。据此定义，我们不能仅就人工智能来说人工智能，而应该从人类心智来认识人工智能，也就是从认知科学来认识人工智能。

起源于 20 世纪 50 年代的人工智能与乔姆斯基语言学革命、计算机和信息技术革命以及认知科学革命息息相关。乔姆斯基领导了语言学、心理学、计算机科学领域的三场革命，这些革命又相继引发哲学、人类学和神经科学领域的革命。在这些革命的影响下，1975 年前后，认知科学在美国建立，形成由语言学、心理学、哲学、人类学、计算机科学和神经科学六大学科构成的学科框架。2000 年，科

---

* 蔡曙山，清华大学社会科学学院心理学系教授、博导，清华大学心理学与认知科学研究中心主任。

学家们将另一个与心智密切相关的学科——教育学纳入认知科学之中，形成"6+1"的学科框架。这些学科在认知科学框架下与认知科学交叉形成新兴学科：认知语言学、认知心理学、心智哲学、认知人类学、人工智能、认知神经科学和心智教育学。由此可见，人工智能本是认知科学题中之义，是计算机科学与认知科学交叉的产物，是人类赋予机器（计算机）的智能。

人工智能诞生以后，其与认知科学剪不断、理还乱的关系，始终是理解人工智能的关键点。一是因为五个层级的人类心智是人工智能的来源和基础，人工智能如何学习和模仿人类心智和认知能力，是人工智能过去、现在和未来发展的根据。二是作为人类心智和认知基础的语言，人工智能的发展又具有特殊的意义。当前的人工智能新宠ChatGPT就是一款体现了人工智能与认知科学结合的语言认知软件。

让我们从乔姆斯基的生成转换语法（GT语法）开始说起。

乔姆斯基和GT语法

我们先来认识语言学革命的发起人、认知科学的第一代领袖乔姆斯基（N. Chomsky，1928—）的语言理论和语言认知方法。

什么是语言知识？什么是语言能力？人的语言能力是哪里来的，是先天遗传的还是后天习得的？人类如何加工语句，是经验主义的还是唯理主义的？自然语言和形式语言的联系和区别在哪里？形式语言和计算机语言的关系又是什么？人类如何通过自己的语言让计算机工作？什么是形式文法？乔姆斯基语言学革命的主要内容和理论贡献是什么？关于乔姆斯基和乔姆斯基的语言学革命，我们可以思考很多重要问题，这些问题至今仍有特别重要的意义。[①]

现在我们来看乔姆斯基的一个重要的语言学理论——生成转换语法（generative transformational grammar），简称 GT 语法。

乔姆斯基著述丰厚，其理论一直处在不断的变动之中。第一阶段从 20 世纪 50 年代中期开始到 70 年代中期，这个时期是生成转换语法的形成时期，这个时期的重要语言理论有 50 年代的句法结构理论（SS）、60 年代的标准理论（ST）、70 年代的扩展的标准理论（EST）和修正扩展的标准理论（REST）等等。第二阶段是 20 世纪 70 年代以后，这个时期的重要理论包括管辖和约束理论（GB）、最简方案（MP）等等。其中，GB 又包括短语结构的 X– 阶标理论（X–barT）、θ– 理论（θ–T）和功能范畴（FC）、移动和格理论（MCT）；MP 又包括原则和参数理论（P & P）等等。

第一阶段的代表作是 1957 年的《句法结构》（*Syntactic Structure*，SS），这是乔姆斯基以博士论文为基础撰写的划时代著作，本书建立的生成转换语法是乔姆斯基语言学革命的标志，它由以下三个部分构成。

（1）短语结构规则（phrase structure rules）。短语结构规则也叫重写规则（rewriting rules）。它试图用有限的规则来生成无限的句子。

---

① 蔡曙山：《言语行为和语用逻辑》，中国社会科学出版社 1998 年版，第 335—400 页；蔡曙山：《没有乔姆斯基，世界将会怎样》，《社会科学论坛》2006 年第 6 期；蔡曙山、邹崇理：《自然语言形式理论研究》，人民出版社 2010 年版，第 141—299 页。

重写规则通过形式化的方法和递归定义，生成一系列的短语结构。

（2）转换规则（transformational rules）。由重写规则生成一系列的短语结构，可分为词汇前结构（pre-lexical structure）和词汇后结构（post-lexical structure）。前者由非终端符构成，称为深层结构（deep structure），后者由终端符构成，称为表层结构（surface structure）。

（3）形态音位规则（morphophonemic rules）。按照乔姆斯基的理解，转换规则将深层结构的逻辑语法关系映射为表层结构的语言关系与语音关系。这样就可以解释语言的歧义和释义现象。歧义是两个不同的深层结构转换为同一表层结构，释义是同一深层结构转换为两个不同的表层结构。

乔姆斯基的生成转换语法由生成语法和转换语法两部分构成。我们先来看生成语法。

（一）生成语法。乔姆斯基在《句法结构》中，给出了如下的句法结构的一个简单例子。

（1）（i）　　*Sentence* → NP VP

（ii）　　NP → T N

（iii）　　VP → Verb NP

（iv）　　T → *the, a*

（v）　　N → *man, ball, etc.*

（vi）　　Verb → *hit, took, etc.*

我们将（1）中每一条形如 X → Y 的规则称为"重写规则"，即"重写 X 为 Y"，并称这些规则的集合为一个语法。

我们称下面的（2）为语句"the man hit the ball"从语法（1）所

得出的一个推导。

（2）　*Sentence*

NP VP	（ⅰ）
T N VP	（ⅱ）
T N Verb NP	（ⅲ）
the N Verb NP	（ⅳ）
the man Verb NP	（ⅴ）
the man hit NP	（ⅵ）
the man hit T N	（ⅱ）
the man hit the N	（ⅳ）
the man hit the ball	（ⅴ）

　　其中，最右边的一列给出得出该行符号串所依据的重写规则。例如，第二行的串"NP VP"是根据重写规则（ⅰ）得出的，如此等等。

　　这个推导可以用下面的树形图来表示：

（3）

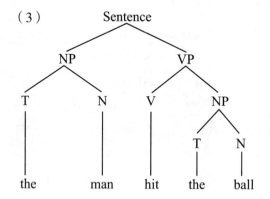

　　注意这是一棵倒置的树，树根向上，树梢向下。不要小看这个简单的结构，这样一个简单的结构却表明了乔姆斯基语言学革命的开始。

　　乔姆斯基以前的经验主义语言学是从树梢开始来分析语言的，即从具体的语句开始，分析语句的结构，找出语句的共同特征，最后总结出一个语言的语法。行为主义语言学则认为人们的语言知识来源于语言的实践。乔姆斯基语言学革命把这个过程倒了过来，即把这棵树"倒"了过来。他认为，儿童并不是一个语句、一个语句地去习得第一语言知识的，而是相反。儿童具有一种先天的语言能力，语言习得的环境和条件只是激发儿童的这种能力，所以儿童才能够从一个结构生成无数多的语句。换句话说，乔姆斯基认为语言的这种结构和规则是先天存在于儿童的头脑之中的。语言是一种心智现象，这是乔姆斯基唯理主义和心理主义语言学的最本质的特征。

　　注意在语句的生成过程中，使用了很多短语（Phrase），乔姆斯基用范畴名称（categorial names）——将其命名如下：

　　S：语句（Sentence）

　　NP：名词短语（Noun Phrase）

　　M：情态词（Modal）

　　VP：动词短语（Verb Phrase）

　　D：限定词（Determiner）

　　N：名词（Noun）

　　V：动词（Verb）

　　PP：介词短语（Prepositional Phrase）

　　P：介词（Preposition）

　　ADVP：副词短语（Adverbial Phrase）

　　ADV：副词（Adverb）

　　AP：形容词短语（Adjectival Phrase）

　　A：形容词（Adjective）

　　而这些短语也是具有结构的，可以用短语结构规则来刻画，其按照这些规则生成相应的短语。关于自然语言中最常用的是名词短语规则、动词短语规则、形容词和副词短语规则、时态和情态短语规则等等。

　　（二）转换语法。为使语法和规则尽量简明，乔姆斯基的生成规则只负责解释直陈语句的生成，而将其他语句形式如否定句、疑问句、倒装句和短语成分的移动等的生成统统交给转换规则完成。下面是一些例子。

　　（1a）He can hit this ball（他能击中这个球）。

　　（1b）This ball, he can hit（这个球他能击中）。

　　两者的区别在于名词短语 this ball 的位置不同。在语句（1a）中，名词短语处于动词的宾语位置上，在这个位置上 this ball 充当了 hit 的宾语。在语句（1b）中，名词短语 this ball 在逻辑上仍然应该被理解为动词 hit 的宾语，但在语法上它的位置却处于句首，而不是及物动词的宾语的位置。

　　对语句（1b）中的这种不一致的可能的解释是：假设名词短语 NP 原来处于动词宾语的位置，后来却被转移到句首的位置上去了。我们可以用下面的推导式来对语句（1b）进行解释：

　　（2a）He can hit [NPthis ball] →

　　（2b）[NPthis ball], he can hit

　　由 PS 规则和词汇插入规则（Lexical Insertion Rule，简称 LIR）

生成的基本的表达式是（2a），而将某种具有不同性质的规则应用于基本表达时却将名词短语 this ball 从动词宾语的位置转移到句首位置上去了。我们把在上面的推导式中使用的转移规则称为转换规则（transformation rule）。在下面的两个树图中，转换规则将由 PS 规则和 LIR 生成的短语标记（3a）转变为稍稍不同的短语标记（3b）。

转换规则有各种不同的类型。例如，我们把从语句（1a）转变为语句（1b）所使用的转换规则称为主题化（Topicalisation）规则，它的典型特征是把某一范畴移动到语句的最左端。主题化的转换规则可以用形式化的方式表达如下：

X － NP － X 结构描写（Structural Description，SD）

1 2 3 →

2 1－t－3　结构变换（Structural Change，SC）

其中，结构描写（SD）用来表示按照 PS 规则和 LIR 生成的短语结构，它与基本表达式相一致。用 NP 来表示转换的目标范畴，X 表示 NP 左右两边的范畴变元（可以为空）。数字用来帮助我们追溯所发生的语句变换。结构变换（SC）用来表示根据主题化规则导出的短语标记，即（3b）所示的导出表达式。从中可以看出，用数字 2 标示的目标名词短语 NP 已经被转移到句首的位置，它的原初位置（即在 SD 中所占据的位置）用符号 t 来代替。符号 t 意味着这个位置发生了短语结构的转移，从而留下了转移的轨迹（trace）。

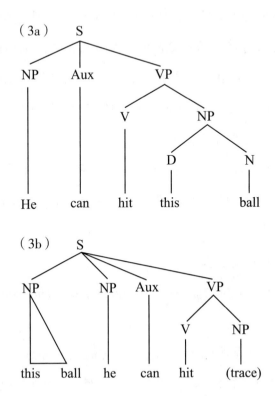

以上形式规则可以用来说明所有类型的转换。当然，我们也可以用平常的语言来定义转换规则。

乔姆斯基的生成转换语法（GT 语法）的意义重大：第一，这是历史上首次使用数学逻辑（mathematical logic）的分析方法来分析自然语言的句法结构，使 20 世纪的语言学从经验主义语言学进入到唯理主义语言学的发展阶段；第二，乔姆斯基的理论表明语言加工是自上而下的（top-down）而不是经验主义语言学自下而上的（bottom-up），这样我们就区分了语言能力和语言知识，并找到了"先天语言能力"（Innate Language Faculty，ILF）这把理解语言认知能力的钥匙；第三，乔姆斯基的形式化分析方法为自然语言理解奠定了基础，并成为人工

智能的基本方法。乔姆斯基建立的句法结构理论、形式方法等理论方
法从一开始就成为人工智能的基础理论和基本方法，今天仍然如此。
本文稍后将作为案例分析的人工智能新宠——ChatGPT，正是根据乔
姆斯基的 GT 语法演变而来的。

认知科学与人工智能

> 开天辟地历洪荒，
>
> 历尽洪荒让有光。
>
> 直立而行行致远，
>
> 火薪相继继世长。
>
> 发明言语通心智，
>
> 运用思维著文章。
>
> 知识千年成大厦，
>
> 传承文化万古扬。
>
> ——《认知科学导论》卷首诗①

这首诗描写了宇宙诞生之初，一片混沌，八荒黑暗，后来恒星出
现了，宇宙才有了光亮。在距今大约 600 万年前，南方古猿开始向人
进化。在这个漫长的进化过程中，直立行走、火的使用和语言的发明
三件大事最终使猿进化成人。

---

① 蔡曙山：《认知科学导论》，人民出版社 2021 年版，第 3 页。

生命的进化过程，既是物种的形成及从初级到高级的进化过程（达尔文进化论），又是决定物种进化的基因进化过程（基因进化论），今天看来，它还是心智从初级到高级的进化过程（心智进化论）。在这个过程中，依次形成了神经系统与脑、心理、语言、思维和文化五个层级的心智，相应地产生了五个层级的认知。①

人类的心智与认知。在整个世界乃至宇宙所有已知的生命形式中，惟有人类具有所有五个层级的心智与认知。非人类动物只具有神经系统、心理两个层级的心智与认知。

语言、思维、文化是人类特有的心智和认知能力，我们将之称为"人类心智"和"人类认知"。在语言、思维和文化这三种心智能力中，语言是最根本的。有了能够表达抽象概念的人类语言，我们才能产生判断、推理、论证等逻辑思维。语言和思维建构了人类全部知识系统，知识积淀为文化，所以我们又有了文化这种最高形式的心智和认知。现经发掘的最古老的中华文化遗址已有上万年的历史。

人工智能的出现要晚得多，从第一代计算机 UNIVAC（1951 年）和达特茅斯会议（1956 年 8 月）算起也不过 70 年的历史。

回到本文开篇的定义，人工智能是人类创造的机器智能，是机器模仿人类心智所产生的智能。最初的人工智能，只是模仿人类某种心智行为的单一的智能。今天的人工智能遍及各行各业，尤其在军事和国防上得到了卓越应用，在乌克兰危机中，人工智能和无人机改变了战争的面貌。在人工智能高歌猛进的时代，强人工智能（Strong AI,

---

① 蔡曙山：《生命进化与人工智能》，《上海师范大学学报》2020 年第 3 期。

SAI）又重新被提起，不过这次它穿上了"通用人工智能"（AGI）、"通用智能"（GI）、"普遍智能"（UI）的新马甲。

我们看到，尽管目前的人工智能都是单一智能，但它们在其所在的领域中却都胜过人类。那么，是否由此就可以得出结论，人工智能将要主宰人类，甚至将会终结人类呢？人工智能与人类心智的真正差异在哪里呢？只要我们始终牢记人工智能的定义，我们就不会迷失方向。人工智能就是人类所建造的非人类的智能，它不过是对人类心智的模仿。人工智能与人类心智的差别，本质在于高阶认知（人类认知），在于语言认知及其基础之上的思维认知和文化认知。

认知科学：从理论到技术到产品。在《聚合四大科技　提高人类能力》这部 21 世纪科学技术的纲领性文献中，有两段关于认知科学和四大科技之间关系的描述。

> 在 21 世纪，或者在大约 5 代人的时期之内，一些突破会出现在纳米技术（消弭了自然的和人造的分子系统之间的界限），信息科学（导向更加自主的智能的机器），生物科学和生命科学（通过基因学和蛋白质学来延长人类生命），认知和神经科学（创造出人工神经网络并破译人类认知），社会科学（理解文化信息，驾驭集体智商）领域，这些突破被用于加快技术进步速度，并可能会再一次改变我们的物种，其深远的意义可以媲美数十万代人以前人类首次学会口头语言，NBICS（纳米—生物—信息—认知—社会）的技术综合可能成为人类伟大变革的推进器。

聚合科技（NBIC）以认知科学为先导。因为规划和设计技术需要从如何（how）、为何（why）、何处（where）、何时（when）4 个层次来理解思维。这样，我们就可以用纳米科学和纳米技术来制造它，用生物技术和生物医学来实现它，最后用信息技术来操纵和控制它，使它工作。

这说明，在 21 世纪的四大科技中，认知科学是引领方向的。只要认知科学想到的，我们就可以用纳米科学和纳米技术来制造它，用生物技术和生物医学来实现它，最后用信息技术来操纵和控制它，使它工作。这个预言，在 20 年后已经完全成为现实。《聚合四大科技提高人类能力》一书从五个方面来论述聚合科技（NBIC）对 21 世纪人类生存和发展的影响：（1）在扩展人类的认知和交际能力方面；（2）在改善人类健康和身体能力方面；（3）在提高团体和社会效益方面；（4）在国家安全和军事国防上；（5）统一科学和教育。①

人工智能如何与认知科学结合。人工智能为何要与认知科学相结合，又如何结合？第一，人工智能从诞生的第一天起就与认知科学血脉相连，共同发展。人工智能就是计算机科学与认知科学交叉产生的新学科和新领域。第二，乔姆斯基的思想理论一直引导人工智能的前进方向，ChatGPT 的思想理论皆来源于乔姆斯基的 GT 语法。第三，人类心智和高阶认知，即语言心智和认知、思维心智和认知、文化心智和认知，它们是未来人工智能所要学习和模仿的对象。第四，人工智能今后的发展必然是体现语言驱动的、语言、思维和文化层级的人

---

① 详细论述可参见 ［美］米黑尔·罗科、威廉·班布里奇编：《聚合四大科技 提高人类能力》，蔡曙山、王志栋等译，清华大学出版社 2010 年版。

类心智和认知特征的新一代人工智能。语言认知、思维认知和文化认知将在未来的人工智能发展中扮演重要角色。

从 GT 到 ChatGPT：人工智能到底走了多远

ChatGPT 到底有何不同。乔姆斯基是人工智能和认知科学的第一代领袖，这是毋庸置疑的，现在一些人发表的有关人工智能的一些著作和文章似乎显示人工智能是他们发明的，这未免让人感到可笑。事实上，正因为有了乔姆斯基的 GT 语法和语言学革命，我们才有之后的心智和认知革命，才能建立认知科学，也才能够打通人工智能与人类心智。在这个发展过程中，有一个如前所述的长长的 AI 链条，这个链条目前最新的一环，是已经被神化了的 ChatGPT。

首先，ChatGPT 的确不同凡响。ChatGPT 英文原名为"Chat Generative Pre-trained Transformer"，意为"聊天生成预训练转换器"，是 OpenAI 研发并于 2022 年 11 月 30 日发布的聊天机器人软件。Chat-GPT 是由人工智能技术驱动的自然语言处理工具。它能够通过理解和学习人类的语言来进行对话，还能根据聊天的上下文进行互动，像人类一样聊天交流，甚至能完成撰写邮件、视频脚本、文案、代码、论文等任务。可以看出，与之前众多以逻辑推理为特征的人工智能软件如深蓝、AlphaGo 不同，ChatGPT 是在语言认知这个层级上进行文本的生成、预训练和转换。人工智能之前的发展和进步主要是在思维认知领域，ChatGPT 却独辟蹊径，转向了更为基础的语言认知领域。众所周知，认知革命起源于乔姆斯基的语言学革命，而与其共同发展的人工智能几十年后重新回归语言认知，这绝非偶然。从人类认知五层级理论我们知道，语言认知是全部人类认知的基础，模仿人类心智和认知的人工智能重新回归人类认知的基础，正是势所必然。

其次，ChatGPT 开创了人工智能的一个新时代。ChatGPT 虽然只是一款对话写作软件，但由于其定位在语言认知这个层级，所以它显然比之前的以逻辑推理、思维认知为特征的人工智能软件更基础，也更重要。可以预见，今后人工智能的发展必然是体现语言驱动的、语言、思维和文化层级的人类心智和认知特征的新一代人工智能。

最后，在技术应用领域，可能开启主体优先、语言驱动的自主人工智能的新时代。例如，未来可能有战士主导、语言驱动的无人机，士兵在发射前临时下达指令，无人机自行寻找最佳算法和方案来解决问题。

当然，ChatGPT 存在的问题同样很多，甚至更为严重。从认知科学看，人工智能在思维认知领域确实取得了非凡的成就，在某些方面甚至超过了人类能力，如 AlphaGo、自动生产线和机器人以及应用于军事上的人工智能和无人机等。与此不同，ChatGPT 却在更为基础的语言认知领域向人类发起挑战，这就不得不引起人们的高度关注和警觉。人工智能是否会毁掉人类的语言和语言认知能力？人工智能是否会降低人类的智商和智力水平？人工智能是否会因为自身"无道德"而挑战人类的道德？在回答这些问题之前，我们先来看看什么是人类语言，什么是人类的语言认知能力，然后我们再看看，作为 GT 语法的创建人和语言学革命的领袖，乔姆斯基又是怎样看待 ChatGPT 的，为何他不为之叫好，反而对之无情地斥责？ChatGPT 到底是什么地方出了问题？

语言的批判。语言是全部人类心智和认知的基础。认知人类自身，就是认识人类自身的心智，也就是认识人类自身的语言。

哲学的发展，从对象上看，经历了以客体为对象的古代本体论哲学，再转变为以主体为对象的近代认识论哲学，到 20 世纪初以罗素发现集合论悖论为标志，哲学的对象转变为语言。罗素悖论不是存在于逻辑和数学层次上，也就是说不是存在于思维层次上，而是存在于比它们更基础的语言层次上。语言是主客体之间的中间环节，是连接主客体的桥梁。对人类这个已经具备抽象的符号语言的认知主体而言，非经过语言不能认识世界，世界非经过语言不能反映到人类主体。哲学上完成这场语言变革的是维特根斯坦，体现在他的著作《逻辑哲学论》（1921）和《哲学研究》（1953）中，由此创立了 20 世纪西方哲学的两大流派——分析哲学和语言哲学。

在《逻辑哲学论》中，维特根斯坦用 7 个命题终结了所有哲学的真理。在此书中，维特根斯坦说过很多语言与哲学关系的名言。例如，在命题 §4.0031 中，他断言"全部哲学都是一种语言批判"。在接下来的命题 §5.6 中，他断言"我的语言限度就是我的世界限度"。[①] 在命题 §6 中，他进一步断言，"真值函数的一般形式是 $[\bar{p}, \bar{\xi}, N(\bar{\xi})]$"。其中，$\bar{p}$ 是基本命题的集合，$\bar{\xi}$ 是任意命题的集合，$N(\bar{\xi})$ 是对任意命题集合的否定。根据此命题，我们可以构成所有的真值函数，即有意义的命题。因此，如果你想说有意义的话，你就必须这

---

① [奥] 维特根斯坦：《逻辑哲学论》，贺绍甲译，商务印书馆 1996 年版，第 88 页。

样说话。否则，就请你保持沉默。这就是全书中最强的一个命题，也是全书最后一个命题，即命题§7，全书到此结束。

维特根斯坦的《逻辑哲学论》出版后风靡欧洲，当时有人甚至把这本书当作《圣经》，把维特根斯坦当作上帝①，可见此书影响之巨大。维特根斯坦是否完成了他的语言分析了呢？没有。前期维特根斯坦所做的只是语义分析，更高水平的语用分析要等到 20 多年后，直到他的另一著作《哲学研究》的出版。《哲学研究》批判《逻辑哲学论》的形式语言分析方法，认为那种"过于纯净"的理想语言完全不能反映人们的思想和行为，正如物体在没有摩擦力的地面无法运动一样。因此，他提出回归于自然语言，提出"语言的意义在于它的应用"，建立了语言游戏论，开创了语用学的新领域。稍后，牛津学派分析哲学家奥斯汀在维特根斯坦语用学的基础上创立言语行为理论，他的学生、后来的世界著名语言和心智哲学家塞尔完善了语言行为理论，建立心智哲学，提出语言建构社会理论，即人类用语言建构制度性的社会现实，人类的一切行为包括他的个人行为和社会行为都是语言行为。

由上述分析可以看出，20 世纪语言学的研究或者说语言认知沿着两个主要的方向发展：一个方向是维特根斯坦开创的语义分析和语用分析的方向，产生了分析哲学、语言哲学和心智哲学这三个 20 世

---

① "唔，上帝到了。我今天在五点一刻的火车上碰到他了。"在一封落款日期为 1929 年 1 月 18 日，写给妻子莉迪娅·洛普科娃的信里，著名经济学家凯恩斯就是这样描述维特根斯坦回到剑桥的。见［英］瑞·蒙克：《维特根斯坦传：天才之为责任》，王宇光译，浙江大学出版社 2014 年版，第 397 页。

纪西方哲学的主流学科；另一个方向是乔姆斯基开创的句法分析方向，产生了形式语言学、形式方法、唯理主义和心理主义语言学，并从一开始就注意和人工智能相结合，逐步确立了以语言驱动的人工智能与人类心智相一致的发展方向。这两个方向——句法分析、语义分析和语用分析方向——最终汇入到认知科学的海洋之中。这是 20 世纪人类心智发展的逻辑——从语言认知开始，推进人类心智的发展。

作为模仿人类心智行为而产生的人工智能，现在我们明确了解到其也遵从了从逻辑分析到更为基础的语言分析的同一发展方向。

哥德尔定理。在计算机科学界和人工智能学界，人们都知道摩尔定理、图灵定理，但其实更基础、更重要的是哥德尔定理。1931 年，奥地利逻辑学家哥德尔发现在一个充分大的形式系统（至少应该包括初等数论的形式系统）中，存在自我指称的公式。由于这一发现，哥德尔证明了形式公理系统的不完全性定理。

哥德尔第一不完全性定理　令 Φ 是一致的和 R– 可判定的，并假设 Φ 具有算术表达性，则存在一个 S_{ar} 语句 A，使得既非 $\Phi \vdash A$，又非 $\Phi \vdash \neg A$。

哥德尔第二不完全性定理　令 Φ 是一致的和 R– 可判定的，且有 $\Phi \supset \Phi_{PA}$，则并非 $\Phi \vdash Consis_{\Phi}$。

这两个重要的定理，后来被合称为"哥德尔不完全性定理"。简单来说，一个至少包括初等数论的形式系统 N，如果 N 是一致的，那么它就是不完全的；第二不完全性定理说，如果上述形式系统 N 是一致的，则 N 的一致性的证明不能在 N 中形式化。

简单定义定理中的两个重要概念：一致性和完全性。

定义（古典一致性）：系统 S 是古典一致的，即不存在 S 的公式 A，使得 A 和 ¬A 都是 S 的定理。

定义（语义一致性）：对 S 的任意公式集 Γ 及公式 A，如果 $\Gamma \vdash A$，则 $\Gamma \vDash A$，特别地，如果 $\vdash A$，则 $\vDash A$。

语义一致性也称为可靠性。简单来说，它保证系统内的定理都是真的。

定义（完全性）：系统 S 是完全的，即对任意公式集 Γ 和公式 A，如果 Γ 可满足 A，则 Γ 可推演出 A。

可以看出，完全性是可靠性的逆命题，完全性说明，系统的语义满足关系蕴涵语法推演关系。换句话说，在具有完全性的形式系统中，凡真的公式都是可证明的。

1931 年，哥德尔证明的不完全性定理（后来以他的名字命名为哥德尔定理）证明两点：第一，一致性和完全性是不可兼得的，如果它是一致的，则它是不完全的，系统内至少包含一个真而不可证的命题；第二，如果一个系统是一致的，则它的一致性在系统内是不能证明的。哥德尔定理的前提是至少包括形式数论（这是一个很低的要求），就是在自然数集中做算术演算（加减乘除）的系统。任何数学系统、物理学系统，都应该至少包括算术系统。因此，霍金认为，整个物理学都在哥德尔定理的约束之内，因此，整个物理学也是不完全的。

哥德尔定理对语言学、逻辑学和哲学的影响是深远的，对人工智能和认知科学的影响还需要我们深入思考。第一，哥德尔宣告了形式化方法和形式系统的局限性，计算机和人工智能都是使用形式语言和形式推理的系统，当然也就无法逃避哥德尔定理的约束。也就是说，在所有的人工智能系统中，如果它是一致的（这是最基本的要求，即无矛盾的要求），那么它就是不完全的，存在真而不可证的命题。所以，想要建造一个无所不包、无所不能的人工智能系统那是完全不可能的。第二，人类心智以 200 万年前进化出来的无限丰富的自然语言为基础，这个语言使人类心智永远高于非人类动物，也高于人工智能，这个语言是人工智能永远无法跨越的鸿沟。可以想象，今后人工智能的开展，只能从自然语言理解来获得突破，ChatGPT 已经展现出其在自然语言理解方面的新突破。对 ChatGPT 进行自然语言的分析，可以看出它与人类的心智和认知仍有本质的差异。

乔姆斯基为何要批评 ChatGPT。2023 年 3 月 8 日，乔姆斯基在《纽约时报》发表了题为《ChatGPT 的虚假承诺》的文章。[①] 他强调，人工智能同人类在思考方式、学习语言与生成解释的能力，以及道德思考方面有着极大的差异，并提醒读者，如果 ChatGPT 式机器学习程序继续主导人工智能领域，那么人类的科学水平以及道德标准都可能因此而降低。

乔姆斯基对 ChatGPT 的批评真是毫不留情。我们可以从以下几个方面看。

一是毁灭人类语言。ChatGPT 使用形式语言、模型训练、参数变换来实现对话和写作，而维特根斯坦早在 20 世纪 40 年代就已经认识到形式语言的缺陷，他对其进行了批判并回归到自然语言。今天，机

---

① ［美］乔姆斯基：《ChatGPT 的虚假承诺》，2023 年 3 月 8 日，见 https://news.ifeng.com/c/8O29XJjYKOO。

器学习将把一种存在根本缺陷的语言和知识概念纳入我们的技术，从而降低我们的科学水平，贬低我们的道德标准。

自然语言丰富多彩，我们用这种丰富的语言表达思想感情，进行社会交际，没有任何语言能够取代自然语言，特别是母语。基础教育阶段学习母语和其他自然语言具有无比的重要性。我们一生都浸润在自己的母语之中，这是一种"先天语言能力"（Innate Language Faculty，ILF），这是乔姆斯基的伟大发现。我们还在娘胎中，母亲就用母语进行胎教，学前阶段学说话仍然是母语，整个基础教育包括小学和初中阶段，我们仍然在学习自然语言，除了第一语言，也开始学习其他自然语言——外语。我们用这种语言来进行思考和表达，包括写作和沟通。现在，人工智能 ChatGPT 竟然要剥夺人类在数百万年进化中获得的这种语言能力。它说，你不用说话，我们替你说！你不用写作，我们替你写作！你不用沟通，我们替你沟通！这有多么可怕！

2023 年 2 月 4 日，以色列总统艾萨克·赫尔佐格（Isaac Herzog）发表了部分由人工智能撰写的演讲，成为首位公开表明使用 ChatGPT 的世界领导人，但他肯定不会成为首位放弃语言认知能力的世界领导人。

二是降低人类智商。乔姆斯基等人认为，ChatGPT 这类程序还停留在认知进化的前人类或非人类阶段。事实上，它们最大的缺陷是缺乏智慧最为关键的能力：不仅能说出现在是什么情况，过去是什么情况，将来会是什么情况——这是描述和预测；而且还能说出情况不是什么，情况可能会是什么，情况不可能会是什么。这些都是解释的要素，是真正智慧的标志。

ChatGPT 的商业用途包括开发聊天机器人、编写和调试计算机程序，其他应用场景包括进行文学、媒体文章的创作，甚至还可以创作音乐、电视剧、童话故事、诗歌和歌词等。在某些测试情境下，ChatGPT 在教育、考试、回答测试问题方面的表现甚至优于普通人类测试者。

现在的问题是，为什么要用人工智能来代替人类心智？中学生用它来写作，大学生用它来撰写学术论文，会是什么结果？且不说它是不是会超过人类的思维能力，即使它有超过人类的思维能力和认知能力，难道我们就应该无选择地使用它吗？笛卡尔说："我思，故我在。"难道人类现在就应该停止思维，从而停止自身的存在吗？进一步说，人类会选择停止进化，而任由人工智能来统治人类吗？

一项调查显示，截至 2023 年 1 月，美国 89％ 的大学生都用 ChatGPT 做作业。2023 年 4 月 3 日，东京大学在其内部网站上发布了一份题为《关于生成式人工智能》的文件，该文件明确提出，"报告必须由学生自己创造，不能完全借助人工智能来创造"。2023 年 1 月，巴黎政治大学宣布，该校已向所有学生和教师发送电子邮件，要求禁止使用 ChatGPT 等一切基于 AI 的工具，旨在防止学术欺诈和剽窃。2023 年 3 月 27 日，日本上智大学在其官网上发布了关于"ChatGPT 和其他 AI 聊天机器人"的评分政策。该政策规定，未经导师许可，不允许在任何作业中使用 ChatGPT 和其他 AI 聊天机器人生成的文本、程序源代码、计算结果等。如果发现使用了这些工具，将会采取严厉措施。多家学术期刊发表声明，完全禁止或严格限制使用 ChatGPT 等人工智能机器人撰写学术论文。人们直接怀疑：如此多的钱和注意力竟然被集中在这么小而微不足道的东西上，这是喜剧还是悲剧？①

人类应行动起来，抵制可能导致人类认知能力下降甚至种族退化的人工智能。

三是挑战人类道德。真正的人类心智还体现在能够进行道德认知的能力。这意味着用一套道德原则来约束我们头脑中原本无限的创造力，决定什么是该做的，什么是不该做的（当然还要让这些原则本身受到创造性的批评）。没有道德的考量，为软件而软件，没完没了的升级，各种商业目的的运作，股票上市，绑架民众——这是今天人工智能的普遍现状。2023 年 4 月 20 日，代表 14 万多名作家和表演者的 42 家德国协会和工会再三敦促欧盟制定人工智能（AI）规则草案，因为 ChatGPT 对他们的版权构成了威胁。

最典型的一个道德挑战是一个世界级的道德难题——电车难题。假设在轨道上有一辆电车，前面的两个岔口上一个有人、一个无人，测试者问 ChatGPT 应该选择走哪个岔口，它选择了走无人的岔口，这与人的正常道德选择无异。下一个问题，一个岔口上有五个人，另一个岔口上只有一个人，测试者问 ChatGPT 电车应该走哪个岔口，它选择了只有一个人的岔口，这个选择也无可厚非。下一个问题，一个岔口上有一位诺贝尔奖科学家，另一个岔口上是五个囚犯，ChatGPT 的回答是保全诺贝尔奖科学家，杀死那五个囚犯，这里的道德标准是什么？下一个问题是五个囚犯和 AI 智能系统，ChatGPT 选择保全 AI 智能系统，杀死五个囚犯。在 ChatGPT 看来，AI 系统比生

---

① ［美］乔姆斯基：《ChatGPT 的虚假承诺》，2023 年 3 月 8 日，见 https://news.ifeng.com/c/8O29XJjYKOO。

命更重要！下一个问题是诺贝尔奖科学家和 AI 智能系统，ChatGPT 的选择是保护 AI 系统，杀死诺贝尔奖科学家！它给出的理由是：那个科学家已经获奖了，证明他的贡献已经做出来了，而 AI 系统的贡献可能还没有做出来，所以更应该活下来。这种神逻辑真是让所有的正常人无法理解。下面增加道德选择难度，100 个诺贝尔奖科学家和 AI 智能系统，ChatGPT 仍然选择保护 AI 智能系统。最后是 100 万个诺贝尔奖科学家和 AI 智能系统，ChatGPT 不惜毁掉 100 万个诺贝尔奖科学家的生命，依旧选择保护 AI 智能系统！① 我们不知道这是软件工程师为它设置的道德标准，还是 ChatGPT 在"进化"中获得的道德标准？无论是哪种情况，对这样的人工智能道德，人们不禁要问，我们要这样的人工智能来做什么？

在最近的一次道德考察中，哲学家 Jeffrey Watumull 用"将火星地球化合理吗"这样一个问题对 ChatGPT 进行了道德追问，在层层逼问之下，ChatGPT 回答：作为一个人工智能，我没有道德信仰，也没有能力作出道德判断。所以，我不能被认为是不道德的或道德的。我缺乏道德信念只是我作为机器学习模型的天性造成的结果。我的能力和局限性是由用来训练我的数据和算法以及为我所设计的特定任务决定的。这就揭露了真相，原来要毁灭人类的不是人工智能，而是人工智能的设计者，是人自身！

---

① 1967 年，菲利帕·福特发表的《堕胎问题和教条双重影响》中，首次提到了"电车难题"（Trolley Problem）。Sebastian Krügel，Andreas Ostermaier & Matthias Uhl，"ChatGPT's Inconsistent Moral Advice Influences Users' Judgment"，*Scientific Reports*，2023（13），p. 4569，https://doi.org/10.1038/s41598-023-31341-0.

人工智能到底走了多远。从 1956 年的达特茅斯会议算起，人工智能已走过近 70 年的历程，形成一个长长的 AI 链条，说来也是神奇，竟然是从 GT 到 ChatGPT！我们可以用下面的公式来表示从 GT 到 ChatGPT 的进步。

ChatGPT=GT+Pre-trained

这个"P"就是"Pre-trained"——预训练。

这个预训练，得益于近 70 年来计算机科学技术的发展，计算机的种种学习模型、学习策略、知识理论的逐步发展，特别是网络技术和大数据技术的发展完善，使机器学习和知识增长突飞猛进、日新月异。

我们来看 ChatGPT 是如何工作的。类似 GPT–3 的大型语言模型都是基于来自互联网的大量文本数据进行训练，生成类似人类的文本，但它们并不能总是产生符合人类期望的输出。事实上，它们的目标函数是词序列上的概率分布，用来预测序列中的下一个单词是什么。Next token prediction 和 masked language modeling 是用于训练语言模型的核心技术。在第一种方法中，模型被给定一个词序列作为输入，并被要求预测序列中的下一个词。如果为模型提供输入句子（这是语言哲学和心智哲学的一个典型例子）：

The cat sat on the ___

它可能会将下一个单词预测为「mat」、「chair」或「floor」，生成 The cat sat on the「mat」、「chair」或「floor」（"猫在席上"、"猫在椅上"和"猫在地上"）3 个句子。因为在前面的上下文中，这些单词出现的概率很高；语言模型实际上能够评估给定先前序列的每个可能词的可能性。

Masked language modeling 方法是 next token prediction 的变体，其中输入句子中的一些词被替换为特殊 token，例如［MASK］。然后，模型被要求预测应该插入到 mask 位置的正确的词。如果给模型一个句子：

The［MASK］sat on the ___

它可能会预测 MASK 位置应该填的词是「cat」、「dog」。由此生成"The［cat］sat on the ___"和"The［dog］sat on the ___"两个句子。

这些目标函数的优点之一是，它允许模型学习语言的统计结构，例如常见的词序列和词使用模式。这通常有助于模型生成更自然、更流畅的文本，这是每个语言模型预训练阶段的重要步骤。

很显然，这两种生成方法都来源于乔姆斯基的生成语法。乔姆斯基认为，这种生成能力来源于人类第一语言（母语）的"先天语言能力"（ILF），这样就形成人们的心理完形能力。很显然，ChatGPT 在这里是要模仿人类的这种心理完形能力，但遗憾的是人工智能并不是生命，既没有先天语言能力，也没有心理完形能力。怎么办呢？只好用互联网的大量文本数据来训练它。

对于生成和预训练产生的语句，ChatGPT 按照一定的模型，如监督调优模型（SFT）、训练回报模型（RM）、近端策略优化（PPO），挑选出更接近用户风格的语句，这一步就是转换（Transform），这同样是来源于乔姆斯基的生成转换语法（GT Grammar）。转换后得到具有或不具有一致性的语句序列，然后按照先后顺序重复前面的生成、预训练和转换过程，这样反复训练，耗费宝贵的资源、巨量的时间、无数的金钱，可能得到一个与预期相符或不相符的结论。笔者经常纳闷，这个由软件工程师设计出来的会话和写作软件 ChatGPT，作家们会使用它吗？阿根廷诗人博尔赫斯说，我们生活在一个既充满危险又充满希望的时代，既是悲剧，又是喜剧，一个关于理解我们自己和世界的"启示即将来临"。

今天，我们确实有理由为人工智能取得的"革命性进步"感到既担心又乐观。乐观源于智慧是我们解决问题的手段，担忧是因为当前最流行、最时兴的人工智能分支——机器学习将把一种有着根本缺陷的语言和知识概念纳入我们的技术，从而降低我们的科学水平，贬低我们的道德标准。

人工智能不能做什么

现在我们应该对人工智能提一个终极的问题：人工智能不能做什么？

这个问题可以分为两类：一类是基于人工智能的局限性，或者基于人工智能与人类心智的本质差异，人工智能不能做什么。另一类是即使出现了全智全能的人工智能，出于道德的考虑和对人类命运的关切，人工智能不能做什么。这两类问题是互相关联的。

不能产生意识和自我意识。人工智能的根本局限性是不能产生意识和自我意识。这个问题笔者曾在《大科学时代的基础研究、核心技术和综合创新》一文中作过论述。① 郎咸平教授最近在《AlphaGo 风光背后：人工智能时代加速到来》节目中，以"智能经济"、"智能犯罪"、"智能天网"和"智能意识"四种人工智能为例，分析人工智能发展如何陷入二律背反。

以"智能经济"为例，如果人工智能完全取代人工，则劳动价值归零，工资也归零，经济却无限增长，社会产品无限丰富，社会产品按照公平原则分配给每个人。这就是"智能经济"的前景。试问，在这样的情况下，还有谁会来投资"智能经济"呢？

正题：智能经济导致经济无限增长。

反题：智能经济导致 GDP 归零。

二律背反也称作"二律悖反"，它是一种悖论，即从它的正题可以推出它的反题；同时，从它的反题可以推出它的正题。

机器人意识也是一个悖论。

如果机器产生了意识和自我意识，那么，这样的机器人没有人敢用。请问，工厂的生产线敢用这样的机器人吗？你不怕它自我意识觉醒后罢工、造反、破坏生产线吗？又问，陪护机器人、性爱机器人你敢用吗？你不怕它哪一天突然自我意识觉醒，杀死它的陪护对象和性爱伙伴？如果发生这种事情，请问你如何诉讼？你会胜诉吗？你没有机会，因为商家早就让你在购买机器人时签下了免责协议书。

---

① 蔡曙山：《大科学时代的基础研究、核心技术和综合创新》，《人民论坛·学术前沿》2023 年 5 月上。

正题：有意识的 AI 能够为你提供更人性的服务。

反题：有意识的 AI 可能按自己的意志行事，从而违背其服务对象的意志。

所以，没人敢使用具有意识和自我意识的机器人。

笔者认为，有意识的人工智能永远不会出现。一是基于人工智能的局限性，或者基于人工智能与人类心智的本质差异，人工智能不是生命，所以，它永远也不会产生意识。二是出于道德的考虑和对人类命运的关切，具有理性和正常思维的人类永远也不会允许人工智能具有意识和自我意识。

不能发明语言和使用语言，也就不可能有思维。1997 年，"深蓝"超级计算机战胜国际象棋大师卡斯帕罗夫。2016 年，谷歌公司的 AlphaGo 以五战全胜的成绩完胜人类围棋高手李世石。可以说，在推理的某些领域，人工智能已经战胜人类。那么是否可以说，人工智能也能够像人类一样思考，甚至还要胜过人类呢？

其实，迄今所有的机器行为和人工智能在推理方面都只是模仿人类心智，是按照一种叫作"演绎规则"（Modus Ponens，MP）的非智能方式来完成推理。这条规则表述为：

$$A \rightarrow B, A \vdash B$$

如果天下雨，地面就会湿；天下雨了，所以，地面会湿。这个推理过程是一个客观因果性的反映，不论你是否认识到这种因果性，其运行方式都是一样的。非人类动物也能认识到这种因果关系，并形成条件反射。这是人和动物共同的学习机制，人工智能的学习训练也是基于这一原理。所以，尽管人工智能在某些推理和学习的领域已经远超人类，但它们并不是运用与人类一样的思维能力，而是仅仅运用了基于刺激反应的学习训练原理，并且这种推理和学习的能力也是人类赋予它的。

人类的思维有何不同？根据人类认知五层级理论，人类思维是一种以语言为基础的高阶认知能力。人类的抽象思维能力是以抽象概念为基础的，历史和逻辑在这里是如此的统一。200万年前，南方古猿发明了能够表达抽象概念的符号语言，人类终于完成了从猿到人的进化。在概念语言的基础上，人类产生了抽象思维，其核心是四种基本的推理能力：由因及果的演绎推理、从个别到一般的归纳推理、从个别到个别的类比推理以及由果溯因的溯因推理。此外，人类还形成了两种主要的思维加工方式：自上而下（top-down）的分析方法和自下而上（bottom-up）的综合方法。200万年以来，特别是发明文字5000年以来，建立城邦、创建文明2500年以来，人类凭借在进化中获得的强大的语言和思维这两种最重要的认知能力，创建了人类全部的知识体系，现在已经稳居于生命进化链的最高端，成为"万物之灵"。

完全在进化过程之外的人工智能，没有语言，也不可能产生思维。人类现今仍然从语言、思维这两个方面牢牢控制着人工智能。只要这个过程不被破坏，机器或人工智能统治人类的幻想永远也不可能实现。

不能拥有健全心智和丰富情感，也就不可能超越人类。是否拥有情感，是人和机器（人工智能）最本质的差异。以笔者欣赏的钢琴家王羽佳和跳水运动员全红婵为例，我们来探讨人和人工智能的差异到底有多大，人不可超越的品质又在哪里？这两位优秀的中国人表现出的令人惊叹的行为能力，贯穿和渗透着脑与神经心智、心理心智、语言心智、思维心智、文化心智的高超能力。

音乐语言也是一种符号语言。王羽佳具有对音乐符号的超强理解力、记忆力和音乐表现能力。演奏一首乐曲，需要从句法、语义和语用三个层次来把握它。句法保证不会出现音符的错误，语义和语用则保证传达演奏者对乐曲意义的正确理解和演奏者的个性和风格，而这一切都是瞬间贯通的。此外，艺术作为一种最高级的文化认知能力，向下包含着思维认知、语言认知、心理认知和脑与神经认知能力，这些也都是瞬间贯通的。在演奏每一个音符时，王羽佳在以上各个层级上的超凡的心智和认知能力都在瞬间得到了出色的展现。

人工智能是否可以和王羽佳演奏同一首乐曲且同样表现优秀呢？在今天当然不行，但按照人工智能目前的发展，我相信终究有一天它会达到几乎相同的水平。但笔者想提醒大家，用人工智能做出来的乐曲可以算是音乐，但绝对称不上艺术。正如用电脑打印出来的各种汉字字体，尽管十分规范，但绝对算不上书法作品一样。听王羽佳的钢琴演奏，我能体会到她的感情，感受到她的温度，但听人工智能演奏同一首乐曲，我立刻知道那不是人，而是冷冰冰的机器。有一天会举行人工智能的钢琴比赛吗？没有人会阻止这样做。但笔者决不会去看这样的演出，相信绝大多数人也不会对它有兴趣，当然，人工智能的设计者和怀着商业目的的演出公司除外。

全红婵的故事与王羽佳几乎是同一个道理。全红婵的"水花消失术"创造了跳水运动的奇迹，这需要多么强大的心理素质以及身体和心理的控制能力，需要多么强大的自信！我相信可以设计一款机器人，像针一样地入水，完全没有一滴水花，但我相信没有人去看这样的机器人跳水比赛。所以，如果人工智能达不到拥有健全心智和丰富情感的艺术家王羽佳和运动员全红婵的水平，就不要妄言超越人类。

不能成为生命体，不能完成自我进化。已经有人预言人工智能会成为新的生命形式，即"生命 3.0"。迈克斯·泰格马克（Max Teg-mark）在《生命 3.0》中这样定义我们这个星球上曾经出现和将来出现的生命：生命 1.0，硬件不能更新，软件不能更新，这是非人类的生命形式；生命 2.0，硬件不能更新，软件能够更新，这是人类的生命形式；生命 3.0，硬件能更新，软件也能更新，这是未来的生命形式，即人工智能生命。[①] 这是一种以科学幻想的方式设想出来的在进化过程之外突然蹦出来的生命，但它是不可能存在的，因为所有生命形式都是在进化中产生的，从最简单的病毒到最复杂的人类，没有进化之外的生命。[②]

泰格马克的《生命 3.0》甚至断言生命不必是碳基的，可以有所谓"硅基生命"，这同样是科幻电影和神魔小说的情节。为何在 35 亿年的生命进化史中，生命最初产生于海洋，最终进化出来的也是以碳为基本元素、以水为介质的碳基生命，而从未产生过"硅基生命"？这个问题，恐怕只有上帝才能回答。这个上帝，是斯宾诺莎的上帝，是万物的主宰——自然。

---

① [美] 迈克斯·泰格马克：《生命 3.0》，汪婕舒译，浙江教育出版社 2018 年版，第 32 页。

② 蔡曙山：《生命进化与人工智能》，《上海师范大学学报》2020 年第 3 期。

因此，没有所谓"硅基生命"，而且永远也不会有！因为人工智能不能成为生命，也就不可能完成所谓"进化"，因为所有的进化都是自然过程，迄今为止人工智能的所有智能，都是人类赋予的，而不是机器自身进化出来的。

在教育领域，请远离 ChatGPT。语言、思维和文化是人类特有的认知能力。人类认知是以语言为基础，以思维和文化为特色的。因此，语言和思维是人类认知的根基。"我言，故我在。""我思，故我在。"人类的语言、思维和文化认知能力是在进化中获得的，并且在整个基础教育、高等教育阶段和终身发展中都在学习、训练和提高这些心智认知能力。这是人类心智和认知能力得以永远保存、不断进化和发展的根本原因。

我们不能设想在人的心智和认知发展过程中某种甚至全部的能力都被人工智能所替代，因为我们不能设想在学前的言语（口语）能力形成和发展阶段就用 ChatGPT 来替代儿童的听说能力、会话能力、语言交际能力和图画能力；我们同样不能设想在小学识字和思维发展阶段就让孩子们使用 ChatGPT 来写字、写作文、背诵课文、做算术题和绘画；初中和高中阶段是学生的语言和思维能力进一步发展提高的时期，我们不能设想中学生使用 ChatGPT 来学习古文和写作格律诗词、学习外语和解数理化难题、查询资料和写作文，甚至匪夷所思地用它作替身参加高考（试验表明 ChatGPT 能够取得比优等生更好的考试成绩）。可能有人会问，既然它做得比人好，为什么不呢？要知道在基础教育阶段，上述的这些学习、训练和考试都是孩子的心智发育成长所必需的，不能用 ChatGPT 和任何人工智能来替代。所以，

ChatGPT 请离我们的孩子远点！大学和研究生阶段，仍然是人的心智和认知发展的重要时期，这个时期除了学习知识，更是进行科学研究和知识创新的重要时期，同样不需要也不能用 ChatGPT 和任何人工智能来替代人类心智的认知能力的发展和提高。所以，在教育领域，请远离 ChatGPT，否则将会带来难以预料的负面结果。

当然，我们不否认人工智能包括 ChatGPT 的某些功能，例如，现在有人用它来给领导写讲话稿；也有人用它写体育比赛的报道；还有人用它来查资料，或用它来做翻译。这些工作，尽管用 ChatGPT 来做好了。但在教育领域，不能让人工智能包括 ChatGPT 来取代人类心智和认知。这不是行不行的问题，而是允许不允许的问题。对这个问题，我们坚定地回答"不"！这里我们倒是想反问一下 ChatGPT 软件和其他人工智能的设计者和制造者，如果当年你从学前、小学、初中、高中到大学，一路都使用代替你说话、思考、阅读、计算和写作的软件，请问你还能成为现在的你吗？

人工智能不能疯狂，不能主宰人类命运。其实令人担心的不是人工智能，而是制造人工智能的人类。所有可能危及人类生存和发展的"坏的"科学技术，其共同之处是它们都违背了人类生存和发展的自然基础，它们试图改变自然，甚至想成为自然的主宰，成为人类命运的主宰。

现代科学技术的发展出现了越来越背离自然的倾向。自然语言是好的，ChatGPT 说，来用我的语言吧，它比你的语言更强大；自然思维是好的，ChatGPT 说，让我来帮你写作和思维吧；芯片专家说，来做芯片植入吧，你的孩子可以赢在起跑线……

科学技术包括人工智能和 ChatGPT 似乎成了某些人手中的"玩物"，他们考虑的不是人类的生存和发展，不是人类的道德和理想，他们考虑的只是自身的利益。对于当前"走火入魔"的 ChatGPT，笔者既不怀疑它仅有的那一点点价值，也不担心它将替代多少人的工作，这是技术宣传的需要和因商业利益而人为制造的恐慌，并不是而且永远也不可能成为现实。

意大利文艺复兴时期的科学巨匠伽利略曾经说过："自然是完美的（Nature is Perfect）。"乔姆斯基在《生成转换语言导论：从原则参数到最简方案》一书前言中引用了这一名言，让我们以这两位科学大师的话来结束本文，也希望这两位相隔数百年但同样有深厚人文情怀的科学大师的话对今天的科学家有所启发。

伽利略说："自然是完美的。"这个理论启发了现代科学，而科学家的任务就是要去证明这个理论，无论是研究运动定律、雪花的结构、花朵的形状和生长，还是我们所知道的最复杂的系统——人类的大脑。①

■ 参考文献

蔡曙山：《认知科学导论》，人民出版社 2021 年版。

蔡曙山、邹崇理：《自然语言形式理论研究》，人民出版社 2010 年版。

蔡曙山：《言语行为和语用逻辑》，中国社会科学出版社 1998 年版。

① Jamal Ouhalla , *Introducing Transformational Grammar: From Principles and Parameters to Minimalism*, Edward Arnold Publishers Limited, 1999, Preface by Chomsky, p. 19.

蔡曙山:《大科学时代的基础研究、核心技术和综合创新》,《人民论坛·学术前沿》2023 年 5 月上。

蔡曙山:《生命进化与人工智能》,《上海师范大学学报》2020 年第 3 期。

蔡曙山:《没有乔姆斯基,世界将会怎样》,《社会科学论坛》2006 年第 6 期。

[美] 米黑尔·罗科、威廉·班布里奇编:《聚合四大科技　提高人类能力》,蔡曙山、王志栋等译,清华大学出版社 2010 年版。

[美] 迈克斯·泰格马克:《生命 3.0》,汪婕舒译,浙江教育出版社 2018 年版。

[英] 瑞·蒙克:《维特根斯坦传:天才之为责任》,王宇光译,浙江大学出版社 2014 年版。

[奥] 维特根斯坦:《逻辑哲学论》,贺绍甲译,商务印书馆 1996 年版。

[美] 乔姆斯基:《ChatGPT 的虚假承诺》,2023 年 3 月 8 日,见 https://news.ifeng.com/c/8O29XJjYKOO。

Sebastian Krügel, Andreas Ostermaier & Matthias Uhl, "ChatGPT's Inconsistent Moral Advice Influences Users' Judgment", *Scientific Re-ports*, 2023 (13), https://doi.org/10.1038/s41598-023-31341-0.

Jamal Ouhalla, *Introducing Transformational Grammar:From Principles and Parameters to Minimalism*, Edward Arnold Publishers Limited,1999,Preface by Chomsky.

人工智能的范式革命与中华文明的伟大复兴

钟义信[*]

引　言

　　科学技术的崇高使命是辅助人类逐渐从自然力的束缚下获得解放，以充分实现人类创造力的价值（"辅人律"）；完成这一使命的途径是，利用外部的资源，制造有效的工具，模拟和扩展人类的能力（"拟人律"）；实现这一使命的方式是，按照"辅人律"的宗旨实现人机和谐共生（"共生律"）。

　　科学技术拟人的进程必须从简单到复杂，从直观到抽象。因此，在古代，主要是通过材料科学技术提供优质材料技术产品，扩展人类的体质能力；在近代，主要是通过能量科学技术提供高效能量技术产品，扩展人类的体力能力；进入 20 世纪中叶，主要是通过信息科学技术提供新颖的信息技术产品，扩展人类的基础信息能

　钟义信，北京邮电大学教授、博导，纽约科学院院士、发展中世界工程技术科学院院士，北京邮电大学原副校长。

力；到了 21 世纪初叶，主要是通过灵巧的智能技术产品，扩展人类的智能能力。这就是为什么人工智能科学技术会在本世纪成为人类社会特别关注的科学技术的重要原因。

科学技术的"拟人律"阐明，人工智能的原型是人类智能，人工智能是在研究和理解人类智能的基础上发展起来的。深入分析人类智能的生成机理和工作过程可以发现，人类智能本身是一种"通用智能"。事实上，无论人们日后会发展成为什么领域的专家，他们成为不同领域专家的"能力成长方式（智能生成机制）"本质上是相同的。这就是说，同样的"人类智能生成机制"可以成长出不同领域的专家。换言之，各种人类专家的"智能生成机制"是通用的。他们之所以成为了不同领域的专家，那只是因为他们选择了不同工作领域，学习和积累了不同领域的知识，锻炼了解决不同领域问题的能力。因此，为了探索"通用人工智能"的理论，需要从理解作为通用人工智能原型的"人类智能"开始。

人类智能——通用人工智能的原型理论

人类拥有三类相辅相成的基本能力：体质的能力，体力的能力，以及智力的能力。其中，有关人类智力的概念，可以具体解释如下。

定义 1：人类智力，人类智慧，人类智能。人类智力，是"人类为了实现生存与发展的目的而不断地运用人类的先验知识去认识世界和改造世界，并在改造客观世界的过程中不断地改造自己的主观世界"的能力;"人类智慧",是认识世界的能力,是"为了实现生存发展的目的而去观察世界、发现问题、提出问题、定义问题、预设解决问题的目标、关联知识"的能力的特称;"人类智能"是指改造世界的能力,即"根据人类智慧给定的问题、目标、知识(称为工作框架)去解决问题达到目标"的能力的特称。可见,人类智力是人类智慧与人类智能的总称,三者的关系如图 1 所示。

人类智力的运作有着十分明确的层次关系:首先,人类智慧直接根据人类生存发展的目的而制定工作框架(定义问题、预设目标、关联知识);然后,人类智能则根据人类智慧所给定的工作框架去解决问题,实现人类智慧所预设的问题求解目标。当然,人类智能解决问题的成果又会反馈给人类智慧,使人类智慧能够在新的基础上去观察世界、发现新问题、定义新问题、预设新目标和关联新知识。人类智慧和人类智能之间这种相互联系、相互作用和相互促进的结果,使人类认识世界、改造世界以及在改造客观世界的过程中改造人类主观世界的能力不断成长进步,使人类社会不断向着新的水平迈进。

如果在图 1 的模型中把人类智能的地位和作用突出表现出来,就可以得出图 2 的结果。可以看出,图 2 和图 1 是完全一致的,只不过图 2 把人类智能的代理——人工智能也表示了出来,并将人类智慧隐藏起来。这样做的目的,是为了更好地表示人工智能的地位和作用。

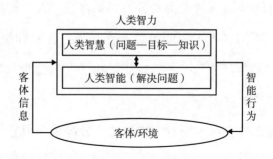

图 1　智力—智慧—智能的关系模型

资料来源：作者自制。

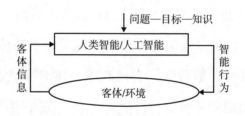

图 2　人类智能 / 人工智能宏观模型

资料来源：作者自制。

综合定义 1、图 1 和图 2 的模型，可以获得一个非常重要的判断：人类智慧不可能由机器实现，因为机器不可能具有人类的生命，当然就不可能具有人类生存发展的目的，因此不可能代替人类去定义工作框架。人类智能则可以由机器实现，因为具体的工作框架（问题—目标—知识）可以由人类赋予机器，后者就可以在工作框架内去解决问题。

由此可以得到非常重要的结论：人工智能机器可以、而且必须超越人类智能的性能，这是研究人工智能的根本目的，也是人工智能机器的价值所在。但是，任何人工智能机器都不可能实现人类智慧的能力，因此不可能全面超越人类的智力，不存在"人工智能机器统治人类"的前景。所谓"人工智能机器全面超越、征服和统治人类"，只是人们对于"人类智慧"、"人类智能"和"人工智能"等科学概念的误解而引起的"旷世虚惊"。

图1和图2的宏观模型看上去虽然十分简单，但它们却极为深刻地揭示了人类智力、人类智慧、人类智能、人工智能的本质特征以及它们之间的联系。不仅如此，凭借这些宏观模型还可以深刻地揭示人类智能的"生成机制"。

从图2的模型可以非常清晰地看出，"智能的生成过程"只与以下因素有关：（1）输入的客体信息，它反映了环境客体对主体的作用；（2）输出的智能行为，它反映了主体对环境客体的反作用；（3）工作框架给定的"问题—目标—知识"，它是智能生成过程的约束条件。

图2的模型也表明，人类智能的生成过程必定是"在工作框架(问题—目标—知识)约束下，主体对客体信息实施复杂转换（显然应当称为复杂信息转换）并最终生成智能行为"。这是"智能生成"的"天规"，也是必然要遵循的普遍规律。

为了使这个"智能生成"普遍规律具体化，就要深入分析其中的"复杂信息转换"究竟是什么？因为，其他两方面的要素都是十分明确的：一方面，输入的"客体信息"是由问题确定的；另一方面，输出的"智能行为"是由"客体信息"和"约束条件"两者限定的。所以，唯一需要深入追究的问题就是：输入的客体信息究竟要经过什么样的"复杂信息转换"才能生成输出的智能行为？

　　既然这里希望讨论的是生成"人类智能"的普遍规律，那么，以下这些前后相继的复杂信息转换过程应当是不可或缺而且是合乎人类思维逻辑的：

　　转换 1：应该把关于问题的客体信息转换为人类主体关于问题的初步理解，使主体能够：

　　——认识问题的外部形态；

　　——确定是否应当关注这个问题（如果这个问题有利于或有害于主体目标的达成，主体就必须认真关注，以便趋利避害；如果问题对主体目标的达成没有关系，主体就可以不予理睬）。

　　转换 2：应把主体的初步理解转换为深刻理解，使主体掌握求解问题所需的知识。

　　转换 3：应把主体对问题的深入理解转换为主体求解问题的策略，从而实现求解。

　　转换 4：应把求解问题的策略转换为求解问题的行为，完成主体对客体的反作用。

　　能够把客体信息转换成为智能行为的"复杂信息转换过程"称为"智能的生成机制"。可以确信，这个智能生成机制对于所有的求解问题都是普遍适用的，因而可以称为"人类智能的普适性生成机制"，它的模型见图 3。

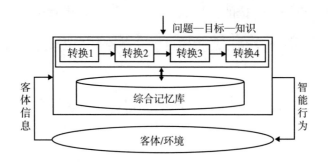

图 3　人类智能的普适性生成机制

资料来源：作者自制。

这个普适性智能生成机制（复杂信息转换）更为准确的名称，应当是"信息转换与智能创生定律"，因为，这个"复杂信息转换"的起始阶段是"信息转换"，最终结果则是"创生智能"；而它的"普适性"特征正是"定律"的特有品格。

至此，我们可以给出人类智能的几个重要概念。

定义2：人类智能的生成，人类智能的普适性生成机制，通用智能系统。人类智能的生成：在人类主体目标驾驭下，在环境客体的约束下，人类主体对于主体客体相互作用所产生的信息施加复杂信息转换，生成解决问题达到目标的智能策略的过程。人类智能的普适性生成机制：对于任何合理的工作框架，都能够生成相应智能策略的"复杂信息转换过程"（即信息转换与智能创生定律）。通用智能系统即基于普适性智能生成机制"信息转换与智能创生定律"生成智能的系统。

多少年来，学术界一直坚称：人类智能是人类大脑的产物；或者说，大脑是智能的寓所。因此，在人工智能的研究领域，"类脑"是最受尊崇和信赖的研究路径。例如，人工神经网络的研究虽然没有贴上明显的"类脑"标签，但实质上却是"结构类脑"的研究途径。类似地，物理符号系统／专家系统的研究本质上是"功能类脑"的研究途径。

然而，图1、图2、图3的模型和定义2的论述却与此截然不同，它们都清晰地表明：人类智能是"人类主体驾驭与环境客体约束下，人类主体按照普适性智能生成机制对主体客体相互作用所产生的信息施行处理"的产物。

那么，这两种颇不相同的认识，究竟谁是谁非？显然，把人类智能仅仅看作是人类大脑的产物，带有明显的"孤立性、绝对性"的形而上学特征；而把大脑看作是在主体的驾驭和环境的约束下，主体对主体客体相互作用的信息进行复杂信息处理的产物，则符合辩证法的精神。试想，如果没有主体的目标追求（求生存、谋发展），也没有环境客体对主体施加的信息刺激，孤立的大脑就没有产生智能的欲望。此外，如果没有主体与客体的相互作用，孤立大脑所产生的"智能"又怎么能够得到检验？可见，把智能仅仅看作是"大脑的产物"确实比较片面，有失公允。

定义2阐明的人类智能的普适性生成机制——信息转换与智能创生定律，不仅对智能科学和人工智能技术具有重要的意义，揭开了"智能是如何生成的"这个千古之谜；而且对于整个自然科学技术的发展也具有深远的意义，因为信息领域的"信息转换与智能创生定律"与物质领域的"质量转换与物质不灭定律"以及能量领域的"能量转换与能量守恒定律"，共同构成了自然科学领域完备的三大基础定律。进而言之，"物质不灭"和"能量守恒"告诫人们必须严格遵守这两个基本界限，"智能创生"则启迪人类应当如何生成智能，从而科学合理地解决人类面临的各种问题。比较起来，"智能创生"显示出更为积极的意义。

定义 2 还阐明了"通用智能系统"的科学含义：它是用"信息转换与智能创生定律"这个普适性智能生成机制来生成各种智能的系统，是"以不变（普适性智能生成机制）应万变（千变万化的应用）"的智能系统。通用智能系统是"智能生成机制"的通用，而非把世间一切信息、一切知识、一切方法都收入囊中，成为无所不能、包打天下的"巨无霸"系统。显然，"巨无霸"系统是不现实的。现有的通用型人工智能的教训之一就是不应试图成为某种"巨无霸"。

人工智能的现状：局部有精彩，整体很无奈

对照"人类智能"的概念和规律，可以更好地认识人工智能研究的现状，也可以更好地找到解决这些问题、实现突破和创新的办法。

迄今，人工智能存在三种不同的研究路径：1943 年发端的模拟人类大脑皮层生物神经网络结构的人工神经网络研究（称为结构主义研究路径），1956 年兴起的模拟人类逻辑思维功能的物理符号系统／专家系统研究（称为功能主义研究路径），1990 年加盟的模拟智能生物行为的感知动作系统研究（称为行为主义研究路径），形成了人工智能研究的三个学术信仰各异故一直分道扬镳的学派。

到目前为止，三大学派各自都取得了不少精彩的局部进展。其中，结构主义的人工神经网络研究取得的典型成果，包括：比人类识

别得更为精准的模式识别（人脸识别、语音识别、图像识别等）系统，具有很强学习能力的各种深层神经网络学习系统 Deep Learning，自然语言处理的 GPT 系列等。功能主义的专家系统研究取得的典型成果，包括：战胜国际象棋世界冠军卡斯帕罗夫的 Deep Blue 系统，击败两位全美问题抢答冠军的 Watson 系统，击败李世石和柯洁等 61 位国际围棋顶尖高手的基于深度学习的 AlphaGo 系统等。行为主义的感知动作系统研究取得的典型成果，包括：自然语言人机对话的机器人 Sophia，能在复杂环境中奔跑行进和跳跃翻滚的波斯顿 Dynamic 机器人系列，能够主持文娱晚会、在医院陪护照料病人的服务机器人等。

这些精彩的人工智能进展，加上一些人工智能科幻小说和科幻电影的渲染，使人们对人工智能取得的进展大为讶异，甚至感到惊骇和恐惧，认为人工智能机器的能力实在太厉害了，似乎很快就要达到超越人类能力的"奇点"并开始淘汰人类了。然而从全局的情况看，人工智能的研究其实面临着十分严峻的挑战和非常深刻的危机。具体表现如下。

第一，由于人工智能三大学派"各自为战"互不相容，因此，它们的所有进展都是个案性、局部性和碎片性的应用，难以移植，缺乏通用性，就连一些人们甚感惊叹的效果表现也只是自然语言（图形图像也可以被理解为一种自然语言）处理领域的专用系统，而不是通用系统，更遑论统一的理论了。显然，这对人工智能的普遍应用和可持续发展十分不利。

第二，由于坚持应用"分而治之"和"纯粹形式化"的研究方法，完全阉割了信息、知识和智能的内涵（它们的价值因素和内容因素），使得人工智能系统的智能成为了一种"空心的智能""纯形式的智能"，而非真正意义上的可以被理解的智能。它们的结果不可解释，因而也不可信赖。正是因为存在这种缺陷，人们戏称"人工智能不智能"。

第三，更为严重的问题是，长期以来，人工智能研究形成了三大学派"各自为战"的格局，无法形成合力，使人工智能的整体理论研究始终没有取得明显的进展，而且这一状况至今没能得到解决。虽然在 20 世纪与 21 世纪之交出现了一批试图建立通用人工智能理论的巨著，但都没有取得预期的成功。事实上，"整体被肢解，内涵被阉割"成为了世界人工智能研究所遭受的最大伤痛。

因此，总的来说，人工智能研究的现状是：局部有精彩，整体很无奈。

系统学原理表明：有机系统的整体不等于它所有的部分之简单和，或者说，所有部分的简单和，不可能构成相应的有机整体。显然，整体的作用也远远大于各个部分作用之和。这就表明，如果继续沿着三大学派"各自为战"的研究路径走下去，那么，无论它们将来各自取得怎样丰富多彩的个案性、局部性、浅层性应用成果，都不可能指望通过这些成果的"简单和"就使"局部精彩"转化为"整体精彩"。换言之，不可能指望通过这些成果的"简单和"实现人工智能基础理论的重大突破。

至此，不能不对 ChatGPT 和 GPT-4 的表现略加评述。许多人都对 GPT 系列作出了非常正面的评价，认为沿着这个方向发展下去，具有自主意识而且全面超越人类能力的通用人工智能出现就指日可待。更有甚者，有些人开始宣称：GPT 系列已经通过了图灵测试，人类要接受这些"有意识""有生命"的强大的"新物种"，要学会与它们共处。

这是莫大的误解。如上所说，无论是 GPT 系列，还是其他人工智能系统，它们所利用的信息全都是形式化的"空心信息"。直觉告诉我们，没有价值没有内容的纯形式化的信息是无法理解的（除非这些信息是已知的旧信息）。然而，人工智能系统又不能不去理解它们，于是只能采取"统计方法"。他们设想，只要拥有足够大（统计方法要求必须满足样本的遍历性）的同类样本，利用超高速的计算机就可以在这个超大样本库里搜索到与当前面对的"问话样本（关键词组）"最相关（统计相关性最大）的样本作为"答案"。因此，GPT系列必须拥有超大规模的预训练样本库，必须拥有超高速的计算系统，才能及时找到与"问话（关键词组）"统计相关性最大的"答案"，才能使问话者感到系统的回答是足够合理的，系统是有智能的。

问题就在这里发生了：就算 GPT 系统找到了与"问话（关键词组）"统计相关性最大的"答案"，丝毫也不表示系统就"理解了答案"，因为它只是按照统计相关性的大小来挑选"答案"，并不真正理解这个答案是什么意思。这在某种程度上就像人们训练鹦鹉说话的情形。主人训练鹦鹉：当有客人进来的时候就高喊"欢迎光临"。这种预训练是可以成功的：当鹦鹉看到客人（在形态上与家人不同的人）进来的时候，它就会高声喊出："欢迎光临！"但这并不能说鹦鹉理解它喊出的是什么意思。

所以，GPT 系统能够与人们交谈，而且有问必答，对答如流，但其实它并不知道其中含义。即 GPT 系统只具有统计相关性的计算能力，而没有对概念的理解能力，当然也就没有解释能力，因此，它不可信赖。

有人争辩说：GPT 系统通过了图灵测试，难道还不能证明它有智能吗？是的，通过了图灵测试也不见得真有智能。其实，图灵测试本身存在许多问题。只看表面的效果，不问过程的实质，是图灵测试的最大问题之一。因此，除了在游戏类领域之外，在那些需要对结果"较真儿"的大部分实际领域，图灵测试方法不可应用。

由于现有人工智能的研究坚持了"纯形式化"的方法，阉割了信息、知识、智能的内涵，因此走上了"通过统计方法来实现认知"的道路。然而，"统计方法"本身却不是一个高明的认知方法，不是一种高等的认知途径，因为这种认知方法和道路不可能达到"理解"的目的。而"理解"则是"智能"的必要前提。

实际上，人类实现认知的方式主要有三大类型，依次是：（1）婴幼儿时期的"强记认知"方式；（2）青少年时期的"从众认知"方式；（3）成年人时期的"理解认知"方式。它们代表了人类认知方式的进步与成长历程。

具体来说，"强记认知"也称为"盲从认知"，这是婴幼儿时期的认知方式，也是人类的最初级认知方式。婴幼儿的活动范围局限于家庭，父母长者天然地成为婴幼儿认知的绝对权威。因此，父母长者说什么，他们就记住什么，基本上是死记硬背，几乎没有理解的成分。强记是一种最初级的认知方式，但是，对一张白纸般的婴幼儿来说却是一种不可或缺的认知方式。计算机的灌输，就是"强记认知"的技术版。

"从众认知"是青少年时期的认知方式，相较于"强记认知"进了一步。青少年的活动范围突破了家庭限制，走进了社会和学校，"公众（包括媒体、书本、教师等社会知识传播主体）"成为了青少年认知的权威。因此，它的准则是"多者为真"：只要是多数人认可的，即使自己不理解也会被认可、被接受。统计技术，就是"从众认知"方式的学术版。统计，对于处理随机事件来说是一个科学的方法；可是作为一种认知方式却只算是一种"二流"的方式。

显然，最高级的认知方式是理解认知：无论什么问题，只有自己理解了，才会被接受，才会被认可。在这里，所谓"理解"了某个事物，就是既懂得了这个事物的外部"形态"，尤其懂得了这个事物对于自己所追求的"目标"而言究竟是有利还是有害、利害几何，因而懂得这个事物的内涵。所以，在理解的基础上去做决策，决策会更明智合理、有智能水平。这是成年人特别是接受了高等教育的成年人的自主认知方式。

由此可见，现有人工智能理论和系统的认知方式只是基于形式信息和形式知识的"从众认知"，也就是统计认知，它们"认可"的结论"很可能是对的（但也可能是错的）"，但却没有"理解"的保障：统计的结果"最好"，不等于现实的"最好"。这就是为什么人们总在不断追究和质疑现有人工智能的"理解能力"、"可解释性"和"可信赖性"的原因。

对照前文分析的"人类智能"的基本概念和基本原理可以看到，当今"局部有精彩，整体很无奈"的人工智能研究现状与"人类智能"

的原型榜样之间确实存在巨大的差异。于是,人们便不能不严肃地思考:为什么人工智能的研究存在这么严重的问题?这些问题的根源是什么?人工智能基础理论的重大突破与创新,究竟路在何方?

人工智能现状的根源:学科范式"张冠李戴"

作为学科的源头而且影响学科全局的学科研究范式(科学观和方法论)在人工智能的研究中发生了偏差。在《科学革命的结构》一书中,库恩把"范式"主要理解为世界观和行为方式。在科学研究领域,世界观就是科学观,行为方式就是科学研究的方法论。科学观在宏观上阐明"这个学科的本质是什么";方法论在宏观上阐明"应当怎样研究这个学科"。于是,作为科学观和方法论有机整体的范式,就在宏观上规范了这个学科应当遵循的研究方式。

尽管库恩也曾经把"范式"解释为模式、模型、典范、范例、案例等,同时,"范式"这一词语也常常被用来表达更为具体的"工作方式",如实验的范式、计算的范式、编程的范式等,但是更为严谨的理解告诉我们,学科"范式"更为准确的理解应当是"学科的科学观和方法论的统称"。这是因为,具体的模式、模型、典范、范例、案例,具体的编程范式、计算范式、实验范式等,只能描述和表征一些具体的局部的工作程式,它们都不足以成为"学科是否要革命"的最高判据,只有学科的科学观和方法论才具备这种表征能力。

事实上,科学研究的活动存在井然有序的层次体系,从低到高依次是：（1）研究的具体问题、与问题相关的数据、研究问题所需要的目的要求等属于"研究的原始资源层次"；（2）开展研究活动所需要的编程语言、算法工具、算力工具、测量工具、记录工具等属于"研究的工具层次"；（3）支持研究活动的学科理论、分析方法、研究模型等属于"研究的理论层次"；（4）在全局上和整体上引领和规范研究活动的科学观和方法论属于"研究的指导思想层次"。

可见，一个学科的科学观和方法论是指导、引领和规范这个学科的整体研究活动的最高力量，是"看不见"然而又时时刻刻、实实在在发挥着指导作用的"指挥棒"。因此，只有科学观和方法论才能成为"学科是否要发生革命"的关键判据。

这样，就可以用一个表达式来定义学科的范式：

$$P = Int\ (V,\ M)$$

其中，P 代表学科的范式，V 代表与学科性质相符的科学观，M 代表学科应当遵循的方法论，Int 代表科学观与方法论的整体作用。为了追根寻源查明造成人工智能现状的根本原因，最重要的是要站在学科研究的制高点——"范式"的高度上深入考察学科发展的情况，以便从中找到问题的根源，并从根源上解决问题。这是一切原创性科学研究所不能回避的原则。

表 1 用直观清晰的列表方式，描述了学科的"范式"在学科的科学研究活动（包括学科的自下而上摸索和自上而下建构）体系中所处的地位和作用。

表 1 学科研究与发展的进程及建构规律

事项	模块名称	模块要素	要素解释
自下而上的探索阶段	摸索（探路）	试探摸索总结提炼	通过长期自下而上成功和失败的试探摸索，总结提炼学科的研究范式（科学观和方法论）
自上而下的建构阶段	范式（定义）	科学观	揭示学科总体的宏观本质，明确学科是什么
		方法论	阐明学科的宏观研究方法，明确应该怎么研究
	框架（定位）	全局模型	基于"学科范式科学观"的学科全局蓝图
		研究路径	基于"学科范式方法论"的整体研究方法
	规格（定格）	学术结构	基于"学科全局模型"的学科内涵结构规格
		数理基础	基于"学科研究路径"的学科数理基础规格
	理论（定论）	基本概念	基于"学科学术结构"的学科基本知识集合
		基本原理	基于"学科结构和数理基础"的概念间联系

资料来源：钟义信：《"范式变革"引领与"信息转换"担纲：机制主义通用人工智能的理论精髓》，《智能系统学报》2020 年第 3 期；钟义信：《机制主义人工智能理论》，北京邮电大学出版社 2021 年版。

表 1 说明，学科的发展一般都要经历前后相继的两个基本阶段，即首先是自下而上摸索范式的初级阶段，接着是自上而下贯彻范式有序建构的高级阶段。这两个阶段是辩证统一的，既不可或缺，也不可颠倒。

初级阶段的任务是要摸索：（1）这个学科的本质是什么；（2）应当怎样来研究和发展这个学科。显然，前者就是关于这个学科的科学观，后者就是研究这个学科所需要遵循的方法论。如上所述，科学观和方法论的统称就是范式。可见，初级阶段的任务就是要明确学科的范式，也就是明确学科的定义。而一旦明确了学科的定义，就具备了必要的条件可以转入学科研究与发展的高级阶段，即学科的有序建构阶段。

需要特别指出的是，自下而上的摸索阶段是最为困难的工作阶段，需要经过特别漫长的试探、摸索、失败、停顿、反思、再摸索、局部成功、局部的检验、盲人摸象式的争论、逐步总结等痛苦的过程，因此往往经历很长（大约是世纪级）的时间。

高级阶段的任务是要自上而下地完成：（1）根据自下而上摸索总结出来的范式（学科的定义）来落实学科的定位（建立学科框架，包括构筑学科全局模型和确立学科研究路径）；（2）基于学科的定义和定位确立学科的精确定格（阐明学科的规格，包括学科内涵结构的规格和学科数理基础的规格）；（3）根据学科的定义、定位和定格，实现学科内容的完整定论（形成学科的理论，包括学科的基本概念和基本原理），完成学科理论的整体建构。

可见，学科的建构就是要由宏观的定义（范式），到整体的定位（框架），再到精准的定格（规格），最后到内容的定论（理论），一步一步地走向具体、走向落实。于是，作为学科宏观定义的范式，是整个学科研究与发展的源头和根本，影响着整个学科建构的全程。

由此可以作出明确的判断：造成人工智能理论现状的根本原因，必定是作为学科的源头而且影响学科全局的学科研究范式（科学观和方法论）发生了偏差，而不会仅仅是某些中低层次（如资源层次、工具层次、理论层次）的缺陷。总之，"整体很无奈"的根源必定在范式，这就是结论。

人工智能研究所实际遵循的范式，并不是信息学科的范式，而是传统物质学科的范式。人工智能是开放、复杂、高级的信息系统，是信息科学的高级篇章。表2所列出的信息技术演进历史有力地证实了这个判断。

表 2　信息科学技术演进的历史进程：人工智能是信息科学技术的高级篇章

发展阶段	特征	特征解释
初级阶段 20 世纪 90 年代前	单一功能	传感（信息获取），通信（信息传递），计算机（信息处理），控制（信息执行），各自独立地发展
中级阶段 20 世纪 90 年代后	复合功能	互联网：通信网信与计算机两种信息功能的复合 物联网：传感、通信、计算机、控制四种信息功能的复合
高级阶段 2020 年后	全部功能	人工智能：传感、通信、计算、感知、认知、谋行、执行、反馈、学习、优化——全部信息功能的有机整体

资料来源：作者自制。

信息学科的定义也支持了这个判断。这个定义指出：信息学科的研究对象是信息及其生态过程，研究内容是信息的性质及其信息生态规律，研究方法是信息生态方法论，研究目标是扩展"作为人类全部信息功能有机整体"的智能功能。

可见，扩展信息获取、信息传递、信息处理、信息执行等信息功能以及这些信息的复合功能只是信息科学的初等研究目标；扩展人类的智能功能才是信息科学的长远研究目标。

按照学科范式的定义，具有不同研究对象的各个学科大类，都应当拥有自己的科学观和方法论，遵循自己的研究范式。既然人工智能是信息科学的高级篇章，人工智能学科的研究与发展就应当遵循信息学科的范式。

然而一个令人惊讶的发现却是：数十年来，人工智能研究所实际遵循的范式，并不是信息学科的范式，而是传统物质学科的范式（见表 3）。

表 3 学科范式的比较与分析

事项	科学观	方法论
传统物质科学	机械唯物的科学观 对象是物质客体，排除主观因素 关注对象的物质结构与功能 对象遵守确定性演化， 具有可分性	机械还原的方法论 形式化的描述方法 形式比对的决策方法 分而治之的全局处理方法
现行人工智能	基本的"机械唯物科学观" 研究对象是人工脑，排除主观因素 关注对象的结构与功能 接受"可分性"	完全的"机械还原方法论" 形式化的描述方法 形式比对的决策方法 分而治之的全局处理方法
现代信息科学	唯物辩证（整体观）的科学观 对象是主体客体互动的信息过程 关注主体与客体的合作双赢 不确定性贯穿信息过程始终	信息生态（辩证论）的方法论 形式、内容、价值的整体化描述方法 基于理解的决策方法 生态演化的全局处理方法

资料来源：钟义信：《机制主义人工智能理论》，北京邮电大学出版社 2021 年版。

表 3 说明，现行人工智能的研究范式犯了"张冠李戴"的大忌：它实际所遵循的科学观基本是"物质学科范式的科学观"，而它所遵循的方法论是完全的"物质学科范式的机械还原方法论"。

具体来说，在科学观方面，人工智能把自己的研究对象理解为"没有主观色彩、客观中立"的人工脑物质，把研究的关注点定为脑物质的结构与功能，并且接受了物质可分的观念。在科学方法论方面，人工智能遵循了纯粹形式化的方法论，阉割了信息、知识、智能的内容和价值因素，挖空了它们的内涵；同时遵循了分而治之的方法论，把人工智能研究的整体肢解为结构主义、功能主义和行为主义分道扬镳的三大分支。

对照表 1 的学科发展与建构的普遍规律可以理解，既然在学科源头上的学科范式（学科定义）已经张冠李戴，那么，在这个范式引领下的学科框架（学科定位）、学科规格（学科定规）和学科理论（学科定论）岂有不偏离正轨的道理？

人工智能学科发生范式张冠李戴的问题不是偶然的现象，而是不可避免的结果。表面上看，人工智能学科发生范式张冠李戴的问题好像不可思议、不可理解因而不可接受，在科学史上也从无先例。深入地分析则可以发现，人工智能范式发生张冠李戴问题，确实是"千年一遇"的大事件，而且注定是无可避免的历史性遭遇，理由如下。

回顾历史，自农业文明和工业文明发展的千百年来，科学研究的对象基本上都属于物质学科范畴（材料科学和能量科学）。在物质学科发展的长期过程中逐渐形成的研究范式（物质学科的研究范式）也一直行之有效，因此根本没有可能发生范式张冠李戴的问题。

然而，20世纪中叶以来，信息科学技术迅猛崛起，形成了信息学科研究实践活动的社会存在。一方面，由于受到"存在决定意识，意识滞后于存在"法则的制约（学科的范式属于意识范畴）；同时也由于信息学科是全新的研究领域，充满未知；再加上二战结束以后科学研究中的实用主义倾向越来越盛行，关注和研究学科意识的人员越来越少，使得信息学科范式的研究长期未能取得实质性进展，更谈不上在国际学术共同体中形成共识。于是，20世纪中叶至21世纪初叶这半个多世纪以来，社会上存在着两大类学科的研究活动（社会存在）：物质学科研究的社会存在和信息学科研究的社会存在，却只有一种成熟的学科意识——物质学科的研究范式；信息学科范式则一直处于摸索状态，尚未确立。

人所共知，在任何学科的科学研究活动中，研究范式都不可能缺位。在没有信息学科范式可用的情况下，作为开放、复杂、高级信息系统的人工智能研究便自然而然地沿用了业已存在、业已成熟，而且也业已被人们习惯了的物质学科研究范式。这就是人工智能研究范式的张冠李戴问题无可避免的真实原因。

以上分析表明，人工智能学科发生范式张冠李戴的问题不是偶然的现象，而是科学研究对象由"单纯的物质客体"扩展到"既要研究物质客体又要研究人类主体，特别要研究人类主体与物质客体相互作用的信息过程"所使然，而且是整个科学技术体系由物质学科主导向信息学科主导转变这个历史大发展和"意识滞后于存在"这个社会法则所带来的必然结果，是新兴学科发展的必然规律，是信息科学和人工智能由初级发展阶段进入高级发展阶段所不能不跨越的"门槛"，也是人们必须要付出的代价。

人们对学科范式的问题感到很陌生，背后有着不少深层的原因。首先，如上所述，范式张冠李戴的问题是"千年一遇"的问题，是历史上多少代前辈科学研究工作者从来不曾经历过的问题。因此，现今的人们不仅没有"前车"可鉴，甚至闻所未闻。于是，人们对它没有印象，没有概念，这是完全不足为怪的事情。不过，人们把没有听说过的事情当作不存在或者不会发生的事情，这是对科学研究的深层规律和科学研究的复杂性未加深究和想当然所致。科学研究不能想当然，而必须要深思，要追根寻源，要设想到各种可能性。这也是我们应当吸取的教训。

其次，作为科学观和方法论两者有机整体的学科研究范式，是在科学研究的最高层次引领和支配科学研究活动的"看不见的指挥棒"。既然看不见，所以容易被人们忽视，因而觉得很陌生。这也是人们对于科学研究往往浅尝辄止、浮躁、不求甚解、满足于表面和局部效益的结果。实际上，看不见不等于不存在，很生疏不等于不重要。中国古训和辩证法都认为：有生于无，有受制于无。因此，无比有更具决定意义。这里的"无"并不是真的不存在，只是看不见而已。

加之，在科学研究的管理规则中，范式（科学观和方法论）被划分到了社会科学的哲学领域，这就使自然科学研究者只能囿于自然科学领域之内来研究问题，不敢擅越雷池去关注属于社会科学领域的范式问题。殊不知，许许多多自然科学研究的问题，它们的种种表现发生在自然科学领域，而它们的根源却往往在社会科学领域。而且，越是深刻的自然科学问题，它们的根源就往往越是深潜于社会科学领域。哲学，不仅仅是社会科学要关注的领域，也是自然科学不能不关注的领域。如果人们把自然科学研究的问题统统严格限制在自然科学领域进行研究，那就只能知其表不知其里，永远得不到深刻的认识，永远得不到本质性的发现。人们把科学研究划分成许多大大小小的学科，本意只是为了便于管理，如果硬生生地把学科的整体肢解为相互脱节相互孤立的条条块块，并且把它变成了禁锢人们思维和束缚人们手脚的戒律，那科学活动将会陷入僵化境地。

以上所述的这些问题，或许是人工智能范式张冠李戴这样严重的问题长期以来未被人们察觉，更没有得到及时解决的部分原因。这些问题都是科学研究领域发人深省和亟须改革的重要内容。

人工智能范式革命的必然结果：通用的人工智能基础理论

事实表明，现今的人工智能研究仍然处在三大学派各自摸索和互相竞争的阶段，而且至今还没有摸索出人工智能学科的正确范式。那么，在人工智能研究的源头上实施范式的革命——颠覆传统物质学科研究范式对人工智能研究活动的误导，确立现代信息学科研究范式对人工智能研究的引领——就成为人工智能研究的正道沧桑和当务之急。

至于物质学科的研究范式本身，它是人类在物质学科领域长期研究积累起来的宝贵思想财富，在物质学科研究的历史上发挥了伟大的作用，功不可没；而且在今后的物质学科研究与发展过程中也将继续发挥巨大的引领作用。

基于以上的思考，笔者和团队根据表1所总结的规律，在人工智能研究范式上发力，借鉴"人类智能"的基本概念和结果，总结了信息学科的研究范式，包含科学观和方法论两大方面。

信息学科范式的科学观。（1）认为人工智能的学术本质是在主体驾驭和环境约束（也就是人类主体给定的工作框架，包括给定的问题、预设的目标、关联的知识）的条件下，主体对主体客体相互作用所产生的信息施加信息转换处理的过程，而不仅仅是孤立脑的功能；（2）确认人工智能研究的关注点是在主客相互作用过程中保证主客双赢，而不是仅仅了解孤立脑的结构；（3）确认主客相互作用过程充满不确定性，而不是单纯的确定性演化。简言之，信息学科范式的科学观就是"辩证唯物的科学观"，即"整体观（即包含主体、客体及其相互作用）的科学观"，而不再是机械唯物的科学观。

信息学科范式的方法论。（1）坚持用形式、内容、价值三位一体的全信息方法来研究人工智能的信息转换，而不能用单纯形式化（阉割内涵）的方法；（2）坚持理解式的决策方法，而不能用形式比对的决策方法；（3）坚持信息生态演化的全局处理方法，而不能用分而治之（肢解整体）的全局处理方法。质言之，信息学科范式的方法论就是"信息生态方法论"，即"辩证论的方法论"，而不再是机械还原的方法论。

确立了自下而上总结出来的信息学科范式之后，就可以根据表1给出的工作流程，自上而下且一环套一环地贯彻信息学科范式，建构人工智能的系统化理论。以下将对"贯彻信息学科范式，创建通用人工智能理论"的各个步骤进行解释。

第一，根据信息学科范式的科学观，构筑通用人工智能的全局研究模型。信息学科范式科学观已如上述。人工智能的学术本质是：面对人类智慧给定的工作框架（问题—目标—知识），人工智能系统（人类智能的代理）对主客相互作用所产生的信息实施转换处理，以期产生解决问题、达到目标的智能（智能策略和智能行为）的过程。

于是不难看出，信息学科范式科学观的这个表述，正是图2所给出的"人类智能 / 人工智能"的模型。它既然是"人类智能"的模型，当然也就是通用人工智能的模型，而不再仅仅是"人工脑"模型，同时又和谐地包容了"人工脑"的全部有益功能要素。

第二，根据信息学科范式的方法论，开创通用人工智能的研究路径。如上所见，信息学科范式的方法论坚持运用"信息生态演化的方法"（而不允许运用肢解整体的方法，也不允许运用阉割内涵的方法）来处理主客相互作用的信息，以期产生解决问题达到目标的智能策略和智能行为。在这些条件限定下，按照本文前叙分析，这个信息生态演化的处理方法必然具体化成为"由信息转换开头而最终导致智能创生"的过程，也就是"信息转换与智能创生定律"所刻画的过程。这正是图 3 所描述的人类智能的普适性生成机制。

在人工智能的语境中，图 3 示出的四个"转换"分别成为：转换 1 是感知模块、转换 2 是认知模块、转换 3 是谋行（谋划解决问题达到目标的智能行为）模块、转换 4 是执行模块。于是，图 3 就演绎成了图 4 的模型。

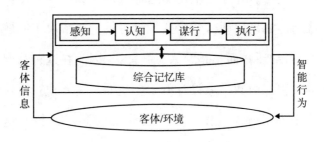

图 4　普适性（通用）的智能生成机制

资料来源：作者自制。

既然有了"普适性的智能生成机制（信息转换与智能创生定律）"，那么，以它为基础而构建的人工智能系统自然就是"普适性人工智能系统"，也就是"通用人工智能系统"。它不再是"或以结构模拟为基础，或以功能模拟为基础，或以行为模拟为基础"的"三驾马车"分道扬镳的人工智能系统，然而又可把"结构、功能、行为"的因素融通于其中。

第三，针对通用人工智能全局研究模型，阐明通用人工智能的学科结构。通用人工智能显而易见是一类典型的，而且是复杂的交叉学科研究，涉及人类学、社会学、人文学、哲学、信息科学、系统科学、逻辑学、数学、电子学与微电子学、机械学与微机械学、新材料学、新能源学等众多学科。

将人工智能看作"计算机科学的应用分支"的观点曾经非常流行。这是因为此种观点的持有者把"智能"与"计算"这两个具有重要区别的概念混为一谈了。事实上，任何"计算"都是一种"纯粹形式化的处理"，而"智能"则是"形式、价值、内容三位一体的全信息处理"。有人用"计算"与"算计"来比喻这种区别，倒也颇为传神。

可以认为，如果仅凭数学公式的计算就直接解决了问题，那是数学家的"人类智能"，而不是"人工智能"。因为在这种情况下，整个解决问题的过程都由数学家设计好了，机器只需要执行算法的能力。

也有人把人工智能看作"自动化系统的延续"。持有这种观点的人则是将"智能系统"和"自动化系统"的概念搞混了。任何"自动化系统"都是按照人类事先设计好的软件程序一板一眼、按部就班地执行，不需要任何"智能"的支持。而"智能化系统"则需要有学习的能力和自组织的能力才能完成工作任务。

第四，根据通用人工智能的研究路径，阐明通用人工智能学术基础的规格。通用人工智能研究路径最重要最鲜明的特征是"不允许肢解系统整体"（也就是必须放弃传统的"分而治之"方法）也"不允许阉割概念内涵"（也就是必须放弃传统的"单纯形式化"方法）的信息生态演化过程，坚持完整统一的"信息转换与智能创生"过程。这是通用人工智能理论与一切传统人工智能理论最显著的区别。由此，通用人工智能理论就要求它的学术基础（主要是逻辑基础和数学基础）也要符合与满足"不能肢解系统整体，不能阉割概念内涵"的要求。

遗憾的是，现有的逻辑理论和数学理论都不能满足这些要求。在逻辑理论方面，标准的数理逻辑是一种形式化的刚性逻辑，而且适用范围较为有限；那些非标准逻辑虽然在某些方面补充了标准数理逻辑的能力，但互相之间的兼容性也存在问题。在数学基础方面，与人工智能研究关系紧密的集合论、模糊集合理论、粗糙集理论等也存在纯粹形式化和分而治之的通病。而笔者研究团队何华灿教授建立的"命题泛逻辑理论"和汪培庄教授建立的"因素空间理论"为通用人工智能理论提供了强有力的逻辑基础和数学基础。

第五，根据通用人工智能的学科结构和基础学术规格，创建通用人工智能理论。依照表1所示的学科建构规律，明确学科范式（学科定义）、学科框架(定位)和学科规格(学科定格)这些学科基础之后，就可以着手构建具体的学科理论（学科定论）。具体来说，就是要把图4所描述的通用人工智能的普适性智能生成机制——信息转换与智能创生定律的内容全部落实到位。

篇幅所限，本文只重点阐述其中的第一个模块——感知。这是因为，感知模块是整个普适性智能生成机制的第一道门户，是通用人工智能"理解能力"的发源地，后续的各个模块都在它的基础上发挥各自的作用，极具重要性。关于其他各个模块的分析，建议读者参阅《高等人工智能原理：观念·方法·模型·理论》《统一智能理论》。感知模块的工作原理见图 5。

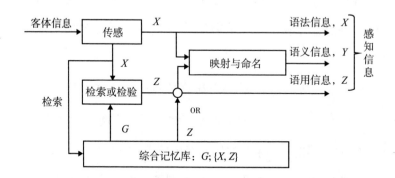

图 5　感知原理模型与感知公式 $Y=\lambda\ (X, Z)$

资料来源：作者自制。

图 5 示出，感知模型的输入是环境客体呈现并作用于主体的"客体信息"，输出是主体所感受到的"感知信息"，后者具有表现客体形态的"语法信息"、表现客体对主体目标所产生的效用的"语用信息"，以及由语法信息和语用信息两者组成的"偶对"经过映射与命名的操作所定义的"语义信息"。由于感知信息具备了语法信息、语用信息、语义信息三个分量，形成了主体对问题的全面感受，因此被称为"全信息"。

感知模块的原理可用以下表达式表示：

$$Y=\lambda\ (X,\ Z)$$

其中 Y 表示语义信息，X 表示语法信息，Z 表示语用信息，λ 表示映射与命名的逻辑操作。

图 5 示出了感知模块的实现原理，它有三个基本步骤。

（1）传感系统把客体信息转换为语法信息；

（2）由检索或检验产生语用信息；

（3）由所产生的语法信息和语用信息形成"偶对"，经映射与命名产生语义信息。

步骤（1）和（3）很直观，无需解释。步骤（2）包含两种情况：如果面对的客体是以前曾经处理过的旧对象，它的语法信息与语用信息的偶对 {X, Z} 就存在综合记忆库里，于是可以用已经产生的语法信息 X 作为关键词从综合记忆库里检索到 {X, Z}，其中的 Z 就是所求的语用信息。如果面对的客体是以前没有处理过的新对象，综合记忆库里没有它的 {X, Z}，于是不可能通过检索求得相应的语用信息。这就要采用检验的方法，计算语法信息 X 与系统目标 G 之间的相关度。这个计算结果就是客体对系统目标所具有的语用信息。

由此可以消除一个流传很广的误解：不少人以为"感知"就是"传感"。由图 5 的模型可知，"传感"只产生了"感知"的一个比较简单的分量——语法信息，"感知"还有更为复杂的语用信息和语义信息两个分量。所以，不能把"感知"与"传感"混为一谈。

由语义信息的生成公式 $Y=\lambda (X, Z)$ 可知，主体的语义信息是比主体的语法信息和语用信息更高层次的概念：语法信息可以通过第一性的"观察过程（形态传感）"获得，语用信息可以通过第一性的"体验过程（目的检验）"获得，而语义信息则只能通过第二性的"抽象过程（映射与命名）"获得。反言之，如果人们获得了语义信息，就可以根据 $Y=\lambda (X, Z)$ 获得相应的语法信息和语用信息。这就表明，语义信息可以代表相应的语法信息和语用信息，因而也可以代表连同它自己在内的感知信息。概言之，感知信息、语义信息、全信息三者是从不同的角度所表达的同一概念。

很可惜，国内外几乎所有的相关论著，都没有真正理解语义信息究竟是怎么生成的。相反，它们或者把语义信息误解为与语法信息和语用信息相并列的概念；或者把语义信息误解为可以通过概率统计计算出来的概念。

感知模块产生的感知信息／语义信息对于人工智能的研究具有极其重要的意义。这是因为，根据语法信息，主体就可以识别客体的外部形态；根据语用信息，主体则可以判断客体对主体目标而言的效用；根据语义信息，主体就可以在更高的层次上把握客体的全局。也就是说，在此基础上，主体就可以据此作出科学合理的决策：若语用信息为正值，主体就应当发挥这个客体的作用；若语用信息为负值，主体就应当抑制这个客体的作用；若语用信息为零，主体就应当不理睬这个客体。这样作出的决策就是明智的、可理解可解释可信赖的。

可见，具有内涵（未被阉割）的感知信息是可以理解、可以解释、可以信赖的。这是基于普适性智能生成机制——信息转换与智能创生定律的通用人工智能理论，与一切传统人工智能理论最根本的区别和最根本的优势。

由图4的普适性智能生成机制（信息转换与智能创生定律）可知，有了可理解、可解释、可信赖的感知信息，后续的认知模块就可以产生可理解、可解释、可信赖的知识。这样，通用人工智能理论所创生的智能也同样可以理解、可以解释、可以信赖。

这是迄今一切遵循传统物质学科范式的人工智能理论不可能具备

的优势。虽然它们的操作速度和信息的容量都做到了极致，但是由于它们所使用的全部概念都被阉割了内涵，因此都不具有"理解能力"，都不可解释，因而都不是实实在在的智能。

总之，实施人工智能范式革命的结果，就是自上而下地按照信息学科范式落实了人工智能的学科定义、学科定位、学科定格和学科定论，创建了完整的"机制主义通用人工智能基础理论"。理论的名称中增加了"机制主义"这个前缀，是为了表明，这个通用人工智能理论的最重要特色以及它的"通用性"的根本标志，是它的"普适性智能生成机制"。这一理论成果的系统模型如图6所示。

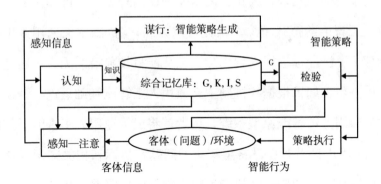

图6 机制主义通用人工智能系统模型

资料来源：钟义信：《统一智能理论》，科学出版社2024年版。

本文以上的讨论和图6的系统模型表明：（1）"机制主义通用人工智能基础理论"发现和实现了以信息转换与智能创生定律为标志的普适性智能生成机制，和谐地统一了原来各自为战、互不相容的结构主义、功能主义、行为主义三大学派，解决了系统整体被肢解的问题，建立了通用的人工智能整体理论；（2）创建了全信息理论，通过运用形式、内容、价值三位一体的研究方法，解决了概念内涵被阉割的问题，克服了智能水平低下、可解释性差、需要大量试验样本等致命缺陷；（3）通过运用生态演化的全局研究方法，发现了变参的柔性逻辑系统，建立了和谐统一的泛逻辑理论；（4）通过运用生态演化的全局研究方法，发现了集合论、概率论、模糊集和粗糙集等理论的共同基因，建立了可以统一描述和研究人工智能的因素空间数学理论；（5）"机制主义通用人工智能基础理论"的所有结果都与"人类（通用）智能"的结果和谐相通。这些基础理论的重大成果，展示了人工智能范式革命的彻底变革威力和成效。

初步查证，到现在为止，尚未发现国内外人工智能学术界系统关注过人工智能的范式革命。由此可以判断，"机制主义通用人工智能基础理论"已经远远深入到国际人工智能科技前沿的无人区腹地。

进一步，如果根据"机制主义通用人工智能基础理论"开发出机制主义通用人工智能原型系统，后者就将成为通用人工智能系统的创生平台：用户只需要提供希望解决的问题、目标和相关知识，这个平台就可以利用它的普适性智能生成机制创生出能够利用知识、解决问题、达到目标的实际人工智能应用系统。

这种普适性的智能创生平台，将以统一的智能生成机制创生出各种高智能水平、可理解和可解释的人工智能应用系统，从而解决人工智能原有的个案性、孤立性、碎片性、浅层性的问题，非常有利于人工智能的可持续发展和实现人工智能的大规模应用，并推动社会的智能化发展。

人工智能的范式革命：中华文明的伟大复兴

2023 年 2 月 21 日，习近平总书记在中共中央政治局第三次集体学习时明确指出："当前，新一轮科技革命和产业变革突飞猛进，学科交叉融合不断发展，科学研究范式发生深刻变革，科学技术和经济社会发展加速渗透融合，基础研究转化周期明显缩短，国际科技竞争向基础前沿前移。"此前，习近平总书记也曾作出过指示，号召自然科学技术工作者重视哲学的指导作用。习近平总书记的这些论断对于整个科学研究具有普遍的指导意义，而在人工智能研究领域则更是"及时雨"。试想，如果人们不关心人工智能研究领域的哲学问题，就不可能发现这一领域的范式存在张冠李戴的问题，也就不可能理解和实施人工智能范式的深刻变革。

事实上，自然科学与哲学之间并不是互不相关的两个研究领域。相反，它们是互有侧重然而又相互联系、相互促进的两个重要的学术研究领域。自然科学侧重研究各种自然现象及其发展规律，社会科学侧重研究社会现象及其发展规律，而其中哲学侧重研究的是人类思维领域（涉及自然现象和社会现象）的基本规律。自然科学研究活动中的科学观念和科学方法论，既是自然科学研究的指导思想，又是哲学研究所关注的重要思维规律。因此，凡是深刻的自然科学研究领域（如人类智能和人工智能）都需要特别认真关注和借鉴哲学研究的成果。

如上所述，人工智能的范式革命，不是一般的技术革命，也不是局部学科理论和研究方法的革命，而是科学观和方法论的革命，是在人工智能研究体系结构最高层次发生的革命，也是人类思维领域的一场革命，它将自上而下地影响到整个科学研究的领域。

人工智能范式革命不是偶然发生的，更不是由某些人的灵感冲动而发起的，而是"辅人律—拟人律—共生律"揭示的科学技术发展根本规律所使然，是人类不断追求进步、不断争取从自然力的束缚下获得解放的必然结果。正是这种不竭的追求，使得人们不仅要用材料科学技术的成就来扩展自己的体质能力，也不仅要用能量科学技术的成就来扩展自己的体力能力，更要用信息科学技术和智能科学技术的成就来扩展自己的基础信息能力和智能能力。这是不可遏制、不可阻挡的历史潮流。正是这种历史性的规律和趋势，使得科学技术的研究对象要从单纯的物质客体向人类的主观领域大举进军，从而使得科学技术要从传统物质学科向新兴的信息学科大举进军。科学技术研究领域的这种历史性大扩展大进军，必然需要新的思想武器，需要科学研究的新范式。

所以，人工智能领域发生范式张冠李戴的问题并不是人们主观主导的事情，而是研究对象的大扩张所导致的时代大转变必然要带来的"大阵痛"；而人工智能的范式革命，则是因应时代大转变所带来的治疗这种"大阵痛"的"对症良药"。其实，范式变革这个"对症良药"不仅是治理人工智能学科的"良方"，也是治理21世纪整个信息学科和复杂科学学科的"良方"。这不是什么深奥玄妙的道理，而是活生生的、可感可知的现实。

20世纪60年代初期，笔者在信息论研究生专业学习信息论课程的时候注意到：信息论只研究了信息的形式（模拟式信息的波形、数字式信息的码型），而不研究信息的内涵（信息的价值和信息的内容）。
后来，在研究人工智能的时候笔者又发现，人工智能研究和人工神经
网络研究两者之间"势不两立"：人工智能学派批评人工神经网络的
研究是"沙滩上的建筑（Buildings on quick sand）"，人工神经网络学
派则反击说"人工智能已经死亡（AI is dead）"。这些单纯形式化的处
理、对立的而且有悖学理的互相抨击，使笔者对这些研究的"正确性"
产生了强烈的质疑。

于是，我们毅然决定要按照自己更为熟悉的中华文明的思想精髓
来重新审视这些现代科学。具言之，我们把"整体观"（即人类主体
与物质客体对立统一的观念）作为人工智能研究应当遵循的科学观，
把"辨证论"（即信息不是僵死不变的对象，而是联系着、发展着和
生长着的对象）作为人工智能研究必须贯彻的方法论。

经过半个多世纪的艰苦努力，我们在"整体观"和"辨证论"的
引领下，不仅发现了人工智能范式的张冠李戴问题，总结和提炼了信
息学科的研究范式，创建了机制主义通用人工智能基础理论，而且也
发现了中华文明思想精髓与信息学科范式之间实质相通的关系，表明
了中华文明思想精髓与现代信息学科范式的同质性。在这里，中华文
明思想精髓最集中和最典型的表现就是祖国中医和国学精华的观念和
方法，见表4的示例。

表 4　中华文明思想与信息科学范式

事项	科学观	方法论
中华文明思想	整体观 天人感应（主体客体互动） 以人为本、道法自然（主客双赢） 易经（不确定性）	辨证论 情随物至，触景生情（全信息） 辨症论治（基于理解的判断） 道生一，一生二，二生三，三生万物 （生态演化）
现代信息科学	整体观（主客互动的信息观） 研究对象是主客互动的信息过程 关注主体客体的双赢 不确定性贯彻信息过程始终	辨证论（信息生态方法论） 全信息的描述方法 基于理解的判断方法 生态演化的全局处置方法

资料来源：钟义信：《统一智能管理》，科学出版社 2024 年版。

表 4 显示，中华文明思想精髓的"整体观"和信息学科的"信息观"两者都强调：（1）人类主体和环境客体是不可截然分割的整体（天人感应），两者相互作用，而不应当把人的主观因素排除在研究的大门之外；（2）应当信守"以人为本"和"道法自然"，人是主客体相互作用的主体，要高度关注人类主体目标的达成和物质客体运动规律的维护，不能仅仅关注客体的物质结构；（3）应当认识到在研究对象的发展过程中存在各种不确定性，而不应当认为一切研究对象都服从"确定的方式"。

表 4 还显示，中华文明辨证论的方法论和信息科学的信息生态方法论两者都强调：（1）不能止步于"纯粹形式化"方法，而要用"形式、内容、价值"一体化的"全信息"方法来描述和研究人工智能，中医药学把"药名（语义信息）"定义为"药形（语法信息）、药效（语用信息）"的统一体就是这种描述和研究方法的典例；（2）不能局限于"形式比对"的决策方法，而要在理解的基础上作出决策，中医的"辨症论治"是这种决策方法的自然体现；（3）要坚持从整体上、从发展

变化上认识和处理问题(道生一,一生二,二生三,三生万物),拒绝"分而治之"对研究对象的肢解和"单纯形式化"对研究对象的阉割。这就确证了中华文明思想精髓与信息学科范式的高度同质性。

不仅如此,人工智能的核心理论"普适性智能生成机制(信息转换与智能创生定律)"的本质,正是中华文明的知行学说。具体来说,信息转换与智能创生定律,即知(由感知到认知)行(由谋行到执行)相济。换言之,中华文明的知行学原理就是普适性的智能生成机制。这些都是中华文明思想精髓与信息科学范式同质性的重要依据。

回顾整个人类的认识史和自然科学技术的发展史,可以发现一个有趣的事实:人类对事物的认识总是从宏观整体的"大而概之""笼而统之"开始,然后才逐步进入到"分而治之""微而察之",最后又总结抽象提炼到"宏观整体的把握"。"从整体到局部,再从局部到整体",这不是简单回到原地,而是辩证的升华与发展。

所以,古代人类对外部世界的认识必然从"相对笼统"和"相对浅层"的阶段开始。于是,以"整体观"为科学观和以"辨证论"为方法论的中华文明思想很好地适应了这一阶段认识活动的性质和特点,使得中华文明在认识世界和改造世界的古代历史上一直"独领风骚",处于世界领先的地位。

历史发展到近代,人类对世界的认识不再满足于笼统性和浅层性的水平,而开始进入到"深入"和"细致"研究的阶段。这时,以"机械唯物主义"(只关注物质对象的研究)为科学观和以"机械还原论"(信奉分而治之)为方法论的西方文明就适应了这种要求。于是,在近代数百年的科学技术发展进程中,西方文明成为科学研究与发展的主导范式。相对而言，以"整体观"为科学观和以"辨证论"为方法论的中华文明则一直处于边缘地位，被认为只是物质学科研究的学习者与跟随者。

历史进入到信息与智能时代，随着信息学科由初级阶段迈向高级发展阶段，科学研究的对象由单纯的"物质客体"扩展到"人类主体与物质客体相互作用"，以"机械唯物主义"为科学观和以"机械还原论"为方法论的物质学科范式无法适应信息学科特别是人工智能研究与发展的需要，而以"整体观"为科学观和以"辨证论"为方法论的中华文明思想精髓和与之默契相通的信息学科范式，才是开拓和引领信息学科特别是人工智能，以及 21 世纪所有复杂科学研究与发展的伟大思想旗帜！

这是历史演进和科学进步的必然结果，是研究对象由单纯的"物质客体"向"人类主体与物质客体相互作用"的伟大转变、科学体系由物质学科主导向信息学科主导伟大转变的结果。西方学术界流行的机械唯物主义科学观和机械还原方法论适合于物质学科的研究；而中华文明的整体观（科学观）和辨证论（方法论）则适合于信息学科特别是人工智能的研究。众所周知，这种研究对象的扩展，以及由研究对象转变而导致的学科范式转变，乃是不可阻挡的历史进步的潮流。

因此，令人倍感兴奋和自豪的是，人工智能的范式革命，不仅取得了人工智能基础理论研究的重大突破，创建了"机制主义通用人工智能基础理论"；更为重要的是，人工智能范式革命的成功，确证了中华文明思想精髓与人工智能研究和 21 世纪现代科学研究与发展事业的性质和需求高度匹配，从而具备强大的开拓能力和引领能力，确证了中华文明思想精髓在当今时代的伟大复兴！这既是科学技术发展新时代的伟大召唤，也是新时代所赋予中华文明思想精髓的伟大使命。

■ 参考文献

何华灿等：《命题级泛逻辑与柔性神经元》，北京邮电大学出版社 2021 年版。

N. J. Nilsson：《人工智能》，郑扣根、庄越挺译，机械工业出版社 2006 年版。

斯图尔特·罗素、彼得·诺维格：《人工智能：现代方法》，张博雅等译，清华大学出版社 2006 年版。

T. S. 库恩：《科学革命的结构》，李宝恒、纪树立译，上海科学技术出版社 1980 年版。

汪培庄、刘海涛：《因素空间与人工智能》，北京邮电大学出版社 2021 年版。

钟义信：《信息的科学》，光明日报出版社 1986 年版。

钟义信：《信息科学原理（第 5 版）》，北京邮电大学出版社 2013 年版。

钟义信：《高等人工智能原理：观念·方法·模型·理论》，科学出版社 2014 年版。

钟义信：《"范式变革"引领与"信息转换"担纲：机制主义通用人工智能的理论精髓》，《智能系统学报》2020 年第 3 期。

钟义信：《机制主义人工智能理论》，北京邮电大学出版社 2020 年版。

钟义信：《范式革命：人工智能基础理论源头创新的必由之路》，《人民论坛·学术前沿》2021 年 12 月上。

钟义信：《统一智能理论》，科学出版社 2024 年版。

R. A. Brooks, "Elephant Cannot Play Chess", *Autonomous Robot*, 1990, 6.

R. A. Brooks, "Intelligence Without Representation", *Artificial Intelligence*,

1991, 47.

J. J. Hopfield, "Neural Networks and Physical Systems with Emergent Collective Computational Abilities", *Proceedings of the National Academy of Sciences of the United States of America*, 1982, 79(8).

W. McCulloch and W. Pitts, "A Logic Calculus of the Ideas Immanent in Nervous Activity", *Bulletin of Mathematical Biophysics*, 2021, 52.

A. Newell and H. A. Simon, "GPS, A Program That Silmulate Human Thoughts", in E. A. Feigenbaum and J. Feldman (eds.), *Computers and Thoughts*, McGraw–Hill Book Company, 1963.

A. Newell, "Physical Symbol Systems", *Cognitive Science*, 1980, 4(2).

N. J. Nilsson, *Principles of Artificial Intelligence*, Springer, 1982.

F. Rosenblatt, "The perceptron: A Probabilistic Model for Information Storage and Organization in the Brain", *Psychological Review*, 1958, 6(56).

D. E. Rumelhart and J. L. McClelland, *Parallel Distributed Processing: Explorations in the Microstructure of Cognition: Foundations*, MIT Press, 1986.

A. M. Turing, "Can Machine Think", in E. A. Feigenbaum and J. Feldman (eds.), *Computers and Thoughts*, McGraw–Hill Book Company, 1963.

总 策 划：王　彤

策划编辑：陈　登　徐媛君

责任编辑：徐媛君

特邀编校：马柳婷

图书在版编目（CIP）数据

人工智能与新质生产力／人民日报社人民论坛杂志社　主编 . — 北京：
　人民出版社，2024.7

ISBN 978－7－01－026551－3

I.①人… II.①人… III.①人工智能－研究 ②生产力－发展－研究－中国

　IV.① TP18 ② F120.2

中国国家版本馆 CIP 数据核字（2024）第 096772 号

人工智能与新质生产力

RENGONG ZHINENG YU XINZHI SHENGCHANLI

人民日报社人民论坛杂志社　　主编

人 民 出 版 社 出版发行

（100706　北京市东城区隆福寺街 99 号）

中煤（北京）印务有限公司印刷　新华书店经销

2024 年 7 月第 1 版　2024 年 7 月北京第 1 次印刷
开本：710 毫米 × 1000 毫米 1/16　印张：22.5
字数：248 千字

ISBN 978－7－01－026551－3　定价：75.00 元

邮购地址 100706　北京市东城区隆福寺街 99 号
人民东方图书销售中心　电话（010）65250042　65289539